Heiko Schnickmann

Sprechende Tiere
Wie europäische Haustiere die Welt veränderten

Heiko Schnickmann

Sprechende Tiere

Wie europäische Haustiere die Welt veränderten

Rediroma-Verlag

Bibliografische Information der Deutschen Nationalbibliothek:
Die Deutsche Nationalbibliothek verzeichnet diese Publikation in der Deutschen Nationalbibliografie; detaillierte bibliografische Daten sind im Internet über http://dnb.ddb.de abrufbar.

ISBN 978-3-96103-043-9

www.rediroma-verlag.de
12,95 Euro (D)

Vorwort

Wie kommt jemand auf die Idee ein solches Buch zu schreiben? Sprechende Tiere? Europäische Expansion? Was soll denn das? Dabei liegt der Grund auf der Hand. In den letzten Jahren hat die Tiergeschichtsschreibung stetigen Aufwind genommen. Überhaupt nehmen Tiere immer mehr Raum auch in den Geisteswissenschaften ein. Federführend ist dabei eine Richtung, die ein politisches Programm verfolgt und Tiere dem Menschen gleichstellen will. Ob diese Forderung legitim ist oder nicht, spielt in meinen Augen für die Geschichtsschreibung keine Rolle. Vielmehr soll es darum gehen, sich mit dem Tier in der Geschichte zu beschäftigen, ob als Akteur oder Objekt, Instrument oder Nahrung muss nicht durch irgendwelche politischen Ideen untermauert werden.

Die Wissenschaft ist frei. Frei darin zu untersuchen, was immer sie will. Wer Lust hat, sich mit Tieren in der Geschichte, zu beschäftigen, soll das tun, kann aber seinem Leser den lästigen theoretischen Überbau ersparen. Wer eine Theorie des Mensch-Tier-Verhältnisses erarbeiten will, kann das tun, aber ich will eine solche nicht lesen, wenn ich mich mit der Geschichte der Tiere befassen möchte.

Auch dieses Buch hat eine Einleitung, in der es zunächst um andere Dinge als um Tiere geht. Es geht um Sprache und Veränderungen der Umwelt. Dazu gibt es freilich ein paar prägende Ideen, die Erwähnung finden sollten. Die beiden Hauptteile behandeln ausschließlich Beispiele, wie Mensch und Tier in der Zeit von 1500 bis 1800 miteinander interagiert haben, wenn es darum ging die Welt außerhalb Europas kennenzulernen.

Die Idee zu diesem Buch geht auf meine Abschlussarbeit an der Bergischen Universität Wuppertal zurück. Damals, 2009, schrieb ich über Hunde im Mittelalter und wollte dann aber erstens aus Europa fort und zweitens einmal die Frühe Neuzeit behandeln. Das ist mit diesem Buch gelungen. Ich muss mich bei verschiedenen Menschen bedanken. Da es keine Doktorarbeit, sondern ein Buch ist, kann ich alle akademischen Würdenträger außen vor lassen. Ich bedanke mich daher bei meiner Mutter, die ordentlich Korrektur gelesen hat und bei meinem guten Freund Daniel Klausz, der das und noch viel mehr tat.

Wuppertal-Wichlinghausen, im August 2016

Heiko Schnickmann

Inhaltsverzeichnis

Einleitung, oder: Was will diese Arbeit eigentlich?

Die Bedeutung von Tieren im Bereich der Wirtschaft, Religion und Umwelt ist kulturell geprägt. Die kulturelle Prägung ist variabel und steht dabei in Abhängigkeit von einem Wechselspiel zwischen eigenen und fremden Vorstellungen. Diese Vorstellungen resultieren in Ablehnung, Differenzierung, Mischung und totaler Übernahme in Bezug auf die Bedeutung der Tiere. Ursächlich für diese Formen der Bedeutung sind Kontaktsituationen zwischen Trägern der jeweiligen Kulturen.

Diese Kontaktsituationen lassen sich in einem Kommunikationsmodell darstellen, da Tiere als Medien der Kommunikation genutzt werden. Entscheidend sind dabei nicht nur Sender, Empfänger und Bedeutung des Mediums, sondern im Fall eines Tieres auch wiederum dessen Interaktion mit seiner Umwelt, so dass das Symbol seine Bedeutung außerhalb eines klassischen Kommunikationsmodells verändern kann.

Das Zusammenspiel von kulturellen Veränderungen und Änderungen der Umwelt muss dabei global betrachtet werden, damit von einem Zeitalter gesprochen werden kann, das durch den Menschen so beeinflusst wurde, dass er zum Namensgeber dieses Zeitalters werden konnte. Dieses Zeitalter des Anthropozäns beginnt mit der europäischen Expansion, da nur durch sie die Verbindung zwischen kulturellen und natürlichen Umweltveränderungen eingeleitet werden konnte, die letztlich die Voraussetzung für eine solche globale Betrachtungsweise des Anthropozäns ist.

a. Das Anthropozän und seine Semiotik

Als im Jahre 1904 der britische Geograph und Politiker Halford J. Mackinder einen Artikel veröffentlichte, in dem er sehr geschickt die Theorie aufstellte, dass in der Mitte der eurasischen Kontinentalplatte eine Region existiere, die so geschützt sei, dass sie niemand einnehmen könne, war er einer der ersten, der den Einfluss der Umwelt auf den Menschen verdeutlichte. Diese Region bezeichnete er als das Herzland, von dem aus eine Eroberung der Welt ohne Probleme möglich sei, wenn man ausgehend von diesem uneinnehmbaren Zentrum ins südöstliche Asien und das zentral gelegene Europa vordringe. Belege für diese These fand Mackinder ohne Probleme in den klimatischen und geographischen Bedingungen Eurasiens und führte historische Beispiele dafür an, inwieweit diese Bedingungen bereits in älterer Zeit politische Entschlüsse beeinflusst hätten[1].

Diese Theorie, die die US-amerikanische und europäische Politik gegenüber der Sowjetunion viele Jahre bestimmte[2], kann ohne Probleme als ein Vorläufer der Umweltgeschichte angesehen werden. Der Einfluss der natürlichen Ressourcen auf die kulturelle Entwicklung des Menschen ist klar als ein Aspekt dieses Zweigs der Geschichtswissenschaft erkennbar. Darüber hinaus aber umfasst er noch mehr, denn die „Betrachtung der jeweiligen Veränderung in der Wahrnehmung der Natur und im Umgang mit der Natur leiten den Blick des Historikers“[3]. Damit ist das Programm der Umweltgeschichte klar umrissen. Neben dem politischen Ansatz Mackinders existieren eben auch noch kulturelle Ansätze, die den Menschen als in der Natur Existierenden darstellen wollen, der sich in irgendeiner Form mit dieser auseinanderzusetzen hat. Es geht ihr also um „die Interaktion zwischen Mensch und Natur und *vice versa*“[4].

Der Umgang mit Tieren als Teil der Umwelt ist somit in die Perspektive der Umweltgeschichte einzuordnen. Gerade eine Auseinandersetzung mit der Geschichte der Haustiere macht dies deutlich, mit Tieren also, die ohne den Eingriff des Menschen gar nicht unter diesem Begriff firmieren könnten. Auf einer grundsätzlicheren Ebene steht die Behauptung, dass mit der Domestizierung von Tieren (und Pflanzen) die Kultur des Menschen erst begonnen hat. Diese Domestizierung stellt dabei einen Eingriff in die natürlichen Umweltbedingungen dar. Während es bei Mackinder also die Umwelt bzw. der geographische Raum ist, der den Menschen und seine Politik bestimmt, ist es bei der Geschichte der Haustiere der Mensch, der über die Umwelt bzw. die Tiere bestimmt.

Der Gegensatz zwischen Kultur und Natur ist dabei von der Idee durchdrungen, dass einer dieser Begriffe gegenüber dem anderen überlegen sei. Dabei werden dem Begriff der „Kultur“ Partner wie „Zivilisation“ oder „Vernunft“ an die Seite gestellt. Der Begriff der Natur hingegen erhält andere Mitspieler. Dazu zählen „Wildheit“ oder „Tier“. In-

1 Vgl.: Mackinder, Pivot, 421-437.
2 Vgl.: Helming, Geopolitik, 34.
3 Ruppel/Steinbrecher, Einleitung,10.
4 Vgl.: Reith, Umweltgeschichte, 3 (Hervorhebungen im Original).

nerhalb dieses Begriffspaars wird vor allem von europäischer Seite aus die Kultur der Natur vorgezogen.

Schon der römische Autor Sallust legte für eine solche Betrachtung einen Grundstein, wenn er behauptete, dass der Mensch zwischen den Göttern und den Tieren stünde[5]. Damit ist festgelegt, dass, wer sich von der tierischen Herkunft des Menschen weiter entfernt, näher bei den Göttern ist.

Eine Gottheit aber zeichnet sich vor allem dadurch aus, dass sie in der Lage ist, zu schöpfen und zu zerstören. Weder der Gott des Judentums noch die Götter Griechenlands nehmen sich da aus – sie alle schaffen Welten und zerstören sie[6]. Wer also den Göttern nahe sein will, muss schöpfen und zerstören, muss sich die Natur Untertan machen.

Der Nobelpreitsträger Paul Crutzen hat die These aufgestellt, dass der Mensch diesen Status mittlerweile erreicht hat. Sein Eingreifen in die Natur in Bezug auf Landschaft, Tier- und Pflanzenwelt sowie seit neuester Zeit auch auf das Klima führe unweigerlich dazu, dass er, selbst dann, wenn er von heute auf morgen aussterben sollte, auf dem Planeten prägende Spuren hinterlassen werde[7]. Der Mensch ist demnach nicht mehr abhängig vom Planeten, wie andere Lebewesen auf der Erde, sondern ist in der Lage, diesen Planeten bewusst oder unbewusst zu verändern, mehr als das dies die natürliche Umwelt mit ihm anstellen könne. In diesem Zusammenhang kann die Epoche, in der wir leben, als Anthropozän verstanden werden, als das Zeitalter des Menschen[8].

Die Antwort auf die Frage, wann dieses Zeitalter begonnen hat, ist umstritten. Sie reichen von dem ersten Auftreten des *homo sapiens sapiens* vor 200.000 Jahren bis zur Hochphase der Industrialisierung im 19. Jahrhundert[9]. Erweitert man jedoch den Zeithorizont um die Frage nach dem räumlichen Ursprung des Anthropozäns, dann wird die Frage undurchdringlicher, denn da bis heute Ethnien existieren, die mit der Industrialisierung nichts zu tun haben[10], ist die bei einer zeitlichen Begrenzung

5 Vgl.: Sallust, Catilinae, cap. 1.
6 Vgl.: Gen.1, 1; Gen. 6,13; Ovid: Metamorphoses, I, V. 5-9
7 Vgl.: Crutzen, Geology, 23.
8 Ebenda.
9 Leinfelder/ Schwägerl,Geowissenschaften, 6.
10 Vgl.: Everett, Volk.

auf diese Epoche Europas und der USA für diese Völker das Anthropozän nicht angebrochen.

Schaut man also von einer globalen Perspektive auf die Theorie des Anthropozäns, unter der Prämisse, dass wir in dieser Epoche leben, dann kann sie nicht erst vor 150 Jahren begonnen haben, sondern muss älter sein. Diese globale Perspektive soll hier beibehalten werden. Auch vor 200.000 Jahren hat aus dieser Perspektive betrachtet das Anthropozän noch nicht angefangen, weil zu diesem Zeitpunkt der moderne Mensch noch nicht überall auf der Welt seinen Platz gefunden hatte. Die Besiedlung aller (bewohnbarer) Kontinente durch Menschen kann man für viele Orte erst für den Zeitraum der letzten zweitausend Jahre annehmen[11], so dass zunächst einmal erst innerhalb dieses Zeitraums der Beginn des Anthropozäns angenommen werden soll.

Zusätzlich zu einer räumlichen wie zeitlichen Bestimmung des Anthropozäns muss zudem auch seine Art bestimmt werden. Grundsätzlich soll hier davon ausgegangen werden, dass es für den Menschen zwei Möglichkeiten gibt, seine natürliche Umwelt zu verändern. Zum einen ist dort die reale. Die Tatsache, dass der Mensch existiert, hat Einfluss auf seine Umwelt. Er atmet und verbraucht so Sauerstoff, der anderen fehlt. Er kann bei dem Atemprozess Kleinstlebewesen einatmen und deren Leben zerstören. Er benötigt Nahrung, für die er sowohl pflanzlichen als auch tierischen Lebewesen ihre Existenz nehmen muss. Er benötigt ein Habitat, das er sich nach seinen Wünschen erstellt, in das er einen Schlafplatz integriert und einen Abort. Hierin unterscheidet sich der Mensch jedoch nicht von anderen Tieren. Atmung, Nahrung, Habitat benötigen auch Tiger, Krokodile, Fische oder Bienen.

Die Eingriffe des Menschen in seine natürliche Umwelt sind mit der Zeit gravierender geworden, so dass das Habitat eine enorme Größe angenommen hat, was unter anderem auch damit zusammenhängt, dass der Mensch ein Lebewesen ist, das in Verbünden lebt. Was für das Habitat gilt, gilt aber auch für die Nahrung, die optimiert wurde, um den Menschen das Leben zu erleichtern. Diese realen Veränderungen der natürlichen Umwelt gehen dabei nicht ausschließlich auf die realen Bedürfnisse des Menschen zurück, sondern vor allem auf seine Vorstellung, die er

11 Der Pazifik war etwa erst dann besiedelt, vgl.: Howe, Quest.

von dieser Umwelt hat. Diese Vorstellung ist der zweite veränderte Eingriff in die natürliche Umwelt des Menschen.

Der deutsche Geograph Eckart Ehlers geht daher nicht nur von einer realen, materiellen durch den Menschen gemachten Umwandlung der Natur aus, sondern auch von einer ideellen Umwandlung der Beziehung des Menschen zu seiner Umwelt. Diesen Vorgang bezeichnet er als Große Transformation[12]. Neben der Dampfmaschine und der Verarbeitung fossiler Brennstoffe sieht Ehlers auch ideenhistorisch eine Veränderung in der Mitte des 18. Jahrhunderts auftreten. So schreibt er:

> „Die Erfahrungen, die der europäische Mensch im Zusammenhang mit der Veränderung vieler seiner gewohnten Lebensbereiche sozusagen ‚vor der eigenen Haustür' machen musste, waren begleitet von mehr oder weniger zeitgleich ablaufenden neuen Sichten der Welt, der sie bewohnenden Völker und ihrer Kulturen. [...] Anders als die Reisen der frühen Neuzeit, die primär der Rekognoszierung der Kontinente, ihrer topographischen Konfiguration sowie der Einrichtung von Handelsniederlassungen und Militärstützpunkten an den Küsten dienten, verfolgten die Expeditionen des 18. und 19. Jahrhunderts andere Zielsetzungen: Es ging zum einen um Forschung [...]. Zum anderen ging es natürlich auch um die Exploration der Ressourcen und der Naturausstattung der neuen Erdteile, ihrer Bevölkerung und ihrer wirtschaftlichen Aktivitäten, der möglichen Verkehrserschließung und Nutzungspotenziale“[13].

Seine an diesen Absatz an gehangene Liste beginnt dann auch der 1754-55 entstandenden „Neuen Erdbeschreibung“ aus der Feder Anton Friedrich Büschings, geht weiter über die Entdeckungsreisen Cooks sowie Forsters „Ansichten vom Niederrhein“ als „Höhepunkt der geographischen Reiseliteratur“[14] und endet mit dem Tod Alexander von Humboldts 1859. Innerhalb der von Ehlers postulierten Großen Transformation, die

12 Vgl.: Ehlers, Anthropozän, 138ff.
13 Ebd, 154.
14 Ebd, 155.

das Anthropozän einleitet, spielen demnach die Reisen des 18. Jahrhunderts eine große und wichtige Rolle.

Interessanterweise geht, folgt man Crutzen und Ehlers, der Beginn des Anthropozäns einher mit der Geburt der modernen Welt, die nach Bayly Mitte bis Ende des 18. Jahrhunderts begonnen haben soll[15]. Es sollte verwundern und skeptisch machen, wenn ein Erdzeitalter und eine kulturhistorische Epoche gleichzeitig beginnen. Bedenkt man, zu welchen Epochen es die meisten Untersuchungen gibt oder wie viel Platz die Französische Revolution, das 19. und auch das 20. Jahrhundert in Forschung, Lehre und Schulunterricht fächerübergreifend einnehmen, drängt sich die Vermutung auf, dass Crutzen und Ehlers deswegen den Beginn des Anthropozäns in die Mitte des 18. Jahrhunderts legen, weil es ab diesem Zeitpunkt die meiste Literatur und Forschung gibt. Aber: Nur weil sich viele gute Forscher und Lehrer mit dieser Epoche besonders beschäftigen (müssen), heißt es noch lange nicht, dass die Epochen davor nicht ebenso in Betracht gezogen werden sollten. Was spricht also dagegen den Beginn des Anthropozäns, etwa auf die Zeit ab 1500 vorzuziehen? Zu diesem Zeitpunkt war die Schiffstechnologie in Europa und Asien soweit fortgeschritten, dass man in der Lage war, schier endlose Strecken zurück zu legen[16].

Ehlers Grundidee, dass das Anthropozän nicht nur materiell-real stattfindet, sondern es auch immateriell-ideelle Wurzeln haben muss, ist zuzustimmen. Wenn man aber von einer geologischen Epoche spricht, dann muss man global denken und Europa selber lediglich als einen Teil dieser neuen Epoche ansehen. Ehlers Werk aber ist durchdrungen von europäischer Geistesgeschichte. Kant und Herder sind Kronzeugen für den Wandel der Mensch-Natur-Umwelt-Vorstellungen[17].

Generell aber besonders aus globaler Perspektive ist festzuhalten, dass die Vorstellung von der Welt von den Konventionen der Gemeinschaft abhängig ist, in der der Mensch aufwächst. In ihr werden die Grundsteine gelegt, die für die Ordnung seiner Umwelt prägend sind. Ist innerhalb dieser Gemeinschaft ein Tier als Gott zu verehren, dann wird er diesem

15 Vgl.: Bayly, Geburt.

16 Vgl.: Wolfschmidt, Kompaß, 17 – 143, vor allem 65-77; Kennedy, Aufstieg.

17 Vgl.: Ehlers, 2008, 128ff.; 158ff.

Tier in der Realität anders gegenübertreten als in ein Mensch, der dasselbe Tier als Nahrungsmittel ansieht. Gefühle, Eigenschaften und Bedeutungen, die der Mensch mit einem Tier oder einer Pflanze verbindet, sind abhängig von dieser Prägung durch die Gemeinschaft und können daher in anderen Kulturen abweichen. Ein Tier, eine Pflanze oder eine Landschaft sind somit Bedeutungsträger des Menschen und folglich Teil seiner Kultur. Die vom Menschen auf diese natürlichen Objekte, diese Naturfakte, projizierten Bedeutungen machen sie zum einem Teil seiner materiellen Kultur[18].

Wenn von der Bedeutung von Objekten innerhalb der materiellen Kultur die Sprache ist, dann muss auch von der Deutung, dem Verstehen oder dem Lesen dieser Objekte die Rede sein. Damit begibt man sich in den Bereich der Semiotik. Die Zuordnung einer Bedeutung oder auch mehrere Bedeutungen zu einem Objekt muss entschlüsselt werden. Das ist vor allem dann möglich, wenn Sprecher und Empfänger die gleiche Sprache sprechen. Übertragen auf ein Naturfakt bedeutet dies, dass diejenigen, die mit einem solchen Objekt umgehen, um sich über das Objekt verständigen zu können, dem Objekt dieselbe Bedeutung zusprechen müssen. Andernfalls kommt es zu Missverständnissen.

Die dabei aufgeworfene Frage besteht nun darin, zu überlegen, in wieweit die ideelle Bedeutung des Naturfakts die reale Performanz mit dem Objekt prägt und wie andersherum, das real existierende Objekt wiederum seine Bedeutung verändern kann. Darüber hinaus ist auch der externe Einfluss auf die Bedeutung zu berücksichtigen, der diese in Bezug auf das Objekt erweitern, schmälern oder vollkommen ändern kann. Es stellt sich also die Frage, in welchem Grad die Bedeutung, die der Mensch auf ein Naturfakt projiziert, sich in dem Objekt für ihn bzw. auf andere Menschen manifestiert. Das ist auch abhängig vom Naturfakt selber. Ein Felsen, eine Landschaft oder eine Pflanze, etwa ein Baum, sind für eine tatsächliche Manifestation von Bedeutung über Jahrhunderte hinweg eher geeignet als kurzlebige, mobile tierische Objekte. Im ersten Fall ist oftmals das einzelne Objekt Bedeutungsträger[19], im zweiten Fall eher die

18 Vgl.: Hahn, Materielle Kultur, 19.

19 Hier kann man etwa auf heilige Bäume (Donnar-Eiche) oder Berge (Uluru oder Ayers Rock) verweisen.

Art, Gattung oder Familie, der das Tier angehört[20]. Darüber hinaus ist die Agilität, die Tiere im Gegensatz zu zwar wachsenden, aber nur selten mobilen Pflanzen besitzen, eine Eigenschaft, die die Bedeutung des Tieres für den Menschen aus dem Objekt selber heraus mit prägen kann. Ein Tier, das in seiner natürlichen Umgebung offensiv agiert, wenn es etwa auf Jagd geht oder sich bedroht fühlt, kann von einem Menschen mit der Bedeutung der Gefahr belegt werden. Ein Tier, das seine Umwelt neugierig aufnimmt, wird vom Menschen als nett und harmlos betrachtet werden. Dass in beiden Fällen auch das Äußere des Tieres seinen Wert für die Einschätzung des Tieres hat, muss nicht sonderlich erwähnt werden.

Das vorausgesetzt, bietet sich innerhalb der verschiedenen kulturwissenschaftlichen Theorien ein großes Repertoire an Möglichkeiten zur Analyse der Kultur dieser tierischen Objekte. Beginnt man bei der Aufgabe Adams, den Tieren Namen zu geben[21], stellt sich unweigerlich die Frage, auf welcher Grundlage der Mensch die Tiere benennt. Eine solche Benennung ist immer verbunden mit einer genauen Vorstellung der eigenen Umwelt und Kultur. Das heißt, dass die unmittelbare Benennung zwar für den Menschen im Moment dieses Ereignisses Sinn ergibt, dieser für seine Nachfahren aber nicht nachvollziehbar sein muss, so dass Bezeichnung und Bezeichnetes nur im Auge des Bezeichners selber eine Beziehung haben, in Wirklichkeit jedoch diese Beziehung nicht existiert. Dass der Ideengeber für eine solche Überlegung niemand anderes als der Schweizer Linguistik Ferdinand de Saussure ist, braucht nicht weiter ausgeführt zu werden[22]. Aus Saussures Überlegungen ergibt sich das sogenannte semiotische Dreieck. In ihm bilden der *Bezeichnende*, das *Bezeichnete* und das *Zeichen* seine drei Winkel[23]. Außen vorgelassen wird bei diesem Modell jedoch ein vierter Faktor, der das Ensemble zu einem semiotischen Viereck erweitern könnte. Dieser Faktor geht auf den amerikanischen Universalgelehrten Charles S. Peirce zurück, der jedoch auch nur ein Dreieck zeichnen wollte. Seines setzt sich aus den drei Winkeln *Zeichen*, *Objekt* und *Interpretant* zusammen, so dass hier der Bezeich-

20 Vgl.: Fitzenreiter, Tierkulte.
21 Vgl.: Gen, 2, 19 – 20.
22 Vgl.: Saussure,Grundfragen, 76 – 93.
23 Vgl.: Hahn, Materielle Kultur, 118.

nende außen vorgelassen wird[24].

Wer sich jedoch mit Kulturkontakt beschäftigt, der kann weder ohne den Bezeichnenden noch einen Interpreten auskommen. Schließlich ist es die Interaktion der beiden, die den Kulturkontakt ausmacht. Sie beide müssen sich über das Objekt und die Bedeutung dieses Objekts verständigen. Ob sie dabei zu einem gemeinsamen Ergebnis kommen, alle Zeichen also richtig gesprochen und gedeutet werden, ist eine andere Frage. Ohne diese beiden Akteure jedoch funktioniert kein Kontakt. Das Objekt, über das dieser Kontakt zustande kommt, ist zunächst zweitrangig. Dass sowohl Saussure als auch Peirce dies anders sehen, liegt an ihrem Forschungsgegenstand. Sie interessieren sich vor allem für die Beziehung von Objekt und Zeichen.

Nutzt man dennoch die Überlegungen der beiden Gelehrten und verbindet sie miteinander, ergibt sich so ein semiotisches Viereck. Diese Idee ist freilich nicht neu. So hat etwa Hermann Heidrich einen Versuch unternommen, einen solches Viereck zu erschaffen[25]. Sein Viereck besitzt die Winkel *Bedeutung*, *Objekt*, *Interpretant* und *Interpret*. In dieser Konstellation sind aber Bedeutung und Objekt einzig durch den Interpreten und den Interpretanten verbunden bzw. diese beiden durch die zu ersten genannten. Eine interne Verbindung wird bei Heidrich nicht angedacht. Dieser Umstand führt jedoch zu einem Problem. Fällt nämlich einer der Winkel weg, und dieses kann ohne Probleme der Fall sein, wenn etwa die Erklärung bzw. der Interpretant für ein Zeichen nicht übermittelt wird, fehlt die Verbindung zwischen den verbliebenen Punkten, so dass auch kein Dreieck mehr vorhanden ist:

a. Saussure: b. Peirce: c. Heidrich:

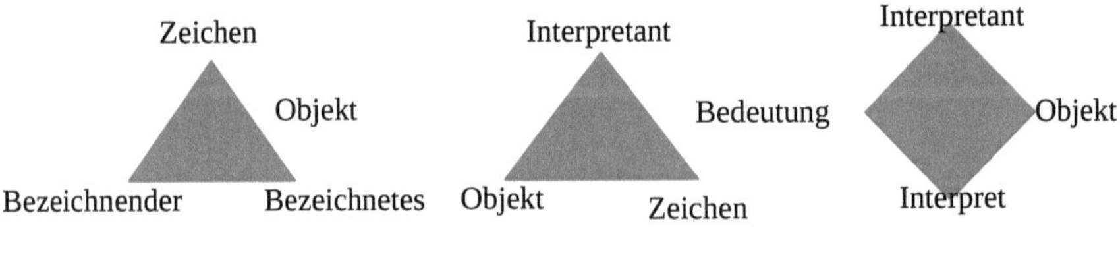

24 Vgl.: Peirce, Wirtings, Bd. 2, 411.

25 Vgl.: Heidrich, Facetten, 15.

Darüber hinaus ergeben sich weitere Problemfelder beim Erstellen eines semiotischen Vierecks, wenn Peirce' und Saussures Dreiecke als Ausgangsbasis gelten sollen. So ist etwa zu beachten, dass Peirce' Dreieck mit dem *Objekt* einen Winkel besitzt, der bei Saussure die Gerade zwischen Zeichen und Bezeichnetem darstellt. Ein einfaches Anlegen beider Dreiecke zu einem Viereck ist so nicht möglich. Als Ausgangslage ist es wesentlich praktischer, Saussures Dreieck zu nehmen und nicht, wie es Heidrich getan hat, es um Peirce' Interpretanten zu ergänzen. Vielmehr erscheint es hilfreich den Winkeln neben dem Bezeichnendem, dem Bezeichnetem und dem Zeichen selber noch einen Interpreten an die Seite zu stellen.

In einem solchen Viereck müssen nicht nur die vier Winkel durch einen äußeren Rahmen verbunden sein, sondern auch in der Fläche des Vierecks selber müssen die jeweils am weitesten voneinander entferntesten Punkte eine Verbindung besitzen, um alle Aspekte zu verknüpfen. Ein solches Viereck hat den Vorteil, es auch auf verschlüsselte Zeichen anwendbar zu machen und erlaubt es, Bedeutungen von Zeichen zwischen Kulturen analysieren zu können. Geht ein Winkel des Vierecks verloren, bleibt so noch immer das semiotische Dreieck als Methode der Deutung bestehen.

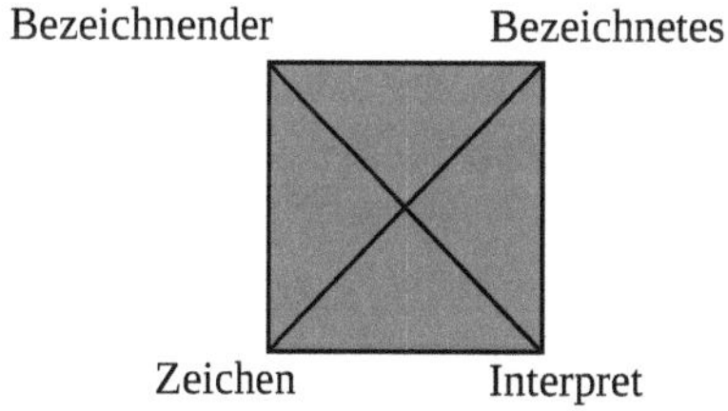

Saussure bezog die Semiotik ausschließlich auf den Bereich der Sprache. In seinen Schriften und Nachlässen finden sich verschiedene Überlegungen dazu, inwieweit Sprache und Zeichen zueinander in Beziehung stehen[26]. Diesen Ideen nachzuspüren kann anregend sein, ist aber hier wenig zielführend. Festzuhalten bleibt jedoch, dass die Idee der Semiotik nicht allein auf die Welt der Sprache angewendet werden kann bzw. dass in einem sehr weiten Rahmen Sprache alles sein kann, was dem Men-

26 Vgl.: Saussure, Semiologie, 122ff.

schen als Medium der Verständigung dient, so dass sich die Semiotik mit all diesen Bereichen zu beschäftigen hat.

In der Ethnologie gehört eine fast philologische Deutung von Gegenständen jenseits des Textes zur Grundausstattung des Fachs seit seiner Entstehung. Alles, was Gesellschaften ohne Schriftkultur benutzten, muss interpretiert werden, um die Struktur dieser Gesellschaften zu verstehen. Während so in den Gesellschaften Europas, des Nahen Ostens und Asiens der erschaffene Text (in all seinen Ausprägungen) und mithin der dahinterstehende Geist als Kultur gelten kann, ist es in den Welten jenseits dieser Regionen das Objekt, das die Kultur auszeichnet. So etwa könnten die erst genannten Regionen als Orte einer geistigen Kultur angesehen werden, wohin gegen alle anderen als Orte der materiellen Kultur gelten müssten. Diese Gegenüberstellung ist natürlich eine grobe Vereinfachung, die überhaupt nicht zutrifft, aber einen wichtigen Aspekt unterstreicht, der von Hahn wie folgt formuliert wird: „Es ist eine in der Regel nichtausgesprochene Voraussetzung des westlichen Menschenbildes, den Menschen von den materiellen Dingen abzusondern und das Geistige als etwas Wichtigeres und Überlegenes anzusehen“[27].

Folgt man dieser Einlassung, ergibt sich daraus zwangsläufig die Idee, dass eine Gesellschaft, die keine Schrift hat, um etwa Epen, Gedichte oder Romane zu verfassen, auch nicht wirklich eine hochentwickelte Kultur besitzen kann. Im Umkehrschluss folgt daraus, dass eine Gesellschaft, die eine solche Schrift besitzt, nur eine hohe Kultur besitzen kann, da sich geistige Reife und fortgeschrittene Zivilisation nur im schriftlichen Ausdruck artikulieren lässt. Aus dieser Überlegung können dann im Prinzip nur zwei gegensätzliche Positionen für die Perspektive der vermeintlich höher entwickelten Kultur entwickelt werden. Zum einen müsste diesen unzivilisierten Gesellschaften geholfen werden oder eine solche Gesellschaft würde als unwürdig angesehen, in Frieden leben zu dürfen, so dass man sie vernichtet oder ausbeutet. Beide Positionen finden sich im Handeln der Europäer gegenüber der außereuropäischen Welt innerhalb der Frühen Neuzeit wieder.

In dieser Vorstellung wird übersehen, dass auch in anderen Teilen der abendländischen Gesellschaften Kultur vorhanden ist, dass eben auch sie

---

27 Hahn, Materielle Kultur, 7.

der materiellen Kultur angehört. Als materielle Kultur oder auch Sachkultur wird „[d]ie Gesamtheit dieser Gegenstände, ihre Herstellung, [ihr] Gebrauch, das damit verbundene Wissen und im weiteren Sinn auch die den Dingen zugeschriebenen Werte und Bedeutungen bezeichnet“[28], im Grunde also gehört die gesamte Umgebung und Umwelt des Menschen zu seiner materiellen Kultur.

Wenn Tiere in dieser Arbeit als Objekte des Menschen, als Teil seiner materiellen Kultur, angesehen werden sollen, ist also die Begrifflichkeit der materiellen Kultur auf sie anwendbar. Dass dieses möglich ist, wird an den Werten, den Bedeutungen, dem Gebrauch und dem Wissen, das mit Tieren in Verbindung gebracht wird, deutlich. Die Herstellung von Tieren jedoch scheint hier als ein Problem aufzutauchen, da Tiere ja unabhängig vom Menschen existieren können. Dieses Problem ist allerdings nur ein scheinbares, denn ganz davon abgesehen, dass bei den hier in der Arbeit angesehenen Haustieren das Züchten bestimmter Eigenschaften durchaus als Herstellung von Tieren angesehen werden kann, verweist Feest darauf, dass es drei unterschiedliche Arten von Objekten gibt. Während die oben genannte Definition vor allem für Artefakte gilt, also vom Menschen künstlich bearbeitete Objekte, ist dies nicht der Fall bei Naturfakten, als welche Objekte beschrieben werden, die vom Menschen zwar benutzt, aber nicht von ihm hergestellt wurden. Zusätzlich unterscheidet er auch sogenannte Exofakte, die zwar künstlich von einem Menschen hergestellt wurden, aber innerhalb einer Kultur genutzt werden, die mit dieser Herstellung nichts zu tun hatte[29]. Die europäischen Haustiere, die in dieser Arbeit als Teil der materiellen Kultur betrachtet werden sollen, stellen somit sowohl Naturfakte als auch Exofakte dar, da sie zum einen natürliche autarke Objekte sind, auf die menschliche Vorstellungen und Werte projiziert werden, und zum zweiten aber Wissen nötig ist, um die fremden Tiere richtig gebrauchen zu können[30].

Wenn eine solche Übernahme aus der Linguistik möglich ist, scheint

28 Feest, Kultur, 240.

29 Vgl.: Ebenda, 240f.

30 Dass das Wort *richtig* hier keinesfalls den gewohnten europäischen Gebrauch meint, sondern sich dahinter auch ein ganz eigenständiger Nutzen verbergen kann, sei hier zunächst nur erwähnt, darauf eingegangen wird später.

auch ein weitergehender Schritt in Richtung Sprachwissenschaft denkbar, um sich dem Kulturkontakt zu widmen. Und so verwundert es gar nicht, wenn der Linguist Hans Jürgen Heringer schreibt, dass „Kultur ein Objekt besonderer Art“ sei, das „wie Sprache […] eine menschliche Institution“ sei, „die auf gemeinsamem Wissen basiert“[31].

Innerhalb der Linguistik widmet sich die Sprachkontaktforschung dem Kontakt verschiedener Kulturen und Sprachen. Sie unterscheidet dabei zwischen verschiedenen Wirkungen von Sprachkontakt. Nach Bechert und Wildgen existieren vier unterschiedliche Formen von Sprachkontakt von beteiligten Sprachen oder Varietäten, von denen hier vor allem zwei wichtig sind. Dabei handelt es sich um die Sprachmischung und den Sprachwechsel[32]. Die Sprachmischung unterscheidet in zwei Unterarten, die von Bechert und Wildgen als mechanische Mischung und als chemische Mischung verstanden werden. Beide unterscheiden sich in ihrer Bedeutung dadurch, dass bei einer mechanischen Mischung alle beteiligten Sprachen wieder als eigenständige Sprachen erkannt werden können, nachdem man die Mischung zerlegt hat, wohingegen die chemische Mischung dieses nicht zulässt, so dass das Produkt aus den beteiligten Sprachen wirklich etwas vollständig Neues ergibt[33]. Der Sprachwechsel ist eine dauerhafte Übernahme einer von mindestens zwei Sprachen, wobei die andere durch den mangelnden Gebrauch verschwindet[34].

Wendet man diese Wirkungen des Sprachs- auf den Kulturkontakt an, reicht bereits das bloße Austauschen von *Sprache* mit *Kultur* um Begriffe zu erhalten, die hilfreich bei der Quellenanalyse sein können. So ist etwa eine Kulturmischung dort möglich, wo nach langer Zeit des Zusammenlebens von zwei Kulturen eine neue Kultur entsteht. Der Kulturwechsel wäre das Wegfallen einer Kultur und das Füllen dieser Lücke durch eine andere.

Die Schwierigkeit, die dieser Methode innewohnt, liegt in einer gewissen positiven Grundhaltung, die mit Kulturkontakt verbunden wird. Jeder Kulturkontakt führt, legt man dieses Modell zu Grunde, zu einer wie

31 Heringer, Kommunikation, 107.

32 Vgl.: Bechert/Wildgen: Sprachkontaktforschung, 2ff.

33 Vgl.: Ebenda, 3.

34 Vgl.: Ebenda, 3f.

auch immer gearteten Vermischung von Kulturen. Nun ist aber bekannt, dass die an einem Kulturkontakt beteiligten Kulturen oftmals einer solchen Idee von Kulturverbindungen eher skeptisch gegenüberstehen. Für diese Form des Kontakts sei erneut auf die Sprachwissenschaft zurückgegriffen. In ihr ist das Phänomen des Sprachpurismus bekannt. Dabei handelt es sich aus sprachgeschichtlicher Sicht um Versuche, eine Sprache nicht nur von Fremdwörtern rein zu halten, sondern auch um den Versuch, eine Hochsprache zu entwickeln, die sämtliche Dialekteinflüsse unterbindet[35]. Dass eine solche Vorstellung sich nicht nur auf Sprache, sondern auch auf Kulturen beziehen kann, liegt auf der Hand. In Anlehnung an dieses Phänomen soll hier daher von Kulturpurismus die Rede sein.

Schließlich muss auch das Missverständnis hier aufgegriffen werden, das eine ganz andere Art der Verständigung darstellt. Während in allen anderen Fällen über kurz oder lang eine Verständigung möglich erscheint, ist sie hier nur unter schwersten Bedingungen möglich und kann auch zu einer deutlichen Missachtung des jeweils anderen führen.

Dieses als solches schon interessante Zusammenspiel zwischen menschlichen Kulturen kann dann noch durch einen weiteren Akteur erweitert werden, wenn man ein Tier mit in das entstandene Netz miteinbezieht. Als Lebewesen hat es eigene Verhaltensmuster und eventuell auch Sichtweisen, die sich auf das Zusammenwirken zweier Kulturen auswirken können. Das Zeichen, über das die Kulturen kommunizieren wollen, kann also durch eigenes Zutun seine Bedeutung ändern, ohne dass eine der beiden Kulturen daran beteiligt ist.

Die Beherrschung der Natur durch den Menschen ist, bezieht man sie in erster Linie nicht auf eine reale Veränderung der natürlichen Umwelt, sondern auf eine Durchdringung bzw. Manifestation von Bedeutungen innerhalb dieser Umwelt, die das Zeitalter des Anthropozäns ausmacht, in einer Zeit zu suchen, in der fremde Kulturen miteinander die Bedeutung von Naturfakten untereinander ausmachen, indem sie miteinander in Kontakt treten. Diese Epoche ist, so die These dieser Arbeit, in der Zeit der frühen Neuzeit zu suchen, in der die Welt von Europa ausgehend innerhalb von nur 300 Jahren erschlossen und vor allem kolonisiert wur-

---

35 Vgl.: Kirkness, Purismus, 407f.

de.

Damit ist die Aufgabe klar: Das Anthropozän zeichnet sich (auch) dadurch aus, dass – aus der globalen Perspektive betrachtet – der Mensch seine Umwelt semantisch verändert hat. Der Auslöser für diese Veränderung war die im 15. Jahrhundert einsetzende europäische Expansion. Im Zuge dieser Expansion wurden Bedeutungen, die außerhalb Europas Tieren zugeschrieben wurden, verändert. Damit ist nicht gesagt, dass die europäische Bedeutung übernommen wurde, denkbar und belegbar sind auch andere Veränderungen. Aus dieser semantischen Veränderung resultierte über kurz oder lang auch eine Veränderung des realen Tieres, so dass davon ausgegangen werden kann, dass das Zeitalter des Anthropozäns im großen Stil innerhalb der etwa 300 Jahre begann, in die die europäische Expansion fällt.

Darüber hinaus stellt sich die Frage, ob der europäische Gang weg von der vertrauten Umwelt hin in eine fremde Umwelt Veränderungen beider Verhaltensweisen hervorbrachte, die nicht alleine auf Kulturkontakt, sondern auch auf Kontakt mit der fremden Umwelt zurückzuführen sind, und wie sich dieser auswirkte. Das bedeutet, dass eine kulturelle Veränderung bei europäischen Siedlern nicht nur Folge eines Kulturkontakts gewesen sein müsste, selbst wenn der Eindruck entstünde, die Siedler hätten bei der indigenen Bevölkerung Verhaltensweisen im Umgang mit Tieren imitiert, sondern auch Folge der natürlichen Umweltbedingungen gewesen sein können. Das alles führt zu der Vermutung, dass es zu einer Änderung von Symbolsprache in Bezug auf einheimische Tiere durch Kontakt mit dem Anderen oder auch zur Verhaltensänderung von Europäern durch eine fremde natürliche und soziale Umwelt gekommen sein muss.

Das Tier als lebendiges Wesen muss sich ebenso wie der Mensch der fremden Umwelt anpassen. Diese mögliche Änderung im Verhalten der Tiere aber sorgt auch für eine veränderte Wahrnehmung der Tiere in den Augen des Menschen. Darüber hinaus jedoch können veränderte klimatische und ökologische Bedingungen für die Verbreitung und den Nutzen von Tieren bedeutend sein. Tiere mit hohem Wasserbedarf gehen in der Wüste ein und haben so kaum eine Chance langfristig innerhalb einer Kultur zu wirken, so dass sie auch als Mittel von Kulturkontakt höchstens temporäre Bedeutung in einem Einzelfall haben können. Anderseits können diese Tiere in fruchtbaren Regionen schnell Verbreitung finden, so dass sich ihre Chance erhöht, Einfluss auf Kulturen zu nehmen bzw. als Kulturüberträger eingesetzt zu werden.

b. In der Oper, im Dschungel und im Joghurt – Der Kulturbegriff

Kultur ist „ein historisch überliefertes System von Bedeutungen, die in symbolischer Gestalt auftreten, ein System überkommender Vorstellungen, die sich in systematischen Formen ausdrücken, ein System, mit dessen Hilfe die Menschen ihr Wissen vom Leben und ihre Einstellungen zum Leben mitteilen, erhalten und weiterentwickeln"[36], formuliert Clifford Geertz seinen Kulturbegriff. Dieser ist somit dreigeteilt. Ein erstes System macht er in Bedeutungen aus, ein zweites in Vorstellungen und ein drittes in Wissen und Erfahrung. Aus allen drei Einzelsystemen muss sich demnach die Kultur als Ganzes entwickeln. Wenn man Tiere als Kulturträger anschaut, bleibt die Frage, ob sie in allen drei Systemen vorkommen, zumal wenn Geertz davon spricht, dass er zwischen Modellen *von* etwas und Modellen *für* etwas unterscheidet. Da er jedoch Kulturmustern den doppelten Aspekt zu spricht, sie also sowohl als *Modell für etwas* als auch *Modell von etwas* sein können[37], ist es möglich, Tiere auch unter solchen Gesichtspunkten zu betrachten.

Beispielhaft lässt sich dieses am Schwein in der Tradition der Tahitianer festmachen. Innerhalb des Systems von Wissen und Erfahrung in Bezug auf das Schwein existieren Kenntnisse über Züchtungen, Aufzucht, Krankheiten und deren Behandlung. Im Bezug auf die Vorstellung des Schweins wird ihm ein hoher Wert beigemessen. Im System der Bedeutung ist es ein ideales Geschenk für diplomatische Beziehungen, Friedensverhandlungen und ähnliches. Diese drei Ebenen gehen dabei in einander über. Die Vorstellung vom Wert des Schweins etwa ist durch das Wissen und die Erfahrungen über die Zucht und seine vielseitige Verwendung geprägt, während seine diplomatische Bedeutung auf den Wert zurückgeht.

Dieser von Geertz definierte Begriff von Kultur bleibt damit ganz dem Potenzial verschrieben, ohne die Kategorien von Performanz und Pro-

36 Geertz, Beschreibung, 46.
37 Ebenda, 52f.

dukt miteinzubeziehen, die laut Heringer Kultur ausmachen. In Bezug auf das Produkt ist dies kein Problem, da dieses nach Heringers eigener Kulturdefinition nicht unbedingt nötig ist, sondern lediglich eine Möglichkeit bereitstellt. Die Performanz jedoch ist absolut nötig, denn „das Potenzial zeigt sich nur in der Performanz […] [u]nd es ist entstanden über Performanz“[38].

Was bedeutet das für Tiere als Kulturträger? Das reale Tier ist Teil der Performanz des Menschen. Allein im Umgang mit dem Tier bzw. im Sprechen und Schreiben über diesen Umgang bzw. das Tier selber zeigt sich dessen Potenzial. Das Potenzial, das ein Tier als Kulturträger in den Augen des Menschen in sich birgt, zeigt sich daher auf zwei verschiedene Arten, die sich einander bedingen. Dort ist zunächst der Nutzen oder Unnutzen, den ein Tier für den Menschen hat. Viehhaltung wäre somit die Performanz des im Tier liegenden Potenzials des Nutzens, sowie die Tötung und Ausrottung von Tieren dessen unnützes Potenzial offensichtlich macht.

Neben dem Nutzen zeigt sich das Potenzial im symbolischen Gehalt des Tieres. Damit sind „alle Gegenstände, Handlungen, Ereignisse, Eigenschaften oder Beziehungen“ gemeint, „die Ausdrucksmittel einer Vorstellung sind, wobei diese Vorstellung die ‚Bedeutung‘ des Symbols ist“[39]. Somit wird der Verkauf einer Kuh, das Verschenken eines Hahns oder die bloße Kategorisierung von Tieren zu einer symbolischen Geste, deren Bedeutung herauszufinden ist.

Dabei müssen sowohl Tiere in ihrer Bedeutung für die europäische Kultur als auch deren Bedeutungen in anderen außereuropäischen Kulturen Betrachtung finden. Mindestens zwei Probleme tun sich in einer solchen Herangehensweise auf. Zum einen muss man sich die Frage gefallen lassen, wie man von einer einheitlichen europäischen Kultur sprechen könnte, zum anderen könnte man mit Bedauern feststellen, dass eine komplette wenn auch auf Tiere beschränkte Analyse der unzähligen außereuropäischen Kulturen wohl eine Aufgabe wäre, die man in einer Arbeit, wenn nicht in einem Leben gar nicht bearbeiten könnte.

Für beide Probleme besteht eine einfache Lösung, die direkt mit dem

38 Heringer, Kommunikation, 107.

39 Geertz, Beschreibung, 49.

Gegenstand der Arbeit zu tun hat. Alle hier behandelten Tiere sind domestizierte Tiere, die schon über Jahrtausende hinweg zur Kultur des Menschen gehören[40]. Damit sind diese Tiere länger Teil der Kultur als die langlebigsten Religionen und bilden somit eine fundamentale Stütze jeder Kultur der Erde. Die feingliedrige Aufsplittung der europäischen Kulturen ist daher ebenso unnötig wie eine langwierige Analyse aller außereuropäischen Kulturen. Im Umgang mit den Tieren zeigen sich vielmehr die größten Gemeinsamkeiten der Kulturen, die oftmals eine *interkulturelle* Kommunikation gar nicht nötig machen, sondern lediglich Kommunikation, weil im Prinzip die gleiche Sprache gesprochen wird bzw. das kulturelle Potenzial sowie die Performanz identisch sein können.

Dabei gilt festzuhalten, dass je älter das kulturelle Potenzial ist, das zu einem bestimmten Zeitpunkt in einem Tier gesehen wurde, desto höher auch die Wahrscheinlichkeit ist, dass auch Jahrtausende später dieses Potenzial das gleiche ist. Dies sei an am Beispiel des Stiers erläutert. Das assyrische Gilgamesch-Epos kennt den Himmelsstier, den die Göttin Ischtar von ihrem Vater fordert, damit „ich Gilgamisch an seinem (eigenem) Wohnsitz erschlage“[41]. Der Stier wird hier in einem religiös-mythologischen Umfeld eingebaut. Ganz anders in Spanien, wo mit dem Ende der Reconquista der Stierkampf neu zelebriert wurde. Mit dem 18. Jahrhundert wurde der Kampf sogar zum Symbol Spaniens selber stilisiert[42]. Größer könnte der performative Unterschied kaum sein, dennoch ist das Potenzial das gleiche. Sowohl bei Gilgamesch als auch in Spanien wird der Stier als Symbol der Stärke angesehen, lediglich die Performanz ist eine andere.

Mit hinein in diese Kulturentwicklung spielt die räumliche Nähe und der ständige Kontakt. Dieser kann die Performanz beeinflussen, so dass nicht nur das Potenzial der Tiere gleich bleibt, sondern sich auch die Performanz gleicht. So kann festgehalten werden, dass je größer die räumli-

40 Einzig das Kaninchen bildet hier eine Ausnahme, da es erst im frühen Mittelalter tatsächlich domestiziert wurde. Zusammen mit dem Hasen aber ist es schon ebenso lange wie die anderen Tiere in den Kulturen des Menschen präsent.

41 Gilgamesch-Epos, VI, 95.

42 Vgl.: Neuhaus, Stierkampf, 59-62.

che Distanz und je kürzer der Kontakt zwischen den Kulturen ist, desto weniger gleicht sich die Performanz der Kulturen. Ein Beispiel dafür findet sich in der Pferdedomestikation, die sich in der Grenzregion zwischen Asien und Europa abgespielt hat. Obwohl beide Kontinente im Verlauf ihrer Geschichten zahlreiche Unterschiede aufgebaut haben, ist in beiden Regionen das Pferd ein Kriegsinstrument. Performanz und Potenzial des Pferdes sind nahezu identisch und unterscheiden sich nur in Nuancen, wie später noch aufgezeigt werden soll.

Folgt man den zwei hier aufgestellten Regeln zu Zeit und Raum, fällt die kulturelle Analyse, die sich auf den ersten Blick als Problem darstellte, kaum noch ins Gewicht. Es muss natürlich immer daran gedacht werden, dass eine solche Regel künstlich ist. Für die Bedeutung von Tieren und Kultur generell sind auch immer vom Menschen nicht beeinflussbare Faktoren von Interesse, die sich einer solchen Regelhaftigkeit entziehen. Als Ausgangsbasis jedoch sei diese Hilfestellung erlaubt.

c. Forschungsstand: Tiere über See

Bei den *Animal Studies* bzw. *Animal History* handle es sich, so wird postuliert, um ein recht neues Gebiet innerhalb der Geistes- und Kulturwissenschaften, das erst in den achtziger Jahren des 20. Jahrhunderts mit Keith Thomas' Studie über *Man and the Natural World. Changing Attitudes in England, 1500 – 1800*[43] seinen Anfang genommen habe[44]. Es wäre müßig darauf hinzuweisen, dass dieser Anfang natürlich willkürlich gesetzt ist. Genauso gut könnte man auf das Werk *Eine Geschichte der Tiere. Ihr Einfluss auf Zivilisation und Kultur*[45] Richard Lewinsohns verweisen, das dieser unter dem Pseudonym Morus bereits 1952 veröffentlichte.

Es ist jedoch vollkommen unerheblich, ob diese Disziplin dreißig oder sechzig Jahre wirkt, einen Einfluss auf die breite Öffentlichkeit hatte keine dieser Studien. Im Gegenteil ist derjenige, der sich nicht mit diesem Thema befasst, von ihm immer wieder überrascht oder steht ihm

43 Vgl.: Thomas, Natural World.
44 Vgl.: Steinbrecher, Geschichtswissenschaft, 268ff.
45 Vgl.: Morus, Tiere.

befremdlich gegenüber[46]. Die *Animal Studies* sind im neuen Jahrtausend angetreten, um diesen Umstand zu ändern. Die Auseinandersetzung zwischen Tier und Mensch in den Geistes- und Kulturwissenschaften sind vor allem von dem Gedanken getragen, den Tieren Rechte zukommen zu lassen, wie dieses schon in früheren Tagen mit *unterprivilegierten* Menschen getan wurde. Nachdem die Geschichtsschreibung sich erst dem weißen Europäer/Amerikaner zugetan fühlte, trat zunächst der farbige Afroamerikaner und Sklave in den Fokus der Wissenschaft, im Zuge der Frauenemanzipation wurde die Frau zum Dreh- und Angelpunkt der Forschung und nachdem im letzten Jahrzehnt Europa aus dem Zentrum gerückt und nur in Verbindung mit der außereuropäischen Welt gesehen wurde, wollen die *Human Animal Studies*, dass als nächste Stufe die Tiere in diesen Demokratisierungsprozess, der schließlich als eine *Geschichte von unten* bezeichnet werden kann, mit einbezogen werden[47].

So gibt es bereits vereinzelt Studien, die sich Tieren und ihrer Bedeutung für den Kolonialismus annehmen. Im englischsprachigen Raum hat sich DeJohn Anderson den Tieren als Gruppe angenommen und eine lesbare und nützliche Arbeit über den Einfluss domestizierter Tiere auf die Kolonisierung Nordamerikas geschrieben, in der dargelegt wird, dass diese Tiere maßgeblich daran beteiligt waren, das Land für Europäer bewohnbar und für die Ureinwohner, die diese Tiere nicht kannten, unbrauchbar zu machen[48]. Dabei ist DeJohn Andersons Idee keinesfalls neu, vielmehr kennt auch sie die dreißig Jahre alten Vorarbeiten Alfred

46 Drei Beispiele seien hier genannt: Während eines Schulprojekts warf der Autor dieser Studie die Idee auf, um sich mit dem Ersten Weltkrieg auseinander zu setzen, sollen die beiden Schülerinnen sich doch mal dem dem Pferd im Krieg beschäftigen. Die Reaktionen darauf waren zunächst durchaus positiv, wurden nach der Lektüre einiger Aufsätze jedoch gedämpfter, da beide bezweifelten, dass es sich wirklich um Geschichte handelte. Als der Autor auf die Frage eines Mitglieds des Bergischen Geschichtsvereins nach diesem Projekt antwortete, es ginge um Tiere, zeigte sich wenig Interesse weiter auf das Thema einzugehen, da man nicht wissen, was das denn solle. Schließlich war die Reaktion eines Kirchenhistorikers sehr interessant, der auf dieselbe Antwort hin meinte, er wundere sich immer mehr darüber, worüber man in der Geschichte forsche.

47 Vgl.: Steinbrecher, Geschichtswissenschaft, 277.

48 Vgl.: DeJohn Anderson, Creatures.

W. Crosbys, der mit seinem Buch *The Columbian Exchange* darauf aufmerksam machte, dass die größten Veränderungen, die das Jahr 1492 für Amerika mit sich brachte, biologischer und ökologischer Natur waren. Freilich ist er bei einem solchen weiten Radius nicht bloß auf Tiere fokussiert, sondern bedenkt neben Pflanzen auch Krankheiten[49].

Damit ist der geographische Blickwinkel auf die Amerikas gelegt. Doch auch für andere Regionen sind im angelsächsischen Raum Studien über Tiere bzw. andere Formen von ökologischer Kolonialisierung erschienen. So legte im Jahr 2010 Jennifer Newell eine Studie darüber vor, welche Europäer welche Tiere und Pflanzen nach Tahiti brachten und wie die Einwohner Tahitis darauf reagierten. Anders als der Untertitel ihres Werkes vermuten lässt, geht sie dabei nicht bloß auf die ökologischen Wechselwirkungen ein, sondern bezieht sich auch auf den kulturellen Austausch, auch wenn sie ihn weniger genau untersucht[50].

In keiner Region dieser Welt sind die ökologischen Veränderungen, die die europäische Expansion mit sich brachten, wohl so weitreichend gewesen wie in Australien, was wohl auch für ihre relative Bekanntheit spricht. Die einzigartige Fauna Australiens, die sich biologisch von der der restlichen Welt schon deswegen unterschied, weil alle dort lebenden *Mammalia* zu den *Marsupialia* gehörten, wurde durch Schafe, Pferde, Kühe und vor allem Kaninchen so in Mitleidenschaft gezogen, dass es verwundern würde, wenn sich niemand dieses Themas angenommen hätte. Ian Parsonson, ein australischer Veterinärmediziner, schrieb diese Geschichte der domestizierten Tiere in Australien und legte sie unter dem Titel *The Australian Ark* vor. Bedingt durch die Kolonialgeschichte Australiens, liegt sein Hauptaugenmerk im 19. Jahrhundert, doch kaum ein Kapitel vergeht, ohne dass er auf die bereits 1787 von England aus gestartete *First Fleet* verweist, die schon alle späteren Tiere mitbrachte, auch wenn diese sich zunächst nicht unbedingt mit dem Klima Australiens anfreunden konnten[51].

Parsonson vergisst dabei auch nicht die Erwähnung des Dingos, des

49 Vgl.: Crosby, Exchange, 1973. Im Folgenden wird jedoch aus der 30th Anniversary Edition von 2003 zitiert: Crosby, Exchange, 2003.

50 Vgl.: Newell, Nature.

51 Vgl.: Parsonson, Ark.

ersten von Menschen nach Australien gebrachten Tiers[52], hält diese Beschreibung aber recht kurz. Die 2006 von Merryl Ann Parker an der Universität von Tasmanien vorgelegte Dissertation zum Dingo weitete jedoch den Blick und betrachtete den Dingo, der zum Regelgeber für die Aborginies und für die englischen Siedler zum Schafdieb wurde, aus drei Perspektiven, wobei sie auch die heutige Zeit nicht übersieht[53].

Weniger breit und nur auf einzelne Tiere beschränkt sind Studien zu den Kontinenten Afrika und Asien. 1981 publizierte der Afrikanist Robin Law eine Geschichte der Pferde in Westafrika, in der er erst den Einfluss der arabischen Händler auf Senegambia untersucht und dann den der Portugiesen, die sich im späten 15. Jahrhundert dorthin aufmachten. Während er dem arabischen Einfluss kaum Bedeutung zumisst, geht er davon aus, dass der portugiesische Einfluss das Aufkommen der Cavalery States beförderte und so dem Kulturkontakt durch Pferde eine direkte politische Bedeutung zukam[54].

Um die Regionen Südostasiens hat sich besonders der Münchener Sinologe Roderich Ptak verdient gemacht. Neben einem von ihm mitherausgegebenen Sammelband zur Geschichte der Pferde in dieser Region, der sich vor allem der genuinen Pferdehaltung Asiens widmet[55], zeichnet er sich selber durch mehrere Aufsätze zur Vogelkunde Chinas aus[56]. Aber auch zum Kulturkontakt durch Tiere forschte er und publizierte im Jahre 1991 den Artikel *Pferde auf See*, in dem er den vor allem arabischen Überseehandel analysierte bzw. das Tributsystem Chinas durch das Medium Pferd darlegte[57].

Neben den einzelnen Regionen existieren zudem noch Arbeiten, die sich nur einem Tier widmen und dessen Geschichte schreiben. Vor allem die Arbeiten des Wiener Philosophieprofessors Erhard Oeser zu Hund, Katze und Pferd gehören in diese Reihe[58]. Von wenigen Seiten abgesehen bleiben seine Bücher und auch andere, die in dieser Tradition ste-

52 Vgl.: Ebenda, 1.
53 Vgl.: Parker, Dingo.
54 Vgl.: Law, Horse.
55 Vgl.: Fragnar et al., Pferde in Asien.
56 Vgl.: Ptak, Vögel.
57 Vgl.: Ptak, Pferde, 199-233.
58 Vgl.: Oeser, Hund; ders., Katze; ders.: Pferd.

hen[59], sehr europäisch und werfen nur vereinzelt einen Blick auf die Welt außerhalb Europas. Ganz anders geht Eva Crane an ihr Forschungsobjekt Biene heran. Sie schrieb eine Weltgeschichte der Bienenhaltung, die sich tatsächlich ausführlich mit den Bienen in aller Welt beschäftigt, ihren Export nahezu vollständig, wenn auch oftmals wenig strukturiert, dokumentiert und auch die Reaktion der Nichteuropäer auf diese unbekannte Art der Tierhaltung beschreibt[60].

Oftmals ist in solchen Zusammenfassungen wie dieser dann das Ende des Geschriebenen erreicht, wenn der Parcoursritt durch die kulturwissenschaftliche Forschung getan ist, wobei noch die ausstehenden Desiderate Erwähnung finden. Wer jedoch über Tiere arbeitet, der darf nicht bei dem Geschriebenen der Geistes- und Kulturwissenschaftler stehen bleiben. Die Tatsache, dass sich immer mehr Menschen Gedanken um das Verhältnis von Tier und Mensch machen, hat auch damit zu tun, dass über Tiere und ihr Verhalten, ihre Genetik und ihre Gehirne immer mehr bekannt wird. Diese Forschungen stammen jedoch aus dem Bereich der Naturwissenschaften und dürfen, wenn sie sich explizit mit der Geschichte der Tiere befassen, keinesfalls außen vor gelassen werden, zumal eine mögliche empirische Untermauerung des argumentativen Vorgehens einen besonderen Reiz in der Verifikation einer These bietet. Freilich besteht ein Problem in der Kommunikation der beiden unterschiedlichen Wissenschaftskulturen darin, dass sie ihre Ergebnisse nicht nur auf unterschiedliche Art erhalten, sondern sie auch auf unterschiedliche Art publizieren. Ein Großteil der naturwissenschaftlichen Erkenntnisse steht nicht in Monographien, sondern in Zeitschriftenaufsätzen, so dass eine Zusammenfassung dieser Aufsätze jeden Rahmen sprengen würde. Trotzdem soll auf sie in dieser Arbeit zu gegebener Zeit eingegangen werden.

Dennoch existieren auch Monographien von Naturwissenschaftlern, die sich mit der Geschichte von Tieren auseinandersetzen und dabei nicht, wie es Parsonson gemacht hat, ihr eigentliches Forschungsgebiet verlassen. Helmut Epstein, der Professor für Tierzucht an der Universität von Jerusalem war, galt als eine der Autoritäten auf diesem Gebiet. Mit seiner

59 Etwa: Wischermann, Katzen; Gehrisch, Hasen.

60 Vgl.: Crane, Bee.

zweibändigen Arbeit zur Geschichte der Haustiere Afrikas wird sich bis heute auseinandergesetzt. Jedem seiner Werke stellt er auch immer historische Entwicklungen der Tierzucht voran[61].

Weniger an der Geschichte der Tiere interessiert, sie aber nicht vergessend, sind die Überblickswerke zur Zoologie, denen man keine Beschränkung auf Europa vorwerfen kann. Dazu gehört das Standardwerk der englischsprachigen Welt *Mammmals of the World* von Ernest T. Walker, das ähnlich dem deutschen *Brehms Tierleben*[62], durch andere Autoren ständige Neuauflagen erlebt[63].

Wer sich mit Tieren befasst, dem muss bewusst sein, dass er sich auf ein Gebiet begibt, das älter ist als Literatur und Schrift, ja sogar älter als bekannte Religionen. Die Domestikation von Tieren, von wenigen Ausnahmen abgesehen, führt in Zeiten zurück, die älter sind als die meisten hier untersuchten Kulturen selber. Möchte man also Kulturkontakte über Tiere darstellen, ist es nötig, zunächst klar zu machen, ob und warum sich verschiedene Kulturen überhaupt in Bezug auf bestimmte Tierhaltung unterscheiden. So erscheint es hilfreich zumindest kurz auch auf solche Forschungen einzugehen, die aus dem Bereich der Archäozoologie und der Säugetierpaläontologie stammen, um die Wurzeln von Viehhaltung und Tierzucht aufzuzeigen. Für diese Arbeit, die von europäischen Tieren ausgeht, die verschifft wurden, ist es hilfreich, zunächst einen Überblick über die Tierwelt Europas zu besitzen. Björn Kurténs Überblick über die Säugetiere des europäischen Pleistozäns ist ein erster Anfang, führt aber natürlich in eine Zeit zurück, die noch ohne kulturellen Einfluss des Menschen war[64]. Selbiges gilt etwa für das Werk Bruce MacFaddens über die Entwicklungsgeschichte des Pferdes[65] oder das zum Hund aus den Federn von Wang und Tedford[66]. Alle drei Arbeiten

---

61 Vgl.: Epstein, Africa; ders.: China; ders.: Nepal.

62 Auch dieses Buch findet Verwendung, wenn auch nicht in der Originalausgabe, sondern einer Bearbeitung, soll es doch genutzt werden als das ein Nachschlagewerk für Tiere und nicht als kulturhistorisches Lesebuch: Barth, Tierleben.

63 Nowak, Walker's 2. Bände.

64 Vgl.: Kurtén, Mammals.

65 Vgl.: MacFadden, Horses.

66 Vgl.: Wang/Tedford, Fossils.

bieten Überblickswissen über die natürliche Verbreitung der Tiere vor dem Eingreifen des Menschen in ihre Entwicklung.

Durch den Blick auf diese Arbeiten ist es möglich, zu erkennen, welche natürlichen anfänglichen Bedingungen nötig waren, damit sich eine Vorstellung des Menschen in Bezug auf das jeweilige Tier entwickeln konnte. Diese Anfänge sind wichtig, um sich den jeweiligen Nutzen eines Tieres vor Augen zu führen, der jeglicher Vorstellung zu den Tieren zu Grunde liegt, sich wandelte oder stabil blieb bis in die hier behandelte Zeit, in der Kulturen mit einer gemeinsamen Wurzel sich gegenseitig als fremd betrachten.

Es bleibt die Frage, wo diese Arbeit sich angliedern will. Sie wird keine Regionalstudie werden und sich daher nicht auf nur auf Afrika, Amerika, Australien, Asien oder Europa beschränken. Auch die Beschränkung auf ein Tier ist nicht beabsichtigt. Dieser Studie geht es um Kulturkontakte, die in der Phase der frühneuzeitlichen Expansionsgeschichte entstanden sind. Im Fokus dieser Arbeit stehen somit verschiedene Wirkungen von Kulturkontakten, die durch Tiere verschiedener Couleur beeinflusst wurden. Dieser Ansatz bildet die Novität der Arbeit.

d. Quelle: Reisebericht – Autopsie eines Begriffs

„Wat is en Reisebericht? Da stelle mehr [sic!] uns janz dum.“ Wäre Professor Bömmel nicht Physiklehrer gewesen, sondern hätte Literatur vermittelt, kaum anders als seine didaktisch famose Schulstunde zur Dampfmaschine hätte er eine Unterrichtseinheit zum Reisebericht anfangen können. Doch wenn Bömmel die Möglichkeit hat, diese Frage rhetorisch zu stellen, um sie dann selbst zu beantworten[67], lässt sich dieses beim Reisebericht zunächst nicht so bewerkstelligen. Ein Blick in die Definition des Reiseberichts zeigt, wie weit dieser gefasst ist. So ist ein Reisebericht, in welcher Form auch immer überliefert, Literatur. Es scheint daher ratsam zunächst im Rahmen der Literaturgeschichte nach einer Definition zu suchen, die für eine Eingrenzung der unzähligen Werke nötig ist. Das Metzler Literaturlexikon formuliert eine solche wie folgt:

> „Reisebericht, umfassende Bez. für die vielfält. Darstellungen

67 Vgl.: Spoerl, Feuerzangenbowle, 35.

> von Reisen und Reiseerlebnissen, die die – im Unterschied zum Reiseroman – topographische, ethnolog., (kunst-)histor., wirtschaftl. und gesellschaftspolit. Fakten sowie persönli. Erfahrungen und Eindrücke des Reisenden (manchmal ins Fiktive ausgeweitet) vermitteln wollen“[68].

Diese augenscheinlich einfache Definition wird im Artikel durch die Einteilungen in „geographische Schriften und wissenschaftl. Reisebeschreibungen“[69] und „literar. Reisebeschreibungen“[70] noch spezifiziert, doch scheint dies nicht besonders differenzierend. So wird etwa Georg Forsters *Reise um die Welt* der ersten Abteilung zugeordnet, Marco Polos *Il Milione* aber der zweiten[71]. Eine so eindeutige Zuordnung dieser Werke ist allerdings – wie so oft – nicht möglich. Wenn man auch die Wissenschaftlichkeit von Marco Polos Werk durchaus bestreiten mag, so kann kaum in Frage stehen, dass es auch den Sinn hatte, geographische Kenntnisse zu vermitteln. Auf der anderen Seite steht der Reisebericht Georg Forsters zwar in einer wissenschaftlichen Tradition, ist aber stilistisch so gut geschrieben, dass dieser Bericht in Deutschland Nachahmer fand und weitreichend innerhalb der Literatur rezipiert wurde[72].

Vielleicht sollte man Bömmels Rat doch folgen und sich zunächst dumm stellen. So kommt man zu dem Schluss: In einem Reisebericht berichtet jemand von einer Reise. Dabei wird impliziert, dass der Berichtende selber diese Reise auch unternommen hat[73]. In den meisten Fällen wird diese Annahme zutreffen, obwohl es Ausnahmen gibt. John Hawkesworth etwa kompiliert drei Reiseberichte zur Südsee ohne selbst dort gewesen zu sein[74], Johann Anderson berichtet aus Grönland, Island und von der Straße Davis so detailliert, dass man glauben könne, er sei da gewesen, obwohl eine solche Reise biographisch nicht festzumachen und

68 FD (Sigle nicht auflösbar): Reisebericht, 384.
69 Ebenda.
70 Ebenda.
71 Vgl.: Ebenda.
72 Vgl.: Mori, Kabine, 21- 41.
73 Vgl.: Wegner, Betrachtungen, 29f.
74 Vgl.: http://southseas.nla.gov.au/index_voyaging.html (1. Januar. 2012).

somit ausgeschlossen ist[75]. Die Authentizität dessen, was erlebt wurde, ist aber wichtig, da sonst vom Reiseroman gesprochen werden muss[76]. Die Frage, ob allerdings der Autor des Berichts auch der Reisende gewesen sein muss, ist, soweit seine Darstellung auf wahren Aussagen beruht, nicht von Belang.

Der Autor eines Reiseberichts muss also von einer Reise berichten, die tatsächlich stattgefunden hat und von der er mindestens einen Augenzeugenbericht (in welcher Form auch immer) mit in seinen Bericht einfließen lässt. Damit stellt sich die Definition von Reise als nächstes Problem dar. Ohler definiert – dem Brockhaus folgend – Reisen als „die Fortbewegung über größere Entfernungen zu Fuß oder mit Beförderungsmitteln [...]“[77]. Nun könnte man dieser Definition von Reise durchaus zustimmen, wenn man sich die bisher erwähnten Berichte ansieht. Dennoch muss noch ein weiteres Kriterium hinzugefügt werden, wenn bedacht wird, dass „größere Entfernungen“ mit besseren Verkehrsmitteln in immer kürzerer Zeit zurückgelegt werden können. Daher sollte unbedingt der Faktor *Zeit* mit eingebaut werden. Der Autor eines Reiseberichts muss also von einer Fortbewegung berichten, die sich über eine größere Entfernung und über einen längeren Zeitraum zugetragen hat.

Bleibt, um jede erdenkliche Dummheit abzuarbeiten, noch die Frage nach der Definition von Bericht. Da es sich noch immer um Literatur handelt, soll auch erneut ein Blick in das Literaturlexikon geworfen werden, in dem ein Bericht als „einfache Darstellung eines Handlungsverlaufs ohne ausmalende vergegenwärtigende oder reflektierende Elemente“[78] bezeichnet wird. Diese Definition lässt den sich dumm Stellenden nun wirklich verwundert zurück, steht sie doch im Widerspruch zu oben genannten Definition des Reiseberichts, der sich ja gerade durch „persönli. Erfahrungen und Eindrücke des Reisenden“[79] auszeichnet, die vergegenwärtigend und reflektiv sind.

Dennoch ist mit der kurzen Definition bereits geholfen. So ist zumin-

75 Vgl.: Wegner, Betrachtungen, 29f.

76 FD, Reiseroman, 384f.

77 Ohler, Reisen, 14.

78 HSt, Bericht, 46.

79 Vgl.: FD, Reisebericht, 384.

dest klar, dass ein Bericht die „Darstellung eines Handlungsverlaufs“[80] sei. Sollte sich auch eine Diskrepanz zwischen der Definition von Bericht und Reisebericht auftun, so kann der Blick in die als Reiseberichte bezeichneten Werke bereits genügen, um klar zu machen, dass der Reisebericht eben eine besondere Form des Berichts ist, der sich gerade nicht durch Simplizität und fehlende Reflexion auszeichnet, sondern genau durch deren Gegenteil.

Die Autopsie hat also ergeben, dass ein Reisebericht den Handlungsverlauf einer Fortbewegung darstellt, die sich über eine größere Entfernung sowie über einen längeren Zeitraum zugetragen hat und dabei subjektiv-authentische Informationen zu Kultur, Biologie und Verhalten in der Fremde als auch persönliche Erfahrungen des Reisenden wiedergibt.

Mit dieser erweiterten Definition lässt sich eine ganze Reihe von Werken als Reisebericht kennzeichnen und analysieren. Da diese Definition aber sehr weit gefasst ist und es einer Begrenzung bedarf, die nicht nur das Arbeiten erleichtert, sondern auch der Zielsetzung der vorliegenden Untersuchung entsprechen soll, müssen Einschränkungen gemacht werden. Die Tatsache, dass diese Arbeit der Überseegeschichte geschuldet ist, schließt etwa Forsters *Ansichten vom Niederrhein*[81] genauso aus wie James Boswells *Reise nach den Hebriden*[82] oder Montaignes *Journal du voyage en Italie, par la Suisse et l'Allemagne*[83] und somit alle Reiseberichte die sich ausschließlich mit Reisen innerhalb Europas beschäftigen.

Dass die Untersuchung die Zeitspanne bis 1800 betrachten will, schließt auch solch bekannte Werke wie Stanleys *How I found Livingstone*[84] aus. Die Werke Alexander von Humboldts, die allesamt nach 1800 entstanden sind, sich jedoch auf seine Reise in Amerika 1799 - 1804 beziehen, gehören ebenso zum Korpus der zu untersuchenden Reiseberichte wie solche aus der Zeit um 1800, die in Afrika entstanden sind[85].

Die Absicht dieser Arbeit besteht darin, Kulturkontakt zwischen europäischen und außereuropäischen Kulturen durch Tiere aufzuzeigen und

80 HSt, Bericht, 46.
81 Vgl.: Forster, Ansichten.
82 Vgl.: Boswell, Hebriden.
83 Vgl.: Montaigne, Journal.
84 Vgl.: Stanley, Livingstone.
85 Vgl.: Lichtenstein, Africa, Bd. 1.

zu untersuchen. Obwohl in Bezug auf Tiere, wie im vorangegangenen Kapitel erwähnt, die unterschiedliche Vorstellungen und Praktiken innerhalb Europas und auch zwischen Europa und der außereuropäischen Welt nicht immer allzu groß sind, sind Unterschiede anderer Art nicht von der Hand zu weisen. Dennoch hat natürlich die räumliche Nähe innerhalb des europäischen Kontinents und die jeweils innerhalb von Antike, Spätantike und Mittelalter einsetzende Wanderbewegung dazu beigetragen, dass eher von einer europäischen Kultur gesprochen werden kann, als von einer außereuropäischen. Diese europäische Kultur war innerhalb der Frühen Neuzeit etwa durch den christlichen Glauben, wenn auch in unterschiedlichen Ausprägungen, die lateinische Schrift bzw. Sprache, und einen auf Antiken- und Mittelalterrezeption gegründeten Wertekanon, der in seinem Kern sowohl in Schweden als auch in Spanien oder den deutschen Landen verstanden wurde, geprägt. Mit dem ausgehenden 17. Jahrhundert galt dies sogar für Osteuropa, vornehmlich Russland, das sich unter Zar Peter I. dem Westen annäherte.

Um diesen europäischen Umfang darzustellen, scheint es angemessen, den Korpus möglichst breit zu halten und ihn nicht auf ein Land zu beschränken. Auch eine Ausweitung auf Reiseberichte die lediglich aus den Seefahrerländern Spanien, Portugal, Frankreich, England, den norditalienischen Stadtstaaten und den Niederlanden stammen, würde die Sicht auf die Meistererzählungen dieser Nationen beschränken und den Rest ausblenden. Denn obwohl ein Großteil der Reiseberichte natürlicherweise aus diesen Ländern stammt, existiert auch eine beträchtliche Zahl von Reiseberichten zum Beispiel aus den skandinavischen Ländern[86]. Auch die russische Expansion, die größten Teils zu Land und im Bereich Unalaskas auch über See stattfand, soll hier Erwähnung finden[87].

Damit ist der hier zu behandelnde Kanon auf europäische Reiseberichte festgelegt, die allesamt zwischen dem 15. und frühen 19. Jahrhundert geschrieben wurden bzw. auf Reisen, die in diesem Zeitraum unternommen worden sind. Dennoch können in Einzelfällen ältere Texte Erwähnung finden, da diese oftmals als Vorlagen oder Orientierung für die jeweiligen Reisevorbereitungen gedient haben.

86 Vgl.: Friedrichsen, Landnahmen.
87 Vgl.: Merck, Tagebuch.

Teil I. Wie wilde Tiere zu Haustieren wurden: Von Gefahren zu Gefährten

Die Nutzung anderer Lebewesen, um das eigene Leben zu verbessern, zu erleichtern oder gar überhaupt zu ermöglichen, ist in der Natur nichts Ungewöhnliches. Zahlreiche Beispiele solcher symbiotischen Beziehungen sind bekannt, in denen beide Partner voneinander profitieren. Neben solchen Symbiosen, in denen beide Partner nahezu miteinander verschmelzen, gibt es das bekannte Beispiel der Ameisen, die Blattläuse pflegen, um von deren süßen Nektar zu profitieren. Mit diesem füttern die Ameisen sich selbst und ihren Nachwuchs.

Es gibt demnach einen natürlichen Prozess, der es ermöglicht, dass Tiere unterschiedlicher Arten zusammenarbeiten. So scheint es auch möglich zu sein, dass die Domestizierung von Tieren durch den Menschen Teil dieses natürlichen Prozesses ist, der sich eben auch bei anderen Tieren beobachten lässt. Im Unterschied zu den Ameisen jedoch zeigt sich beim Mensch ein Hang dazu, nicht nur kleinere und offensichtlich nützliche Tiere zu domestizieren, sondern auch Tiere, die größer und eventuell auch gefährlicher sind. Darüber hinaus probiert er dies auch mit Tieren, die sich dem Menschen ähnlich verhalten. Das war der Fall, als der Mensch den Wolf zu seinem Haustier machte.

1. Das älteste Haustier – Der Hund

Am Anfang des Kulturprozesses der Domestizierung von Tieren steht *Canis lupus familiaris*. Dies lässt sich damit erklären, dass vor dem Beginn der Neolithischen Revolution (vor ca. 14.000 Jahren) die Jagd eines der wenigen Mittel war, um zu überleben[88]. Der Hund stammt vom Wolf ab. Diese scheinbar zur Allgemeinbildung gehörige Feststellung ist bis vor wenigen Jahren noch nicht allzu klar gewesen und wird auch noch heute durchaus angezweifelt[89]. Folgt man dieser Richtung, die in den fünfziger Jahren unter anderem auch von Konrad Lorenz vertreten wurde, stammt der Hund nicht vom Wolf, sondern eher vom Schakal ab. Heute allerdings gilt durch Genanalysen als bewiesen, dass der Wolf der

88 Vgl.: Benecke, Haustiere, 210.

89 Vgl.: Knoche, Hund, 10

Vorfahr des Hundes ist[90]. Die Geschichte der Domestizierung des Hundes beginnt also mit einer Verbreitungs- und Entwicklungsgeschichte des Wolfs.

a. Wolf und Mensch auf der Jagd

Ähnlich wie auch der Mensch sich von Afrika aus überall in der Welt verbreitet hat, ist auch die Stammesgeschichte des Wolfs eine globale Migrationsgeschichte, die bereits vor 60 Millionen Jahren in Nordamerika ansetzte und mit der Verbindung der beiden amerikanischen Kontinente vor drei Millionen Jahren, die für eine Ausbreitung des Wolfs nach Südamerika sorgte, endete. Der bekannteste Wolf der heutigen Zeit, der Grauwolf, begann sich vor einer Million Jahren in seinen heutigen Zustand zu entwickeln[91].

Die große Vielfalt der Hundeartigen, zu denen der Wolf ebenso wie der Fuchs gehört, sorgte für eine weite Verbreitung, die noch heute zu erkennen ist. Neben Wölfen in den Polarregionen Amerikas und Asiens finden sich auch Tiere in den wärmeren Regionen der Welt, etwa in Mexiko oder im mediterranen Raum[92]. Für diese Region ist ein archäologischer Fund belegt[93], der die enge Verbindung von Wolf und Mensch aufzeigt. Im israelischen Ain Mallaha, einer Siedlung aus der Zeit um 10.000 v. Chr., wurde ein Grab gefunden, in dem dem Bestatteten ein Welpe beigelegt worden war[94]. Gestützt wird die daraus resultierende These einer frühen Domestizierung durch genetische Untersuchungen, die nahelegen, dass der Ursprung dieser Verbindung vor 15.000 Jahren in Ostasien lag[95]. Eine neuere Untersuchung hat sogar bereits dezidiert nachgewiesen, dass Hunde in Mitteleuropa für die Zeit des Jungpaläolithikums (40.000 – 13.000 v. Chr.) existierten. Anhand eines Kieferknochen konnte belegt

90 Vgl.: Schwartz, Dogs, 10; Diesen scheinbaren Allgemeinplatz gilt es festzuhalten, war doch selbst Lorenz noch davon überzeugt, Hunde stammen von Schakalen ab, vgl.: Lorenz, Hund, 15.

91 Vgl.: Wang/Tedford, Dogs, 18-23.

92 Vgl.: Nowak, Walker's, Vol. 2, 1046ff.

93 Dabei handelt es sich nicht um den ältesten Fund. Dieser wurde in Bonn-Oberkassel gemacht, vgl.: Benecke, Studies, 31-49.

94 Vgl.: Grossman, Freund, 46f.

95 Vgl.: Savolainen et al.: Evidence, 1610-1613.

werden, dass es sich um einen Hund gehandelt haben muss[96].

Der Grund für die Annäherung zwischen Wolf und Mensch ist nicht eindeutig geklärt. Wahrscheinlich ist jedoch die Tatsache, dass Wolf und Mensch ähnliche Jagdstrategien hatten, die eine Zusammenarbeit möglich machten, die Ursache[97]. Sowohl Wolf als auch Mensch waren bei ihrer Suche nach Nahrung der potenziellen Beute körperlich, etwa in Kraft oder Geschwindigkeit, unterlegen. Das zwang beide zur Kooperation mit anderen Wölfen bzw. Menschen[98]. Dem Menschen ist diese Symmetrie im Jagdverhalten jedoch nicht sofort aufgefallen, belegen archäologische Funde doch, dass der Mensch zunächst auch den Wolf jagte, um diesen als Nahrung zu nutzen. So zeigen Knochenfunde aus dem chinesischen Ort Choukoutien bei Peking, dass der Wolf vor 500.000 Jahren durchaus noch zur Jagdbeute des *Homo erectus* gehörte, wie sich durch Bissspuren auf den Knochen nachweisen ließ[99].

b. Der Begleiter des wandernden Menschen

Diese früh innerhalb der Menschheitsgeschichte auftretende Zusammenkunft von Mensch und Hund fand somit statt, bevor der Mensch sämtliche Lebensräume der Welt erschlossen hatte. Wenn Alexander von Humboldt in Mexiko bemerken konnte, dass „[...] nous vîmes de jours [le loup] de loin, en effet il est grand comme un mouton, brun jaunâtre. La patte est très large selon les traces qu'il laissait dans le sable, elle ne cède pas à celle d'un grand Tigre. Ces loups montent juqu'à la neige“[100], so gilt es doch als unbestritten, dass sich eine Domestizierung des Wolfes zum Hund in den Amerikas selber nicht zugetragen hat. Vielmehr brachten die Paläoindianer, die von Asien aus die beiden Kontinente durchzogen und sich schließlich dort niederließen, ihre Hunde mit[101]. Denn während sich das Klima vor 65.000 Jahren abkühlte, gefror die heutige Beringstraße zwischen dem amerikanischen Alaska und dem asiatischen Kamschatka und sollte für 55.000 Jahre eine feste Fläche bilden. Nahezu

96 Vgl.: Napierala/Uerpmann, Dog, 127-137 .
97 Vgl.: Benecke, Haustiere, 208ff.
98 Vgl.: Grossman, Freund, 36.
99 Vgl.: Benecke, Haustiere, 68.
100 Humboldt, Tagebuch, 125.
101 Vgl.: Derr, Dog, 8.

gegen Ende dieser Periode machten sich von Asien aus die Vorfahren der Indianer auf und betraten so vor etwa 13.000 – 14.000 Jahren amerikanischen Boden102. Der Hund war zu diesem Zeitpunkt bereits domestiziert und war daher der Begleiter der Paläoindianer. Durch das Ende der kalten Phase schmolz die Beringsee wieder und der Kontakt mit der alten Welt war relativ lange abgebrochen.

Innerhalb dieses unterbrochenen Kontakts verbreiteten sich die Menschen innerhalb des Kontinents und der einzige von ihnen domestizierte Tierform, dem Hund, kamen ganz andere Funktionen zu als die ursprüngliche der Jagd. Dieser Umstand ist durch eine interessante Ursache bedingt, die sich zeitgleich mit dem Eintreffen der ersten Menschen in Amerika zu trug. Zum selben Zeitpunkt nämlich gab es in beiden Kontinentteilen ein Massensterben prähistorischer Säugetiere.

Die Überlegung, dass das Aussterben der amerikanischen Megafauna, zu der große Säugetiere wie Pferde, Mastodons, Kamele und auch große Marder gehörten, allein durch das Auftreten des Menschen in Amerika zu verantworten gewesen sei, liegt zwar auf der Hand, ist aber tatsächlich einzig durch die zeitliche Parallelität belegbar103, so dass man auch von einer natürlichen Ursache, etwa der klimatischen Änderungen am Ende der Eiszeit und einer damit einhergehende Veränderung der Vegetation, ausgehen kann. So bleibt das Verschwinden der Tiere ein Rätsel, man darf aber vermuten, dass „[t]he causes […] probably included a combination of climatic and vegetative changes, as well as 'prehistoric overkill' resulting from hunting by humans, who had rapidly dispersed throughout the New World by 10.000 years ago“104. Eine solche Verbindung aller Faktoren scheint auch mir sehr wahrscheinlich.

Das Aussterben dieser großen Tiere hatte jedoch zur Folge, dass der Hund als Jagdtier nur noch bedingt eingesetzt werden konnte. Seine Existenzberechtigung als Haustier büßte er dadurch jedoch nicht ein, sondern nahm eine Vielzahl anderer Funktionen wahr. In Grönland und

102 Vgl.: Krech, Paleoindians. Neuere Funde legen jedoch nahe, dass bereits vor 14.000 erste Menschen in den Amerikas heimisch waren, vgl.: http://www.smithsonianmag.com/science-nature/underwater-finds-reveal-humans-long-presence-north-america-180959103/ (27. Mai 2016).

103 Vgl.: Martin, Overkill, 111ff.

104 MacFadden, Horses, 162.

in den Great Plains Nordamerikas wurde er zum Transporttier für Schlitten und Karren. In Mittel- und Südamerika züchtete man besondere Rassen zum Verzehr, wie später noch gezeigt werden soll.

Über Asien verbreitete sich der Hund zusammen mit dem Menschen auch auf die Inselwelten Polynesiens. Zwar gibt es bisher keine eindeutigen Belege für diese Herkunft, doch die Besiedlung der Inseln von China über Australien ausgehend ist recht wahrscheinlich[105]. Auch wenn der genaue Zeitraum der ersten Besiedlung der polynesischen Inseln bis heute einen Streitpunkt darstellt, so lässt sich doch mit einiger Sicherheit sagen, dass sie in einer Zeit stattfand, die 3200 bis 2000 Jahre zurückliegt[106]. Die eher kleinwüchsige Fauna der Inseln sorgte auch in Ozeanien dafür, dass die Jagdfunktion des Hundes zurückgestellt und schließlich komplett aufgegeben wurde. Auch hier wurde der Hund vor allem zum Verzehr genutzt.

Anders stellt sich die Situation in Australien da. Die endemischen Säugetiere dort unterscheiden sich zoologisch gesehen fundamental von allen anderen Säugern der Welt, was mit der exponierten Stellung Australiens als südlichster Teil des Urkontinents Pangaea vor 200 Millionen Jahren zu tun hat. Nach der Trennung von diesem Kontinent war Australien für mehrere Millionen Jahre nicht mit den restlichen Kontinentalplatten verbunden, was dafür sorgte, dass sich hier die Unterklasse der *Marsupialia* ausbilden konnte, wohingegen im restlichen Teil der Welt (mit Ausnahme Südamerikas) *Plazentalia* vorhanden sind. Erst als der Mensch damit begann, auch die entlegensten Regionen der Welt zu besiedeln und dabei auch Australien zu Fuß und auf dem Seeweg erreichte, wurde in Australien auch der Hund eingeführt[107]. Dabei ist jedoch hervorzuheben, dass es schon vor den heutigen Aborigines Menschen in Australien gegeben haben muss. Archäologische Funde von Werkzeug und Zeichnungen in Höhlen lassen menschlichen Einfluss bereits vor etwa 25.000 Jahren vermuten. Bei dieser tatsächlichen Urbevölkerung Australiens ist die Domestizierung des Hundes auszuschließen. Der Hund kam daher erst mit den Aborigines vor etwa 17.000 bis 20.000 Jah-

105 Vgl: Kirch, Pacific, 67f.
106 Vgl.: Howe, Origins, 70f.
107 Vgl.: Savolainen et al.: Dingo, 12390.

ren in Australien an. Zu diesem Zeitpunkt waren noch zahlreiche der im Norden Australiens liegenden Inseln ohne Probleme erreichbar. Dies änderte sich erst vor etwa 6.000 Jahren. Für diesen Zeitraum lassen sich auch Veränderungen in Werkzeugbau und in der künstlerischen Darstellung ausmachen[108]. Mit diesem Einschnitt kann daher wohl auch ein verändertes Verhalten im Umgang mit dem Hund festgehalten werden, der nun nicht mehr als Haustier gehalten wurde, sondern mehr und mehr zum heutigen Dingo verwilderte.

Geht man davon aus, dass der Hund sich im Nahen Osten zum Haustier entwickelte, dann ist seine Verbreitung von dort aus nach Europa, Afrika und Asien nachvollziehbar. Kulturkontakte zwischen den Völkern Nordafrikas mit dem subsaharischen Raum sorgten für die Verbreitung des Hundes auf dem gesamten afrikanischen Kontinent, die spätestens zur Zeit der frühen Hochkulturen, also vor etwa 5000 Jahren, eingeleitet worden sein dürfte. Wesentlich wahrscheinlicher ist aber, dass in Afrika eine eigenständige Domestizierung der Hundes stattgefunden hat, was nicht nur auf eine Fülle von Hundeartigen auf diesem Kontinent zurückzuführen ist, sondern auch auf die Vielfalt an großen Tieren, die Afrika bewohnen. Auch für die afrikanische Bevölkerung war die Jagd auf diese Tiere nicht bloß lebensnotwendig, um sich Kleidung und Nahrung zu besorgen, oftmals war es auch hier ein Sport, zu dem man einen gut abgerichteten Hund mitnahm[109].

In Asien und Europa ist die Hundehaltung in erster Linie durch die Jagd zu erklären, aus der sich dann weitere Aspekte ergaben. Die Entwicklung ist dabei durchaus ähnlich, weicht aber in einem besonderen Fall voneinander ab. Das Essen von Hunden ist in Europa nie Teil einer Tradition geworden, wobei es in Asien durchaus verbreitet ist, wenn auch nicht überall und in nur in wenigen Fällen üblich.

c. Jäger, Wächter, Abendessen – Globale Verwendung des Hundes

α. Jäger

Schaut man sich die unterschiedlichen globalen Traditionen an, die der Verwendung des Hundes als Haustier zu Grunde liegen, fallen vier Arten

108 Vgl.:Voigt, Australien, 8; Wang/Tedford, Fossil, 162f.

109 Vgl.: Hall, Dogs, 56.

auf. Dominierend ist klar die Stellung des Hundes als Jagdhelfer und davon abgeleitet die Funktion als Helfer in Kriegszeiten. Allein in der europäischen Tradition finden sich zahlreiche Belege für die Funktion des Hundes von der Antike bis in die Frühe Neuzeit hinein. Für das Alte Ägypten sind beispielsweise bereits Windhunde als Jagdtiere belegt, wie die Stele Pharaos Antef aus der elften Dynastie belegt, die auf dem Friedhof El Taraf gefunden wurde und deutlich drei Hunde zeigt, die eine schlanke Figur und ein kurzes, glattes Fell besitzen[110]. Hinzu kommen Unterschiede zwischen den einzelnen Hunden, deren Namen überliefert sind, die darauf schließen lassen, dass es zwei unterschiedliche Rassen waren. Ganz andere Hunde etwa finden sich in einem Grab aus Mereruka aus der sechsten Dynastie. Dort sind die Hunde mit Ringelschwanz dargestellt, was wiederum eine andere Hunderasse anzeigt[111]

In assyrischen Abbildungen aus dem Palast in Ninive aus der Mitte des 7. vorchristlichen Jahrhunderts finden sich große, dem Mastiff ähnelnde Hunde, die zur Jagd freigelassen werden und mit den Zähnen fletschen[112]. Deutlich kann man ihre deutlich kürzeren Schnauzen und ihre bis an die Oberschenkel der Hundeführer reichende Höhe erkennen. Neben diesen Zuchtmerkmalen, kann man an diesem Bild auch Merkmale der Hundehaltung entdecken. So sind die Hunde muskulös und haben kein Übergewicht[113]. Das lässt auf eine ordentliche Ernährung und viel Bewegung schließen, die sie im Königspalast erhalten haben. Dieses wiederum war kostspielig und zeitintensiv. Das Bild, das einer ganzer Jagdszene entnommen worden ist, soll nicht nur das Jagdgeschick des Königs verdeutlichen, sondern auch seine Pracht und Macht ausdrücken.

Auch während der klassischen Antike blieb diese Tradition bestehen, wie sich an dem Jagdbuch des Xenophon zeigen lässt, das den wörtlich ins Deutsche übersetzten Titel *Der Hundeführer* trägt[114]. In den Werken der griechischen Historiographie erscheinen Hunde als Tiere für den Kriegseinsatz. So wird etwa der Hund Soter erwähnt, der als einziger

110 Vgl.: Grossman, Freund, 51f.
111 Vgl.: Zeuner, Haustiere, 82.
112 Vgl.: Zeuner, Haustiere, 86f.
113 Vgl.: Meyer/Meyer, Hundeporträts, 8.
114 Vgl.: Xenophon: Κυνηγετικόν.

Hund die Verteidigung der Festung Akrokorinths überlebte und dafür eine lebenslange Rente bezog[115]. Auch in Rom war der Hund für die Jagd von Bedeutung. So kann Cicero sagen, Hunde besäßen einen „unglaubliche[n] Spürsinn ihrer Nasen und ihre große Jagdlust“[116].

Neben den klassischen Völkern des Mittelmeerraums betrieben auch die restlichen Bewohner Europas bereits Hundezucht, -erziehung und -haltung. Gaius Julius Caesar beschreibt in seinem Werk *De bello gallico* die Hunde der Britannier, die später auch von dem augusteischen Dichter Grattius Faliscus in seiner *Cynegetica,* einem Werk über die Jagd, beschrieben werden.

Der Hund war im frühen Mittelalter in großer Zahl vorhanden und übernahm vielerlei Aufgaben bei

der Jagd. Diese lässt sich dabei in zwei Kategorien aufteilen. Jagen aus wirtschaftlichem Nutzen heraus und Jagen als Sport. Beide Arten der Jagd lassen sich in archäologischen Spuren nachweisen. So hatte die Jagd vor allem in slawischen Siedlungsgebieten einen wirtschaftlichen Nutzen[117]. Funde aus Burgen in Sachsen und Tschechien zeigten jedoch auch einen großen Bestand von Wildtierknochen, die von starken und ausgewaschenen männlichen Tieren des Hochwildes stammen. Das lässt den Schluss zu, dass die Jagd als Sport besonders intensiv betrieben wurde[118].

Im Hoch- und Spätmittelalter differenzierte sich diese Aufteilung des Hundes. Er repräsentierte aus Sicht der Adeligen in vollem Umfang die fürstlichen Tugenden und stand bereits seit der Antike für die Treue, die im Mittelalter Grundelement der gesellschaftlichen Ordnung war. Diese Parallelität von Adel und Jagdhund ging einher mit einem besonderen Wert, der Hunden beigemessen wurde. Jagdhunde als Geschenke zwischen Adeligen waren nichts Ungewöhnliches. Tatsächlich gab es sogar einen unausgesprochenen Codex darüber, wer wem welche Art von Hund zu schenken hatte[119]. Diese Tradition spielte auch im Verlauf der

115 Vgl.: Meyer/Meyer, Hundeportraits, 12-14.
116 Cicero: De natura deorum, 2,158.
117 Benecke, Studien, 191.
118 Ebenda.
119 Vgl.: Teuscher, Fürstenhof, 347 – 369.

europäischen Expansion eine besondere Rolle.

Wie bereits erwähnt war auch für die Bewohner Afrikas die Jagdtradition mit Hund von besonderer Bedeutung. Bei den San im südlichen Afrika finden sich bis heute vor allem Hunde, die dem Windhund und dem Spitz gleichen[120], die für die Jagd eingesetzt wurden. Auch der Hund des Paria-Typs gehört im südlichen Afrika bei den Bantustämmen zu den Jagdbegleitern[121]. In Südwestafrika, etwa in Angola, waren Jagdhunde durchaus begehrt, da hier Hunde als Geschenke für Fürsten und Könige genutzt wurden[122].

Ähnliches zeigt sich auch in Asien. So hat die Zucht von Jagdhunden in Indien eine lange Tradition, die bereits bei Alexander dem Großen Beachtung findet. Als dieser sich aufmachte, das Perserreich zu erobern, gelangte er über Baktrien bis an den Indus. Von dort brachte er viele Legenden über Ungeheuer, Tiere und Bräuche mit. Ein solcher Brauch, von dem Plinius der Ältere erzählt, ist die Kreuzung von Hunden mit Tigern, um die Jagdfähigkeiten der so entstandenen Nachkommen zu nutzen[123]. Auch wenn aus biologischer Sicht dieses eher zweifelhaft ist, ist doch zumindest mit der Aussage zweierlei belegt. Zum einen gab es bereits im vierten vorchristlichen Jahrhundert Hunde in Indien, was aufgrund der Domestizierungsgeschichte des Tieres nicht verwundert, zum anderen ist durch diese Anekdote recht klar zu erkennen, dass die Tiere zur Jagd benutzt wurden. Auch ein gezieltes Zuchtprogramm ist sicherlich nicht von der Hand zu weisen.

Eine der bekanntesten indischen Hunderassen, die aus der gleichnamigen südlichen Region stammende Züchtung des Rajapalayam, ist in der Lage Beute, die bis zu 200 kg wiegt, zu jagen und zu erlegen[124]. Die Ursprünge dieser Hunde lassen sich zurückverfolgen bis zu Daud Khan im 18. Jahrhundert, dem Begründer der Herrschaft der Nawabs der Karnik,

120 Vgl.: Hall, Dogs, 55.

121 Vgl.: Epstein, Africa, 45.

122 Vgl.: Dapper, Afrika 264.

123 Vgl.: Plinius Naturgeschichte, VIII, LXI, 148; es versteht sich von alleine, dass die Geschichte eine Übertreibung darstellt. Dennoch belegt sie, dass Hunde in Indien sich von den europäischen unterschieden, so dass von einem speziellen Zuchtprogramm ausgegangen werden kann.

124 Vgl.: Subbaraj, Dogs, 13.

von dem behauptet wird, er habe selber zwei Jagdhunde gezüchtet, die er nach seinen Eltern benannte[125].

Der arabisch-mediterrane Einfluss der islamischen Kultur findet sich dabei unverkennbar in Indien wieder, denn auch bei den Arabern waren Hunde als Jagdhelfer sehr beliebt. Dies kann man bereits durch das im 10. Jahrhundert erschienene Buch des Ibn al-Marzuban festmachen, einem Werk, dessen Titel *The Superiority of Dogs over many of Those who wear Clothes*[126] auf die besondere Stellung des Hundes aufmerksam macht.

Das besondere Verhältnis von Adel und Hund in der arabischen Welt zeigt sich auch in der Praxis des Einsatzes von Hunden im Krieg[127]. So setzte etwa Mehmet II. (1432 – 1481) bei seinen Eroberungszügen auf den Einsatz von Hunden[128]. Daher scheint es nicht ungewöhnlich, dass auch die Hunde aus Rajapalayam für diesen Zweck beispielsweise im Einsatz gegen die Europäer und ihre Kavallerie genutzt wurden[129].

Darüber hinaus finden sich Hinweise, dass auch in China Hunde als Jagdbegleiter eingesetzt wurden[130]. Schon im ersten Jahrtausend v. Chr. ist etwa der Begriff des *liegou* (Jagdhund) fest etabliert[131]. Erste Züchtungen von Windhunden sind in der Han-Dynastie des 3 Jhd. v. bis 3. Jhd. n. Chr. belegt und werden spätestens in der Tang-Dynastie des 7. bis 10. Jahrhunderts als Geschenke und Tribut beispielsweise mit dem oströmischen Reich genutzt[132].

Weniger belegt als in Afrika und Asien, aber dennoch vorhanden, ist

125 Vgl.: Ramaswami, Carnatic, 28.

126 Vgl.: Ibn al-Marzuban: Dogs.

127 Vgl.: Monestier, animaux-soldats, 29-33.

128 Vgl.: Ebenda, 36.

129 Vgl.: http://www.sarahsdogs.com/breeds/rajapalayam-dog/ (7. Juli 2012). Weiterführende Studien zur dort genannten Auseinandersetzung zwischen Franzosen und Briten in den drei Karnatischen Kriegen wissen über den Einsatz von Hunden nichts. Dennoch darf wohl angenommen werden, dass die Vermutung, es könnte so gewesen sein, ausreicht, um deutlich zu machen, dass ein solcher Einsatz möglich und nicht ungewöhnlich gewesen wäre.

130 Vgl.: Allsen, Hunt, 5f.

131 Vgl.: Ebenda, 56f.

132 Vgl.: Allsen, Hunt, 241.

die Funktion des Hundes als Jagdbegleiter in Südamerika. In Brasilien etwa, das genug Tiere, die man jagen und verzehren konnte, zu bieten hatte[133], waren die Einheimischen auf die Hilfe des Hundes als Jagdgefährten angewiesen. So behauptet der Jesuitenpater Fernão Cardim für ein Volk Brasiliens, dass

> „[e]stes acommettem os cães, e os homens, e tomando-os os conem, e são tão bravos que he necessario subirem-se os homens nas arvores para lhes escapas, e algund esperõ ao pé das arvores alguns dias até que o homem se daça, e por que lhes sabem esta manha, sobem-se logo com os arcos e frechas ás arvores, e de la'os matão"[134].

Das Postulat, die Hunde seinen tapfer, wird zwar durch eine Aussage des Chronisten Pero Magalhães de Gandavo teilweise zurückgenommen, in der er die Gefährlichkeit der Gegner revidiert, ändert aber nichts an der Tatsache, dass dieses Volk als Jäger auf die Hilfe ihrer Hunde angewiesen war, denn „ces animaux [les tigres] sont rassasiés, ils sont láches, poltrons, et un chien suffit pour les mettre en fuite"[135].

Dass die indigene Bevölkerung Amerikas mit Hunden jagte, zeigt sich auch an der nordamerikanischen Ostküste. Hier kann John Smith etwa festhalten, dass das Volk Powhatans „trained vp their dogges to hunt [rats], wherein they became so expert, that a good dog in two or three houres would kil forty of fifty"[136]. Somit war auch an der Küste Virginias das Jagen mit Hunden üblich.

Komplizierter stellt sich das Verhältnis zwischen Hund und Mensch in Australien da. Auch wenn man grob davon sprechen kann, dass die mitgebrachten Hunde verwilderten, scheint es temporäre Kooperationen zwischen den Menschen und den Tieren gegeben zu haben, denn der Dingo wurde durchaus auch als Jagdgehilfe genutzt, jedoch benötigte es dafür keine Haltung der Tiere. Der Anthropologe Meggitt bemerkte bei

133 So erwähnt Lery, dass die Tupinamba im Prinzip alle Tiere des Dschungels jagen und verspeisen, vgl.: Lery, Menschenfresser, 200ff.

134 Cardim, Brasil, 26.

135 Magalhães Sancta-Cruz, 72.

136 Smith, Virginia, 186.

seinen Feldforschungen, dass das von ihm beobachtete Volk der Walbiri bei der Jagd die Spuren von Dingos aufnahm, die ihrerseits gerade dabei waren, ein Känguru zu jagen. Als die Dingos das Tier aufgespürt hatten, übernahmen die Jäger die Tötung, nicht ohne den Dingos auch etwas von der Beute abzugeben[137].

Die Entdeckung der Ostküste Australiens durch James Cook führte nicht nur zur Begegnung mit dem Känguru, von dem ein Seemann sagte, „it was [...] about as large and much like a one gallon cagg, as black as the Devil and had 2 horns on its head, it went but Slowly but I dard not touch it“[138], sondern auch mit dem Dingo. Nach der zweiten Reise Cooks kann Georg Forster den Kapitän paraphrasieren:

> „Der Hunde erwähnt Captain Cook als der einzigen zahmen Thiere; allein sie waren in geringer Anzahl und ihrer wurden nicht mehr als zween oder drey gesehen, die manchmal die Gezelte der Engländer besuchten, um sich Knochen oder anderen weggeworfenen Abgang von Speisen zu holen“[139].

Die Verwilderung der Hunde ist daher nicht durchgängig. Diese zahmen Hunde jedoch, die sich von den Europäern Futter erbetteln, waren zur Jagd eher ungeeignet, wie Meggitt feststellt[140].

β. Wächter

Die Verwendung von Hunden als Wächter ergab sich durch die Neolithische Revolution. Als der Mensch im Nahen Osten vor etwa 10.000 Jahren begann, dass Nomadenleben aufzugeben und zu siedeln, Häuser zu bauen, Feldfrüchte anzubauen und Tiere zu halten, ergaben sich für ihn zwei neue Probleme. Zum einen befanden sich die Siedlungen noch immer in einer durchaus lebensfeindlichen Natur, in der Wildtiere die Haustiere vor allem nachts angreifen konnten, zum anderen bestand immer auch die Gefahr, dass andere Menschen als Räuber und Diebe es auf

137 Vgl.: Meggitt, Dingoes, 19.

138 http://southseas.nla.gov.au/journals/banks/17700624.html (06. Juli 2012).

139 Forster, Neuholland, 52.

140 Meggit, Dingoes, 18.

die Produkte der Siedler abgesehen hatten. In beiden Fällen waren Wächter eine durchaus wirksame Hilfe. Diese Aufgabe übernahm der Hund. Dazu begann der Mensch jedoch einen wichtigen weiteren Züchtungsschritt. Da Wölfe nur selten bellen, waren es solche Exemplare, die diese Alarm schlagende Eigenschaft besaßen, die dem Menschen nun besonders wichtig erschienen. So begann, ob mit Absicht oder zufällig sei dahin gestellt, die Entwicklung des bellenden Wach- und Schäferhundes.

Auch für diese Funktion finden sich global gesehen zahlreiche Beispiele. Der bereits erwähnte Cicero führt so als erste Eigenschaft des Hundes dessen „ treue Wachsamkeit“[141] an. Der bekannteste Hinweis auf diese wachende Funktion des Hundes im römischen Reich ist sicherlich das *Cave Carnem*-Mosaik in Pompeji. Marcus Terrentius Varro geht ausführlich auf das Aussehen eines Wachhundes ein, der der römisch-kaiserzeitlichen Vorstellung entspricht. So solle dieser recht groß sein, vorstehende Eckzähne haben, einen großen Kopf, Schlappohren, lange Knochen, große Pfoten und ein tiefes Bellen. All diese Attribute sollen den Wolf abschrecken, denn der Hund ist „Beschützer des Viehs und des Mannes“[142].

Auch außerhalb des römischen Reiches ist eine Wächterfunktion des Hundes nicht zu negieren. Wenn daher im Jahr 1951 bei Worms ein Grab entdeckt wurde, dem man ein Modell entnehmen konnte, das unzweifelhaft einen Hund darstellte, dann darf darin wohl eine gewisse Wachhundfunktion für das Grab der Toten gesehen werden. Der Hund ist aus blauem Glas gearbeitet und besitzt gelbe Streifen. Hinzu kommen Stehohren und ein an einem Mops erinnernder Schwanz. Das Kunstwerk konnte als von den Kelten stammend identifiziert werden und muss nach dem dritten vorchristlichen Jahrhundert entstanden sein[143].

Auf Grund der Tierhaltung, besonders von Geflügel, muss der Hund diese Wachhundfunktion auch im Mittelalter besessen haben, auch wenn sich kaum schriftliche Belege dafür finden. Abgesehen von einigen Buchminiaturen und den Darstellung der Verkündung findet sich vor al-

141 Cicero: De natura deorum, 2,158.

142 Varro, de re rust., 2, IX, 2-3.

143 Vgl.: Meyer/Meyer, Hundeportraits, 16f.

lem in Volksmärchen Hinweise darauf, dass der Wachhund existierte. Dass er aber existieren musste, beweisen vor allem die Tierhaltungsbelege, die in archäologischen Funden ausgemacht werden können.

Auch eine Art Wachhund dürfte der im Mittelalter sich immer weiter etablierte Schoßhund gewesen sein, der zum bevorzugten Haustier der Frau wurde. So zeigen die Bilder des Codex Manesse etwa nur Frauen in Begleitung dieser Hunde. Auch literarische Texte, wie etwa der *Wigalois* oder der *Tristan* zeigen diese Tatsache. Der Frau war dieser Hund Beschützer der weiblichen Ehre und Keuschheit, wohl auch im Sinne ihres gesetzlichen Vormunds, und Symbol ihrer Weiblichkeit. Allerdings unterlag der Schoßhund zum Ende des Mittelalters einem Wandel, der den Schoßhund nicht mehr nur adelig sein und ihn nun auch Männer nutzen ließ.

Die Tradition des Wachhundes ist dabei keinesfalls auf Europa beschränkt. Auch in Afrika war und ist sie verbreitet. Der Wachhund musste Mensch und Vieh, vor allem das Rind, vor den afrikanischen Wildtieren beschützen. Die Funktion des Wachhunds war essenziell für die Aufrechterhaltung einer sozialen Ordnung, die über den Besitz von Rindern definiert wurde, wie es in weiten Teilen Ostafrikas der Fall war und bis heute ist, so dass dem Hund auch hier eine besondere Bedeutung zukam[144]. Dieser Rolle kam ein dem Spitz ähnelnder Hund nach, der als hervorragender Wachhund gilt[145], wenn er auch durchaus zur Jagd benutzt wurde[146]. So schreibt der deutsche Zoologe Heinrich Lichtenstein um 1800 über die Hunde des südafrikanischen Volkes der Xhosa: „Außer dem Rindvieh besitzen sie keine andre zahme Thiere als Hunde, die sie in großem Werthe halten. […] Sie dienen ihnen aber mehr zum Abwehren der Raubtiere bei Nacht, als daß sie von ihnen auf der Jagd Gebrauch zu machen wüßten“[147].

Das bekannteste Beispiel für Wachhunde im asiatischen Raum dürften die Pekinesen sein, die ideell als Wachhund dienen sollten. Als ihre Züchtung vor über zweitausend Jahren begann, war das erklärte Ziel sie

144 Vgl.: Hall, Dogs, 56f.

145 Vgl.: Hegewald-Kawich, Hunderassen, 204f.

146 Vgl.: Hall, Dogs, 113f.

147 Lichtenstein, Africa, Bd. 1, 447.

dem Aussehen von Löwen nachzuempfinden, die im Buddhismus eine zentrale Rolle spielen, in China jedoch unbekannt waren. Vorfahren dieser Hunde sind der Legende nach die mystischen Löwenhunde, die das Paradies bewachten[148]. Diese Rasse, die sich durch eine recht hohe Wachsamkeit auszeichnet, war bis in das 19. Jahrhundert hinein ausschließlich den chinesischen Kaisern vorbehalten und wurde nur im Kaiserpalast gezüchtet. Vor allem die größeren Exemplare, die so genannten Löwenhunde, übernahmen die Aufgabe, den Kaiser zu warnen. Im Jahr 1041 sollen sie so eine Revolte der Palastwache vereitelt haben. Es verwundert daher nicht, dass später Statuen dieser Hund als Wächter aufgestellt wurden[149].

In Japan avancierten Hunde zum Wächter über Ehe und Familie, etwa indem sie das Wochenbett bewachten. Kleine hölzerne Figuren ersetzten dabei im Laufe der Zeit den wirklichen Hund. Im japanischen Kaiserpalalst gab es Beamte, deren Aufgabe das Wachen und Bellen war[150]. Aber auch über diese exzentrisch anmutenden Verwendung hinaus, ist durch die große landwirtschaftliche Tradition Südostasiens davon auszugehen, dass die Tradition des Wachhundes hier in großer Zahl existierte.

In den Amerikas finden sich Hinweise auf Wachhunde vor allem in den Mythen und Jenseitsvorstellungen. Wenn die Delaware davon wissen, dass die Brücke zur Milchstraße von einem verstorbenen Hund bewacht wird oder die Inuit davon ausgehen, dass Hunde das Land der Toten bewachen, dann muss davon ausgegangen werden, dass Hunde in Nordamerika eine Funktion als Wachhunde erfüllten[151].

Anders gestaltete sich die Wächterfunktion wohl in Ozeanien und Australien. Bedingt durch die recht niedrige Zahl an zu haltenden Nutztieren, waren Hunde als Wächter eher uninteressant. Gleichwohl fand sich in diesen Gebieten eine andere Funktion des Hundes, die sich in der europäischen Tradition nur vereinzelt wiederfindet und regionale Unterschiede kennzeichnet.

148 Vgl.: Llyod, Freund, 19ff.; Epstein, China, 139.
149 Vgl.: Klever, Freundschaft, 39f.
150 Vgl.: Ebenda, 41f.
151 Vgl.: Schwartz, Dogs, 96f.

γ. Nahrung und Zugtier

Der Gebrauch von Hunden als Nahrungsmittel ist in Europa zwar nicht gänzlich unbekannt, wurde aber nie kultiviert. Damit standen die Europäer mit einem Großteil der afrikanischen Völker relativ alleine, denn auf den anderen Kontinenten war der Verzehr von Hundefleisch Teil der kulinarischen Kultur. So gelten Hunde in China und auch Korea als Delikatesse. Vor allem der Chow Chow – was übersetzt „Gemüse“, „lecker“ oder „Gut“ bedeuten soll – ist in China sehr begehrt[152]. Damit ist recht eindeutig, dass es in Südostasien bestimmte Hunderassen gab und gibt, die speziell für den Verzehr gezüchtet wurden.

Auch in Amerika war der Gebrauch von Hunden als Nahrungsmittel üblich, was durch eine Aussage von Hernan Cortez bestätigt wird, der darauf hinweist, dass auf den Märkten „[v]enden [...] perros pequeños que crían para comer, castrados“[153]. Gerade in den Küstenregionen war das Essen von Hunden verbreitet[154]. Diese Tradition lässt auf eine Zucht schließen, die besonderen Wert auf Fettleibigkeit[155] und auf wenig bis gar keine Aggression legte. Hunde aber, die durch ihr Gewicht weder laufen können, noch in der Lage sind, das Wild mit dem nötigen Biss zur Strecke zu bringen, taugen nicht für die Jagd. Der Hund war etwa für die Maya somit ein vorrangiges Nutztier, das als Köder und für den Verzehr geeignet war. Auch in Nordamerika war der Verzehr dieses Haustieres nichts Ungewöhnliches. So berichtet Joseph Whitehouse für den 4. Oktober 1805, dass „[s]ome of our party killed a fat dog, which they had got from the Indians at the last Village that we passed through“[156], was klar darauf hindeutet, dass es auch in Nordamerika spezielle Züchtungen von

152 Vgl.: Lloyd, Freund, 29; Hegewald-Kawich, Hunderassen 77; Klever: Freundschaft, 41. Ich habe probiert in Erfahrung zu bringen, ob diese Übersetzung bzw. eine andere dieser Art tatsächlich zutrifft. Der chinesische Muttersprachler war aber nicht in der Lage eine eindeutige Antwort zu geben. Ihm war der Begriff in dieser Übersetzung fremd. Er schloss aber nicht aus, dass in bestimmten Regionen Chinas eine solche Bedeutung möglich ist.

153 Cortez, Relación.

154 Vgl.: Schwartz, Dogs, 68.

155 Vgl.: Wagner, Haustiere, 364.

156 http://lewisandclarkjournals.unl.edu/read/?_xmlsrc=1805-10-04&_xslsrc=LCstyles.xsl (3. Juni 2012).

Hunden zum Verzehr gegeben hat.

Ähnliches gilt für Australien und Ozeanien, wenn auch weniger differenziert. Wenn der Dingo als Jagdbegleiter der Aborigines in Erscheinung tritt, schützt ihn das nicht vor dem Gebrauch als Nahrung. Sollte eine Jagd nämlich nicht erfolgreich sein, so schreckten die Aborigines nicht davor zurück, einen Akt des „symbolic cannibalism“[157] an den Dingos zu begehen und diese zu verspeisen.

Auf Neuseeland waren Hunde wie fast überall in Polynesien Nutztiere. Dieser Eindruck wird bereits auf der ersten Cook'schen Reise durch den damaligen wissenschaftlichen Zeichner Sydney Parkinson bestätigt, der die Einheimischen als „a spare thin people“ beschrieb, „had garments wrapt about them made of a silky flax, wove in the same manner as the cotton hammocks of Brazil, each corner being ornamented with a piece of dog-skin”[158]. Abgesehen von der Haut des Hundes wurde auch das Fell benutzt, um daraus Kleidung zu erstellen. Joseph Banks, der spätere Präsident der Royal Society, ließ sich 1771/2 von Benjamin West in einem Mantel porträtieren, der ihm auf Neuseeland in die Hände gefallen war. Neben dem Hauptbestandteil Flachs zeichnet sich dieser Mantel durch einige Fransen aus, bei denen es sich um das gleiche Material handeln könnte, dass einen neuseeländischen Mantel im Pitt Rivers Museum der Universität von Oxford auszeichnet: Hundehaar[159]. Darüber hinaus war es auch in Neuseeland wie im Rest Polynesiens üblich, dass Hunde gegessen wurden. So beschreibt etwa Reinhold Forster Ende des 18. Jahrhunderts die folgende Begebenheit: „We had taken from the Cape a black Dog with us; it had been killed two days ago & the Gentlemen in the Gunroom had feasted upon it the day before; we had this day at dinner a Leg roasted with Garlick[...]“[160], die klar zeigt, dass das Hundeessen in Polynesien üblich war.

Eine vierte Funktion kam dem Hund vor allen in den Polarregionen und der sibirischen Taiga zu: Seine Funktion als Schlittenhund bzw.

---

157 Parker, Dingo, 187.

158 Parkinson, Journal, Eintrag vom 12. Oktober 1769, in: http://southseas.nla.gov.au/index_voyaging.html (26. September 2012).

159 Vgl.: Kunsthalle et al., Cook , 168f.; Schnickmann, Dogs, 5f.

160 Forster, Journal. Vol. II, 303f.

Transporttier. Ein Bericht zu diesem Nutzen aus Grönland stammt aus der Feder von Hans Egede, der zu berichten weiß, dass sich

> „[d]ie Grönländer ihrer [Hunde] anstatt Pferden bedienen, um ihre mit Seehunden beladenen Schlitten zu ziehen. Man spannt vier, sechs, ja acht bis zehn Hunde vor einen Schlitten, auf dem fünf bis sechs Seehunde und auch noch der Kutscher liegen können. Sie ziehen dergleichen Ladung viel geschwinder, als dies unsere Pferde tun würden, und legen dabei auf dem Eis an einem Wintertag an die fünfzehn deutsche Meilen zurück“[161].

Was für Grönland gilt, ist auch für Sibirien belegt. Immerhin konnte Vitus Bering nach seiner ersten Kamschatka-Epedition zwischen 1725 und 1730 behaupten, dass „[o]f domestic animals they have only the dog, which is used for driving, hauling, and for furnishing clothing“[162], wobei das Wort „driving“ in diesem Zusammenhang eine Fahrt auf einem Schlitten meint, der von Hunden gezogen wird. Carl Heinrich Merck beschränkt sich bei seiner Beschreibung Sibiriens auf das Nötigstes, dennoch fallen in seinem Text Passagen auf, die erkennen lassen, dass für ihn Schlittenhunde keine Neuigkeit darstellten. Wie selbstverständlich finden sich bei ihm Sätze, in denen dies klar wird, denn „[d]as stück wiegt gefroren 8-9 Pfund, und mit 9 biß 10 Hunden fährt man 100 Stück“[163].

Festzustellen bleibt, dass nach allem, was man aus den Quellen ableiten kann, vor der europäischen Expansion Hunde als Jagdgehilfe, als Wächter, Nahrung und als Transporttiere genutzt wurden. Dabei fällt auf, dass in Europa vor allem Jagd und Wacht eine besondere Rolle spielen, während in der restlichen Welt die Funktion als Nahrungslieferant herausgestellt werden muss, wobei auch dort Jagd und Wache essentiell für die Hundehaltung sind. Die Funktion als Transporttier ist vor allem in

161 Egede, Grönland, 74.

162 Bering, Expedition, 17, für die Behauptung, die Hunde liefern auch Kleidung, findet sich in den Reiseberichten kein Beleg. Eventuell ist hier sogar davon auszugehen, dass die Hunde nur Schlitten ziehen, die Kleidung transportieren und nicht selber ihr Fell opfern.

163 Merck, Tagebuch, 139.

den Polarregionen zu finden. Aus diesen Funktionen des Hundes ergeben sich Vorstellungen, die auf den Hund projiziert werden. Diese sind ohne Frage vom kulturellen Kontext abhängig, dennoch muss die Frage gestellt werden, ob die gleiche oder doch ähnliche Nutzung auch gleiche Vorstellungen hervorbrachte und ob dort, wo die Differenz zu groß war, ganz unterschiedliche Vorstellungen zugegen waren.

d. Treue als globale Vorstellung?

Die in Europa dominierende Vorstellung einer menschlichen Eigenschaft, die sich im Hund zeigt, ist klar die der Treue. Bereits in der *Odyssee* des Homer wird diese deutlich durch das Verhalten des Hundes Argos beschrieben. Argos lebt für einen Hund ungewöhnlich lang. War er noch ein Welpe als der König von Ithaka zum Krieg aufbrach und dann auf See verloren ging, so ist er über 20 Jahre alt, als Odysseus zurückkommt. Seine Treue zeigt sich vor allem in zwei Dingen. Zum einen ist er derjenige, der als einziger den Heimkehrenden erkennt, der verkleidet sein Haus betritt. Zum anderen stirbt er in genau diesem Augenblick, was klar vor Augen führt, dass der treue Hund auf seinen Herren wartete und bis zu seiner Rückkehr trotz aller Widrigkeiten dessen Palast beschützte[164]. Der bereits erwähnte Treue, die der Römer Cicero dem Hund zu spricht, mag auf diese Passage des Epos zurückgehen und sich so auch im römischen Reich gehalten haben.

Da der Treuebegriff im Mittelalter fundamental ist, überrascht es nicht, dass Hunde als Symbol für diese Treue Verwendung finden. Hierbei sticht als Symbol eben vor allem der Jagdhund heraus, der zum Attribut für den Adeligen wird. Der Hund ist somit nicht nur wegen seiner Qualitäten bei der Jagd oder beim Schutz besonders als Geschenk geeignet, er kann auch innerhalb einer Gesellschaft Ordnung und Verhältnismäßigkeit zwischen Schenkendem und Beschenktem aufzeigen. Dieser Umstand, der in Europa recht gut belegt ist[165], kann natürlich dort zu Problemen führen, wo ein solches Geschenk innerhalb einer Kultur von vornherein als minderwertig angesehen wird.

Wenn auch nicht ganz klar ist, ob auch in Afrika der Hund als Treueat-

---

164 Vgl.: Homer:Odyssee, XVII, 290-327.
165 Vgl.: Teuscher, Hunde, 347 – 369.

tribut verstanden wurde, dann ist doch recht eindeutig, dass er auch dort, was sich aus der oben beschriebenen Funktion des Tieres ergibt, geschätzt wurde. Dieser Umstand führte zu einer Möglichkeit der Kommunikation auf einer gemeinsamen Grundlage der Tradition der Hundehaltung, indem man den in Europa verbreiteten Brauch des Verschenkens von Hunden auf dieser gemeinsamen Basis auch nach Afrika übertrug. Olfert Dapper belegt dies eindringlich, denn „[d]ie Portugiesen von Lovando Sinte Paulo in Angola, welche in Lovango Kaufhandel zu treiben pflegen, hatten dem König einen sehr kostbaren Hund verehrt, den er seiner Treue wegen sehr lieb hatte“[166]. Die von den Portugiesen hier angewandte Strategie besteht darin, dem König einen Hund anzutragen, um so die eigenen Handelsinteressen auf- und auszubauen, was nur durch eine ähnliche, wenn nicht identische Vorstellung vom Hund als einem geeigneten Geschenk funktioniert. Davon abgesehen sind Hinweise auf eine Idee der Treue im Hund von afrikanischer Seite in den anderen Quellen nicht auszumachen.

Da das Verschenken von Hunden jedoch in Afrika fruchtbar war, versteht es sich, dass auch an anderem Ort Hunde als Zeichen der Wertschätzung verschenkt wurden. Zumindest an der nordamerikanischen Ostküste funktioniert das Geschenk Hund ohne größere Probleme, wie John Smith belegen kann. Vitamatomakkin, ein Gesandter von Häuptling Powhatan in London, beschwerte sich bei Smith etwa, dass er bisher den König nicht getroffen hätte, ein Umstand, den er sehr bedauerte, denn John Smith „gaue Powhatan a white Dog, which Powhatan fed as himselfe, but your king gaue me nothing, and I am better than your white Dog“[167]. Daraus wird deutlich, dass ein Hund als Geschenk zwar durchaus als angemessen betrachtet wurde. Keinesfalls lässt sich jedoch da-

166 Dapper, Africa, 264; die Geschichte endet für den Hund jedoch alles andere als glücklich: „ Dieser Hund, den sein Bewahrer – weil der König Tafel hielt – nicht genug bewahrt hatte, lief schnüffeln und suchte seinen Herren, den er vermißte. Er kam endlich unversehens an die Türe des Tafelsaals, welche er mit der Schnauze öffnete, und sprang nach dem König zu, den er dort essen sah, ihm seine gewöhnliche Freundschaft zu erweisen. Aber der König rief von Stunden an seinen Leuten und befahl, den Hund tot zu schlagen: welches auch stracks geschah...“, ebenda.

167 Smith, Virginia, 123.

raus ableiten, dass auf dieser Ebene akzeptiert wurde, dass ein Hund über einem Menschen stehe. Auch hier zeigt sich daher eine Schwierigkeit, denn zwar ist der Hund als Geschenk willkommen, aber ob dies auf einem Treuebegriff beruht, ist fraglich. Auch hier ist wohl eher die Nützlichkeit des Tieres als Grund zu sehen. Wie bereits weiter oben erwähnt, nutzen die Powhatan Hunde zur Jagd u.a. auf Ratten.

Aus dieser gemeinsamen Wertvorstellung des Nutzens erklären sich in späterer Zeit auch Handelskontakte. William Clark berichtet um 1800, dass die Jäger die er ausschickte, zurückkamen und „they brought Some dried Anchovies, a common Otter Skin and a Dog for Sale all of which we purchased“[168]. Der europäische Treuebegriff spielt allenfalls, wie auch in Afrika, eine untergeordnete Rolle. In Südamerika lassen sich kaum Belege ausmachen, die den Treuebegriff aufzeigen, wenn auch bei vereinzelten Völkern ein Verständnis von Treue, etwa bei der oben erwähnten Bevölkerung Brasiliens, die Hunde zum Jagen brauchten, vorgekommen sein mag.

In anderen Erdteilen forderten die Einheimischen Geschenke regelrecht ein, wenn es ihr Status erlaubte. So verwundert es auch nicht, dass bereits Thomas Roe darüber berichten kann, dass ihm der Mogul, der ihm seine Arbeit oftmals erschwerte, versprach, dass „I will fully recompence you, and grant you all your desires“[169], wenn er ihm nur „a Male and Female of Mastiffes, and the tall Irish Greyhounds, and such other Dogges as hunt in your lands“[170] verschaffe. Schon die Tatsache, dass der bereits erwähnte Daud Khan Hunde besaß, die er nach seinen Eltern benannte, zeigt, dass hier zwischen Mensch und Hund eine besondere Beziehung bestanden haben muss, die, wenn auch nicht belegbar identisch mit der Treuevorstellung Europas ist, dieser dann doch recht nahe kam. So besteht auch in Indien die Möglichkeit über das diplomatische Geschenk Hund die Beziehungen zu verknüpfen.

Auch wenn hier kein Beleg angeführt werden kann, so ist es doch wahrscheinlich, dass vor allem China, wo dem Wachhund des Kaisers

---

168 http://lewisandclarkjournals.unl.edu/read/?_xmlsrc=1806-03-22&_xslsrc=LCstyles.xsl (3. Juli 2012).

169 Roe, Embassy, Bd. II , 388.

170 Ebenda.

eine große Aufmerksamkeit zuteilwurde, zumindest für bestimmte Hunderassen, die nicht zum Verzehr geeignet waren, eine ähnliche Bedeutung unterstellt werden kann, wie sie in Europa vorherrschte. Indizien dafür finden sich nicht zuletzt im chinesischen Horoskop, das davon ausgeht, dass der im Jahr des Hundes geborene Mensch mit den Attributen Ehrlichkeit, Intelligenz und Treue ausgestattet ist[171].

Für Japan wie auch für Australien und Polynesien, galten, wie später gezeigt werden soll, andere Voraussetzungen.Treue ist daher als Beziehungskonstrukt vor allem in Europa nachweisbar, in Afrika, Nordamerika, China und Indien vorstellbar und in den anderen Teilen der Welt nicht belegbar.

2. Kleinvieh macht auch Mist – Schafe und Ziegen

Mit dem Beginn der Neolithischen Revolution folgt im Domestizierungsprozess das Kleinvieh der Arten *Capra aegagrus hircus* und *Ovis orientalis aries*. Das Auseinanderhalten von Ziege und Schaf fällt selbst dem geübten Auge des Archäozoologen bei bloßer Sichtung von Knochenfunden oft schwer[172], so dass beide Tiere zusammen betrachtet werden können. Auch innerhalb der biologischen Systematik gehören Schafe und Ziegen zur gleichen Unterfamilie der *Caprinae*[173]. Daneben führt Zeuner auf, dass beide Tiergattungen ähnliche Verwendung für den Menschen haben. So kommt beiden Bedeutung als Nahrungslieferanten für Fleisch und Milch zu, aber auch für menschliche Kleidung – wenn auch in unterschiedlichen Abstufungen[174]. Ebenfalls ist der Domestizierungszeitraum für beide Tiere, der für die Zeit vor 10.000 Jahren angenommen wird, ähnlich datiert, wenn auch Knochenfunde für beide Tiere erst später belegt sind; Ende des 9. Jahrtausends für die Ziege und vor 8000 Jahren für das Schaf[175].

171 Vgl.: Lau/Lau: Horoscopes, 284.
172 Vgl.: Zeuner, Haustiere, 113.
173 Vgl.: Geist, Caprinae, 3 – 40.
174 Vgl.: Zeuner, Haustiere, 114.
175 Vgl.: Benecke, Haustiere, 231(Schaf) u. 241. (Ziege)

a. Revolution in der Steinzeit – Tiere halten

In der Nutzung der Tiere liegt dabei der eigentliche revolutionäre Akt dieser Domestizierung. Wenn der Hund auch das erste Haustier des Menschen war, so ist seine Haltung doch mit hoher Wahrscheinlichkeit eher ein Produkt des Zufalls, als wirklich geplante Absicht, eher ein Versuch, ob etwas funktionieren könnte, was bisher nicht möglich war. Durch den Erfolg der Domestizierung aber, waren weiteren Möglichkeiten Türen und Tore geöffnet. Erst durch die mehr oder minder erfolgreiche Domestizierung des Wolfes, war es auch möglich, ganz geplant andere Tiere für sich nutzbar zu machen, außer sie zu jagen.

Dass die ersten Versuche dabei auf Schaf und Ziege fallen, ist in der Tat logisch. Als kleine Pflanzenfresser bedeuten sie kein allzu große Gefahr für den Menschen, wenn man zunächst einmal auf die männlichen Exemplare verzichtet, die durchaus gefährlich werden können. Von Vorteil war sicherlich auch die weite Verbreitung der Tiere vor allem auf in der nördlichen Hemisphäre. So finden sich endemische Arten der Unterfamilie der *Caprinae* sowohl in Eurasien als auch in Nordamerika und haben sich dem Mittelmeerklima ebenso angepasst wie den unwirtlichen Regionen des Himalajas oder der Rocky Mountains[176].

Als Vorfahre der Hausziege kann, obwohl eine eindeutige Klassifizierung umstritten ist, mit großer Wahrscheinlichkeit in der Bezoarziege gesehen werden[177], beim Schaf wird eine direkte Linie vom Mufflon zum Hausschaf postuliert[178]. Damit stellt sich die Frage nach dem Ort der Domestizierung. Beide Vorfahren der heutigen Haustiere haben ihren Ursprung im westlichen Asien. Es verwundert daher nicht, dass die erste gesicherte Domestizierung im Bereich des Fruchtbaren Halbmondes stattfand[179], von wo aus die Verbreitung der Tiere nach Europa und auch Teile Afrikas ihren Lauf nahm.

Die geringe Größe der Tiere hatten neben der fehlenden Gefahr auch einen praktischen Nutzen: Schafe und Ziegen waren wesentlich einfacher

176 Vgl.: Barth, Tierleben, 585 – 591; Zeuner, Haustiere, 139; Benecke, Haustiere, 239.

177 Vgl.: Barth, Tierleben, 745.

178 Vgl.: Benecke, Haustiere, 229.

179 Vgl.: Ebenda, 85.

einzufangen und zu halten als etwa die später domestizierten Rinder. Die Genügsamkeit der Ziege in Bezug auf ihre Fressgewohnheiten machte sie zudem auch in den Regionen nützlich, die jenseits des Fruchtbaren Halbmondes lagen[180]. Es ist daher kaum verwunderlich, dass Ziege und Schaf schon bald zur ökonomischen Grundlage des nahöstlichen Lebens wurden.

Die Tatsache, dass Menschen zudem die Milch fremder Säugetiere trinken, hat wohl auch mit der Genügsamkeit der Ziege zu tun. Jenseits des Fruchtbaren Halbmondes existieren vor allem Wüstenregionen, die, das zeigen die Geschichte des Alten Testaments, oftmals für lange Wanderungen durchzogen werden mussten. Wasser war dabei ein rares Gut. Die Milch einer Ziege hingegen, die diese auch dann produzieren kann, wenn sie sich von den kargen Mahlzeiten der Wüste ernährt, konnte hierbei die mangelnde Flüssigkeit ausgleichen.

b. Nützlich und frei? – Weltweite Verbreitung des Kleinviehs

Die Bedeutung von Schaf und Ziege für diesen wirtschaftlichen Aspekt im Nahen Osten lässt sich am eindringlichsten durch das hebräische Wort „מִקְנֶה“ belegen, dass in seiner Übersetzung sowohl „Hornvieh“ als auch „Besitz“ bezeichnen kann, aber Kamel und Esel ausspart[181]. Eine solche semantische Verschiebung, deren historische Entwicklung sich an den Büchern des Alten Testaments ablesen lässt[182], zeigt die elementare Bedeutung dieser Tiere auf, die für jeden Hebräer und auch Mitglieder andere Völker der Region zur Grundversorgung gehörten.

Auch in römischer Zeit war die Bedeutung von Schaf und Ziege vorrangig wirtschaftlichen Belanges, so dass „[h]et is dus allerminst verwonderlijk dat Columella en Varro in hun verhandelingen over een goed beheer van landbouwbedrijen uitgebraid stilstaan bij de verzorging van

---

180 Vgl.: Zeuner, Haustiere, 114.

181 Vgl.: Buhl, Gesenius, 456.

182 Die Bedeutung „Hornvieh“ ist die ältere der beiden, da sie vor allem in den vorexilischen Texten auftaucht. Als „Besitz“ vor allem in der Wendung „מִקְנֶה וְקִנְיָן" (Hab und Gut) ist es vor allem in der nachexilischen Literatur vorhanden, vgl. Buhl, Gesenius 456 und die Einträge zu vorexilischer, exilischer und nachexilischer Prophetie, in: Boecker, et al.: Altes Testament,164-176.

deze dieren“[183].

Aufgrund von wenigen schriftlichen Quellen ist zur Bedeutung von Schaf und Ziege bei den Germanen und Kelten kaum etwas bekannt. Neben Knochen- und Wollfunden, die darauf hinweisen, dass beide Tierarten bekannt waren und sowohl wirtschaftlich als auch religiös genutzt wurden[184], sind dennoch einige Texte im Mittelalter aufgeschrieben worden, etwa im Alten Sittengedicht der Edda, die die wirtschaftliche Betrachtungsweise der Tiere untermauern:

> „Gut ist ein Hof, // ist er groß auch nicht:
> daheim ist man Herr; // hat man zwei Ziegen
> und aus Zweigen ein Dach, // das ist besser als betteln gehen“[185].

In Verbindung mit der Idee des kleinen Hofs und einer einfachen Holzhüte ist auch hier ähnlich wie bei den Hebräern die Ziege in erster Linie als Tier des wenig Besitz habenden Menschen anzusehen. Die Bedeutung der Ziege ging im mittelalterlichen Europa zurück, wenn sie auch weiterhin als „Milchlieferant der kleinen Leute“[186] diente. Das Schaf aber war für drei Dinge unerlässlich. Innerhalb der Landwirtschaft wurde es zum einen wegen seiner Wolle benötigt, zum anderen war es als Unkrautvertilger auf den brachliegenden Feldern unentbehrlich. Drittens wurde seine Haut bei der Herstellung von Pergament massenhaft verwendet[187]. Wenn auch diese letzte Bedeutung in der Frühen Neuzeit wegfiel, blieb die Bedeutung der ersten beiden doch erhalten.

Die Vorstellung dieser Innigkeit zwischen Besitz und Kleinvieh prägte auch die Ideen der europäischen Entdecker. Wenn innerhalb einer Kultur Schaf und Ziege nicht vorhanden waren, dann war dies ein Zeichen dafür, dass diese Kultur sicherlich weniger zivilisatorisch war als die europäische. Sehr deutlich wird dies am Beispiel Alexander von Humboldts, bei dem es heißt:

> „Der Übergang vom Jagdleben zur festen Ansiedlung war

---

183 Meijer, hond, 105.
184 Vgl.: Benecke, Haustiere, 236 bzw. 244.
185 Edda. 131.
186 Meier, Tier, 109.
187 Vgl.: Ebenda, 110f.

> um so schwerer, als der Mangel milchgebender Hausthiere in Amerika das Hirtenleben unmöglich machte. Der hier bezeichnete Contrast, einer der wichtigsten Grundzüge der Geschichte jenes Welttheils, übt noch gegenwärtig einen mächtigen Einfluß auf die Schicksale der amerikanischen Staaten aus"[188],

Mit dieser Aussage ist die tiefe Überzeugung verbunden, dass das Nichtvorhandensein dieser Tiere den Entwicklungsprozess der mexikanischen Urbevölkerung in eine ganz andere Richtung drängte als den der europäischen. Dieser europäische Prozess aber galt im Denken der Zeit als ein überlegenes und vor allem universelles Modell[189]. Damit wird angedeutet, dass ein Einbringen der milchgebenden Tiere in die Kultur Mexikos diesen Zivilisierungsprozess in die angedachte Richtung stoßen würde. Auf diesem Weg vermittelt Humboldt die Botschaft, dass die einheimische Bevölkerung Amerikas sich in Richtung der Europäer zu entwickeln habe und dabei auf Kühe, Schafe und Ziegen zugreifen solle.

Humboldt übersieht dabei jedoch, dass seine Aussage nur für Südamerika gilt. Im Norden existierte das zur Familie der *bovidae* gehörenden Bison und auch das Dickhornschaf (*Ovis canadensis*), wie der ein Auszug aus dem Tagebuch von Lewis für den 22. Februar 1806 zeigt. Er hatte ein Schaf gesehen, das

> „is found in various parts of the Rocky mountains, but most commonly in those parts which are timbered and steep. they are also found in greater abundance on the Chain of mountains wich form the commencement of the woody country on this coast and which pass the Columbia between the great falls and rapids we have never met with this anamal ourselves but have seen many of their skins in possession of the natives dressed with the wooll on them and also seen the blankets which they manufacture of the wooll of this sheep. from the skin the animal appears to be about the size of the common sheep; of a white colour. the wooll is fine on most

188 Humboldt, Altertümer, 324.

189 Yousefi/Braun, Interkulturalität, 13-15.

parts of the body but not so long as that of our domestic sheep. the wooll is also curled and thick. on the back and more particularly on the top of the neck the wooll is intermixed with a considerable proportion of long streight hairs. there is no wooll on a small part of the body behind the sholders on each side of the brisquit which is covered with a short fine hairs as in the domestic sheep. form the signs which the Indians make in discribing this animal they have herect pointed horns, tho' one of our Engages La Page, assures us that he saw them in the black hills where the little Missouri passes them, and that they were in every rispect like the domestic sheep, and like them the males had lunated horns bent backwards and twisted. I should be much pleased at meeting with this animal, but have had too many proofs to admit a doubt of it's existing and in considerable numbers in the mountains near this coast“[190].

Anders als Humboldt vermutet, existierten auf dem amerikanischen Kontinent tatsächlich wild lebende Schafe, die über eine zugefrorene Beringsee aus Asien gekommen waren[191], wenn auch nicht parallel zu den Menschen. Dennoch prägte sich eine solche von ihm geforderte Hirtenkultur nicht aus. Im Gegenteil geschah es vielmehr, dass „[v]arious Indian groups grew to depend on bison [...], but did so by exploiting the animals' predictable migratory habits rather than by domesticating them“[192], während das Dickhornschaf nur eine bescheidenere Rolle im Leben der Ureinwohner einnahm, wie Lewis an andere Stelle festhält. So habe er „seen a few skins among these people [the Shoshones] which have almost every appearance of the common sheep“[193]. Diese Rolle erstreckte sich jedoch lediglich auf die Jagd, nicht auf die Haltung der Tiere. Darin wird deutlich, dass in beiden Amerikas die wirtschaftliche

190 http://lewisandclarkjournals.unl.edu/read/?_xmlsrc=1806-02-22&_xslsrc=LCstyles.xsl (5. August 2012).
191 Vgl.: McTaggert Cowan, Sheep, 506f.
192 De John Anderson: Creatures, 33.
193 http://lewisandclarkjournals.unl.edu/read/?_xmlsrc=1805-08-24.xml&_xslsrc=LCstyles.xsl (5. August 2012).

Funktion, die das Kleinvieh in Europa und dem Nahen Osten entwickelte, auf andere Art, etwa als Jagdbeute, gegeben war.

Südostasien und Indien bilden dazu einen Kontrast, der sich daraus entwickelte, dass die exponierte Stellung der ersten Kleintierdomestizierung an den Übergängen zwischen Europa und Asien dort für eine eigenständige Verbreitung der Zuchtkultur sorgte, die sich bis nach Tibet und die Grenzregionen zwischen China und der Mongolei ausgebreitet hatte[194]. Es ist daher nicht verwunderlich, dass auch neuere genetische Untersuchungen ein fernes Verwandtschaftsverhältnis zwischen asiatischen und europäischen Schafen aufzeigen[195].

In den Regionen, in denen die Kleinviehdomestizierung und -zucht bereits etabliert waren, etwa in Zentralasien, wo der Diplomat John Barrow, der im 18. Jahrhundert China bereiste, von wilden und zahmen Ziegen berichtet[196]. An anderer Stelle gibt er einen Einblick auf das Leben der Turkvölker in Zentralasien. So stellt er für die Kirgiesen fest, dass man „in den Steppen Korsali […] wilde Ziegen und Gemsen“[197] findet. Einen Verweis auf Haltung, Nutzung oder gar Zucht dieser Tiere gibt er nicht, so dass davon auszugehen ist, dass bei dem von ihm besuchten Dorf eine Haltung der Tiere ausgeschlossen war..

In Indien hingegen wurden Ziegen gehalten, die in ihrem Aussehen klare Unterschiede zur europäischen Ziege aufwiesen, wie Jon Olafsson für Tarangampadi in Ostindien anmerkt:

> „About a hundred goats were kept at the fort in the winter after I arrived but they got so skinny that many of them collapsed from sheer hunger and misery because there is very little nourishment in the soil during the winter due to the enormous rainfall and the cold northern winds which ravage that area. Sheep look like goats there though they have neither horn nor beard. They have no more wool than goats and they can be white, black, brown, red or blue“[198].

---

194 Vgl.: Wissmann, Ursprungsherde, 89.
195 Vgl.: Sun, et al.: Sheep, 1401.
196 Vgl.: Barrow, China, Bd. 2, 332.
197 Barrow, China, Bd.2 332.
198 Olafsson, India, 52.

Olafssons Erfahrung mit den europäischen Schafzüchtungen sorgte dafür, dass er sogleich das fehlende Fell der Schafe bemerkte und diese Schafe daher sofort von den ihm bekannten Schafen abgrenzen konnte. Aus zoologischer Sicht kann es sich bei den beschriebenen Schafen nur um die Untergattung *Ovis ammon polii* handeln, die zwar komplett ohne Fell auskommt, aber Hörner besitzt. Olafsson hat demnach entweder ausschließlich weibliche oder Jungtiere gesehen oder Exemplare, denen die Hörner gekürzt wurden.

Von der zentralen Lage des Fruchtbaren Halbmondes aus verwundert die Verbreitung der Tiere nach Afrika nicht. Der Vorzug wird dort allerdings der Ziege gegeben, was sich auf deren relativer Genügsamkeit in Bezug auf Nahrung und Lebensraum ergibt[199]. Auf lokaler Ebene ist diese Entwicklung allerdings nicht durchgängig. Für Südafrika beziffert Heinrich Lichtenstein Anfang des 19. Jahrhunderts die Zahl der in den letzten kriegerischen Auseinandersetzungen zwischen Siedlern und Einheimischen in Südafrika geraubten Schafe auf 34.023 und die der Ziegen auf 2480[200]. Generell stellt er fest, dass es mehr Schafe als Ziegen geben würde[201].

Diese lokalen Unterschiede zeigen sich durch die prähistorische Einfuhr des Schafes, dass als nicht einheimisches Tier[202] in alle Teile Afrikas gebracht wurde[203]. In Südwestafrika etablierte sich das Dickschwanzschaf, das bereits auf den Reisen Vasco da Gamas beschrieben wurde. Er hielt fest, dass etwa in der Region des heutigen Angolas „Schafe mit großen Schwänzen, in denen kein Knochen ist und der Schwanz ist dicker als das halbe Schaf"[204] existierten.

Die Ziege hingegen fand man hauptsächlich im nördlichen Teil[205], also in den arabisch dominierten Regionen und – nach Aussage des Afrikarei-

199 Vgl.: Wissmann, Ursprungsherde, 89.
200 Vgl.: Lichtenstein, Africa, Bd. 1, 633.
201 Vgl.: Ebenda, 157.
202 Vgl.: Devendra/McLeroy, Goat, 115.
203 Vgl.: Ebenda, 117.
204 Giertz, da Gama, 183; vgl.: Epstein, Afrcia, 97-174.
205 Vgl. Epstein, Africa, Bd. 2, New York 1971, 3-191 (Schaf); 193 – 305 Ziege).

senden Olfert Dappers aus dem 17. Jahrhundert – in Westafrika. So bemerkt er diese etwa im Königreich Borno im heutigen Nigeria, wo man „[a]uf den Bergen […] auch viel Ochsen und Ziegen“[206] findet, oder bei den Bewohnern der Wüstenregion Zeneaga im Gebiet des Kongo, wo sogar „Kamele, Ziegen und anderes zahmes Vieh“[207] gezüchtet wurden. Dapper ist es auch, der in Tansania eine große Zahl dieser Tiere feststellen kann: „Der Berg Matgare ist buschreich und hegt eine große Menge Tiere, sonderlich Ziegen“[208]. Aus dieser letzten hier angeführten Beobachtung ergibt sich die große Zahl der in Afrika vorhandenen Ziegen.

Während Schaf und Ziege demnach in Afrika, Amerika, Asien und Europa verbreitet waren und mehr oder weniger intensiv genutzt wurden, ist für Australien und Ozeanien nicht davon auszugehen. Die Tiere kamen tatsächlich erst mit den Europäern dorthin.

c. Über den wirtschaftlichen Nutzen hinaus – Religion und Diplomatie

Aus dem wirtschaftlichen Wert der Tiere ergaben sich zwei ganz unterschiedliche erweiterte Nutzungsarten der Tiere. Auf der einen Seite konnte der wirtschaftliche Nutzen natürlich im Handel vollkommen zur gelten kommen. Aus diesem ergaben sich diplomatische Verbindungen. Auf der anderen Seite kann etwas, das von großem Wert ist, eine religiöse Bedeutung bekommen, weil etwa nur wertvolle Dinge für einen Gott geopfert werden dürfen.

Die diplomatische Bedeutung des Kleinviehs zeigt sich bereits recht deutlich mit den ersten Erkundungen, die Vasco da Gama in Afrika einholen ließ. So kann er etwa vom diplomatischen Wert von Schafen erzählen, der sich auf Seiten der Afrikaner sicherlich aus einem wirtschaftlichen Wert ergibt, denn „[d]er König schickte Vasco da Gama drei Hammel und ließ ihm sagen, wie sehr er sich freuen würde, wenn Frieden zwischen ihnen sei und sie gute Freunde würde“[209]. An anderer Stelle heißt es weiter: „[N]achdem die Messe gelesen war, kehrten wir auf die Schiffe zurück und gingen sogleich unter Segel und fuhren weiter mit

206 Dapper, Africa, 165.
207 Ebenda, 158.
208 Ebenda, 122.
209 Giertz, da Gama, 72.

vielen Hühnern und vielen Ziegen und Tauben, die wir uns hier für ein paar Ketten gelber Glasperlen eingetauscht hatten“[210]. Das Ungleichgewicht der Tauschobjekte war dem ersten Kontakt geschuldet. In späteren Zeiten ändert sich dieses zu Gunsten der Afrikaner, wie Olfert Dapper aufgefallen war:

> „Im Jahr 1595, da Jan Jansen Molenaer mit seiner Flut nach Indien fuhr, tauschten die Holländer von ihnen für ein schlechtes Haumesser einen schönen Ochsen; für einen Stab Eisen von 70 Pfund, in fünf Stücke zerbrochen, zwei Ochsen und drei Schafe … und für ein Messer ein Schaf. Aber jetzt sind sie durch den Umgang mit den Holländern und anderen Völkern weiser geworden. Und weil man dergleichen Dinge so überflüssig zu ihnen bringt, so vertauschen sie ihr Vieh um einen viel höheren Preis“[211].

Ochsen und Schafe, zwei der wichtigsten Viehbestände Afrikas, wurden zunächst gegen billige Gegenstände eingetauscht, bevor klar wurde, dass man sie für wesentlich teurere Dinge eintauschen konnte.

Diese Bedeutung der Schafe als wirtschaftlicher und daraus abgeleiteter diplomatischer Wert war auch noch dreihundert Jahre später präsent. Auseinandersetzungen zwischen den europäischen Siedlern und den einheimischen Südafrikanern führten nicht nur zu weiteren Streitigkeiten. Teilweise wurden lokale Friedensverträge geschlossen, deren wichtigster Bestandteil Schafe waren, wie Lichtenstein zu berichten weiß:

> „Die kleinen Horden, die noch übrig geblieben sind, stehen mit dem *Bokkeveld* in friedlichen Verhältnissen und man giebt ihnen jährlich einen gewissen Tribut an Schafen, wofür sie sich ruhig verhalten. Der Veldcornet, Jan Gideon Louw, der Vetter unseres Wirths, hat um diesen Frieden besondere Verdienste. Er brachte im Jahr 1798 eine Collecte von 460 Schafen und Ziegen von den Bokkevelds-Colonisten zusammen, die den *Bosjesmans* geschenkt wur-

210 Giertz, da Gama, 58.
211 Dapper, Africa, 317.

den“[212].

Hier gilt es genau zwischen den Völkern Südafrikas zu unterscheiden. Einen solchen Vertrag mit den Xhosa auszuhandeln wäre mit hoher Wahrscheinlichkeit nicht möglich gewesen. Zu deren Volk konnte John Barrow nämlich bemerken, dass „[n]ot a sheep nor a goat were to be seen. The Kaffers, in fact, never breed any of these animals“[213], und das obwohl „[t]he grasses on the summit are short but sweet, and the small shrubby plants are excellent food for sheep and goats“[214].

Nicht nur in Afrika spielten diese diplomatischen Handelsverbindungen eine wichtige Rolle. Wieder ist es John Barrow, der diesmal von Asien berichten kann. Der Delegation, der er angehörte, wurden acht Ziegen als Teil eines großen Verpflegungspakets als „unbedeutende Erfrischung“ angeboten[215], was Barrow völlig überrascht. Diese Überraschung ist vor allem vor dem Hintergrund des europäischen Verständnisses einer wirtschaftlichen Grundlage zu verstehen. Der Delegation wurde Besitz übereignet, der gleichzeitig als unbedeutend dargestellt wird. Für das chinesische Verständnis sagt dieses vor allem zweierlei aus. Zum einen war der Schenker in der Lage ohne größere Probleme, eine solche Menge von Tieren als Nahrung zu stellen, so dass er ohne weiteres in den Augen des Beschenkten als reich angesehen werden konnte. Darüber hinaus aber reduzierte er die Geschenke auf eine Kleinigkeit, was ihn in den Augen des Beschenkten in ein positives Licht rückte.

In denjenigen Kulturkreisen Asiens, in denen sich das chinesische Horoskop als ein Mittel zur Bestimmung der Zukunft und damit auch als eine quasi religiös-mystische Institution durchgesetzt hatte, kam dem Schaf ein besondere Bedeutung zu. Menschen, die in einem Jahr des Schafes geboren sind, gelten bis heute als besonders kreativ und als künstlerisch begabt, aber auch als depressiv und können von ihren Gefühlen überlastet sein. Als achtes Tierkreiszeichen kommt ihm zudem eine besondere Bedeutung für Wohlstand und Komfort zu, wobei einen

212 Lichtenstein, Africa, Bd. 1, 135f., Hervorhebung im Original
213 Barrow, Africa, Bd. 1, 128.
214 Barrow, Africa, Bd. 2, 61.
215 Barrow, China, Bd. 1, 69.

im Jahr des Schafs geborenen auch nachgesagt wird, mit Geld nicht besonders gut umgehen zu können[216].

In diesen Eigenschaften zeigen sich klar die wirtschaftlichen Einflüsse, die das Schaf im chinesischen Raum besaß. Im Horoskop werden diese überhöht und auf Menschen übertragen. So ist es möglich, dem Schaf im südostasiatischen Raum bestimmte Eigenschaften zuzuschreiben, die, übertragen auf das reale Schaf, die oben beschriebene Tausch- und Geschenksituation noch einmal in ein erweitertes Licht stellen. Das Verschenken einer großen Anzahl von Schafen ist nicht nur wirtschaftlich gesehen ein Symbol für Wohlstand, sondern sorgt so auch auf der symbolisch-mythologischen Ebene für eine solche Interpretation.

Die weltweite Nutzung der Tiere als wirtschaftliche und diplomatische Grundlage sorgte darüber hinaus auch für eine symbolische Bedeutung der Tiere im Bereich der Religion. Schafe und Ziegen gehören zu den bevorzugten Opfertieren des Alten Testaments[217]. Diese Funktion war schließlich sogar so bedeutend, dass die Ziege zum Symbol des Judentums schlechthin wurde[218].

Auch in der Religion der Griechen spielen beide Tierarten eine entschiedene Rolle als Opfertier[219]. Innerhalb der griechischen Mythologie tauchen beide in ganz besonderer Form wieder auf; ab dem 6. Jhd. v. Chr. finden sich Darstellungen von Mischwesen aus Ziege und Mensch auf Keramiken der Peloponnes, die später mit dem Begriff Satyr bezeichnet werden. Die hohe Rezeption dieser mythischen Figur spiegelt sich innerhalb der Literatur wieder, vor allem im Satyrspiel, das in Athen um 500 v. Chr. entwickelt wurde und bis heute im Begriff Satire weiterlebt. Neben der Ziege bzw. dem Satyr kommt allerdings auch das Schaf in den Mythen der Griechen vor. Die Argonautensage beschäftigt sich eingehend mit Jasons Jagd nach dem goldenen Vlies, bei dem es sich um das Fell des Widders handelt, der die Kinder Helle und Phrixos, direkte Nachfahren des Prometheus, vor ihrer Stiefmutter rettete[220].

---

216 Vgl.Lau/Lau: Horoscope, 194-196.

217 Vgl. u. a.: Gen. 15, 9; Lev. 3, 12; Lev, 3, 16; Lev. 17, 3.

218 Vgl.: Dittrich/Dittrich, Tiersymbole, 517.

219 Vgl.: Giebel, Tiere, 32.

220 Vgl.: Tetzner/Wittmeyer: Sagen, 181f.

Eine ganz andere Art religiöser Verehrung findet sich bereits vor der europäischen Expansion in Afrika. Denn auch wenn die Ziege in Afrika nicht heimisch war, war eine Etablierung der Ziege deswegen möglich, weil diese Region seit dem Mittelalter mit arabischen Händlern in Kontakt stand. Von dort scheint sie sich bis weiter nach Nigeria verbreitet zu haben. Die jahrhundertealte Beziehung hat vermutlich für eine Aufwertung der Ziege gesorgt, die ihren einen religiösen Wert beimaß. Am deutlichsten wird dies an der Verwendung der Ziege in der Religion des Vodun, der in Westafrika besonders ausgeprägt war[221]. So bemerkt Dapper, dass

> „[d]amit sie sich nun von allen Unfällen beschirmen und eine glückliche Reise mit diesen Schuten tun möchten, so behängen und bemalen sie sich zuweilen mit unterschiedlichen Fetischen oder Heiligen, wie Ähren von Hirse u.d.g. Etliche, wenn sie eine ferne Reise tun wollen, schlachten ihrem Heiligen auch ein Schaf oder Böcklein und hängen dieses geschlachtete und aufgeschnittene Tier vorn auf der Schute zu Schau“[222].

Dappers kurze Beschreibung scheint auf diese Religion hinzuweisen, die in Westafrika begründet wurde[223] und erst von dort aus zum kreolisch-karibischen Vodoo wurde. Wie genau die Ziege zum Teil dieser Religion wurde, lässt sich nicht klären, mag aber auf die Opferrolle der Tiere im Islam zurückzuführen sein, die im Vodun aufgenommen wurde und so zu einem Bestandteil der Religion wurde.

Für Amerika findet sich zwar keine Quelle, die eine religiöse Rolle der dort ansässigen Schafe beschreibt, dennoch ist davon auszugehen, dass die religiösen Praktiken der Plain-Indianer sich auch auf das Dickhornschaf bezogen – ähnlich, wie das bei Büffeln und anderen Tieren der Fall war. So kann man vermuten, dass auch den Schafen ein spiritueller Geist zugesprochen wurde, den es galt im Falle der Jagd auf diese Tiere, zu

221 Vgl.: Preston Blier, Vodun , 213.
222 Dapper, Africa, 240.
223 Vgl.: Preston Blier, Vodun, 213.

besänftigen oder ihn um Entschuldigung zu bitten[224].

In der Welt Ozeanien sorgte die Einfuhr der dort unbekannten Tiere für eine ganz eigene Symbolik, die in einem späteren Teil behandelt wird. Die Kontakte zu den Europäern veränderten allerdings auch die bisherigen wirtschaftlichen und symbolischen Verbindung im Bezug auf Schaf und Ziege in den Regionen, in denen die Tiere heimisch waren.

3. Verteidiger des Korns – Katzen, Nager und Getreide

Bereits an vierter Stelle innerhalb der Domestizierungsgeschichte finden sich die Vertreter der *Felis silvestris catus*, die sich ähnlich den Hunden wohl selber domestizierten. Die Domestizierung der Katze wirft die Frage nach der natürlichen Verbreitung der Tiere auf. Der gemeinsame Vorfahr von Katze und Hund lässt sich bis in die Zeit von vor 50 Millionen Jahren nach Südamerika zurückverfolgen. Von dort aus nahm die Verbreitung auf der Welt ihren Lauf[225], ging über Asien nach Europa und vor drei Millionen Jahren wanderte sie erneut nach Südamerika ein[226], wenn auch dort ein Großteil ihrer Population vor 12.000 Jahren aus bislang unbekannten Gründen wieder ausstarb[227].

a. Getreide und Katze – eine kurze Geschichte

Als der Fund eines Grabes auf Zypern, das man auf ein Alter von 9500 Jahren schätze, 2004 veröffentlicht wurde[228], sorgte dies innerhalb der Domestizierungsforschung für einiges Aufsehen, galt doch dieser Fund als der bisher älteste Beleg für die Domestizierung der Katze. Aber nicht nur wurde das Alter der Domestizierung nach hinten verschoben, auch der Ort änderte sich. Denn die ältesten Belege für Katzen als Haustiere stammten, von wenigen Ausnahmen abgesehen, bis dahin aus der Zeit des Alten Reichs Ägyptens (2707 – 2116 v. Chr.)[229].

Der Grund für die Annahme, dass gerade Ägypten der Ort der Annäherung zwischen Mensch und Katze gewesen sein soll, liegt auf der Hand.

---

224 Vgl.: Anonym, Totem, 94ff.
225 Vgl.: Wang/Tedford, Dogs, 18.
226 Vgl.: O'Brien/Johnson, Stammbaum, 58.
227 Vgl.: Ebenda, 60.
228 Vgl.: Vigne et al.,Taming, 259.
229 Vgl.: Benecke, Haustiere, 347.

Ohne Zweifel war die Katze von einem besonderen Wert für das antike Ägypten, das als Kornkammer der Antike auf ihre Dienste angewiesen war[230]. Denn die Produktion und vor allem die Aufbewahrung von Getreide ist ohne Zweifel der Grund, warum die Katze zum Haustier des Menschen wurde. Ein mit der Getreidelagerung einhergehendes Problem war nämlich die Verunreinigung und Dezimierung der Vorräte durch Nagetiere aller Art. Die Wildkatzen waren auf die Jagd dieser Tiere spezialisiert und tauchten dort auf, wo es viele Mäuse und Ratten gab, um diese zu vertilgen. Den Menschen störte dieses nun gar nicht, versorgte sich die Katze doch selber und befreite ihn von den schädlichen Nagetieren[231]. Da der Reichtum Ägyptens wirtschaftlich gesehen auf dem Export von Getreide beruhte, dessen massenhaftes Vorkommen sicherlich auch dazu beitrug, dass in Ägypten überhaupt eine Hochkultur entstehen konnte, ist es nicht verwunderlich, dass sich daher in Ägypten auch auffällig viele Abbildungen von Katzen finden, die sie als verehrtes Tier bereits im Alten Reich zeigen. Man sollte daraus aber nicht unbedingt schließen, dass mit dieser Verehrung der Katze eine Sonderrolle vor anderen Tieren innerhalb der ägyptischen Kultur zukam[232]. Dies ist schlicht falsch. Neben den Katzen verehrten die Ägypter eine Vielzahl von Göttern in Tiergestalt, was in der übrigen antiken Welt oftmals als fremd und ungewöhnlich angesehen wurde[233].

b. Heilige Tiere und Vogelfänger – Katzen global

Aus Ägypten wurde die Katze in ihrer domestizierten Form in die anderen Regionen der antiken Welt gebracht, auch wenn sich dazu kaum Hinweise finden lassen[234]. Einzig bei den Griechen kann eine gewisse Verbreitung festgestellt werden, die sich aber nicht durch eine besonders hohe Zahl der Tiere auszeichnete. Immerhin findet die Katze Einzug in Aristoteles *Περὶ Τὰ Ζῷα Ἱστορίαι*[235] und auch in einzelnen Kunstwerken

230 Vgl.: Schuller, Bastet, 14f.
231 Vgl.: Benecke, Haustiere, 345f.
232 Vgl.: Grossman, Freund, 57f.
233 Vgl.: Germond, Tier, 121.
234 Vgl.: Oeser, Katze, 69f.; Plinius: Naturalis Historia, X, 94.
235 Aristotels, Tierkunde, 540a, 1ff.

ist sie vertreten[236].

Archäologische Funde in römischen Siedlungen in Mitteleuropa beweisen jedoch, dass die Tiere durch die Römer weitere Verbreitung fanden[237]. Dennoch wäre es vermessen, anzunehmen, dies sei der einzige Weg der domestizierten Katze gewesen. Die Siedlungen der Kelten etwa, die sich in ganz Europa ausgebreitet hatten, belegen Katzen schon vor dem Beginn der römischen Invasion[238]. So ist es möglich, dass der Kontakt zwischen Ägyptern und Kelten bereits vorher die Katze nach Europa einwandern ließ. Die endemische Verbreitung der Wildkatze in Europa seit dem Pleistozän[239] macht auch eine eigenständige Domestizierung möglich.

Afrika ist die Heimat von zehn Mitgliedern der Familie der *felidae.* Neben den bekannten großen Wildkatzen Löwe, Leopard und Gepard gehören zu dieser Gruppe auch noch die kleineren Katzen namentlich die Afrikanische Goldkatze, der Serval, der Karakal, die Rohrkatze, die Sandkatze, die Falbkatze und schließlich die Schwarzfußkatze. Darüber hinaus trifft der Begriff Katze auch noch auf ein in Afrika beheimatetes Mitglied der Familie *viverridae* zu, die Afrikanische Zibetkatze. Während Falb-, Sand- und Rohrkatze sowie der Karakal im arabischen Teil des Kontinents heimisch sind, finden sich alle übrigen Katzen im südlichen Teil des Kontinents[240]. Keine dieser Katzen wurde in der Frühgeschichte in Afrika domestiziert[241]. Der Grund hierfür ist wohl darin zu finden, dass Afrika auch große Tiere aus der Ordnung der Nagetiere, wie die Riesenhamsterratte, beheimatet[242]. Das Klima des Kontinents sowie die natürliche Verbreitung dieser Familie der *nesomyidae*, sorgte dafür, dass die Haus- und Wanderratte, die Europa in der Frühen Neuzeit aus

---

236 Vgl. Oeser, Katze, 68; Benecke, Haustiere, 349.
237 Vgl.: Benecke, Haustiere, 350
238 Vgl.: Ebenda.
239 Vgl.: Kurtén, Mammals, 78f.
240 Nowak, Walker's, 1193-1194, 1198, 1199, 1213f., 12515ff., 1218; für die Falbkatze, vgl.: Hufnagel, Mammals, 42.
241 Vgl.: Epstein, Africa, 125.
242 Vgl.: Grzimek, Tierleben, Bd. 11, 373f.; http://www.vertebrates.si.edu/msw/mswcfapp/msw/taxon_browser.cfm?msw_id=4204 (22. August 2012).

Asien erreichte, erst spät in Afrika eingeführt wurde.

Was in Afrika galt, galt auch in Amerika. Hier gab es ebenfalls keine domestizierte Katze. Dennoch wurde den Mitgliedern der Familie *felidae* ein hoher symbolischer Wert zugesprochen, der mit einer besonderen Verehrung der Tiere einherging, da sie als Zeichen der Macht galten[243]. Besonders der Jaguar sticht dabei heraus und findet sich in allen Lebensbereichen wieder. So galt er als Symbol des Königs und des Kriegers, der Verzehr seines Fleisches gab Kraft und Stärke[244]. Obwohl es wohl Anstalten gab, einzelne Tiere zu zähmen[245], wäre eine Domestizierung dieser Tiere mit der von ihm repräsentieren Symbolik nicht möglich gewesen. Hinzu kommt, dass es auch keine praktische Verwendung für einen domestizierten Jaguar gegeben hätte[246]. Auch in Nordamerika existierten wild lebende Katzen, die den Wildkatzen Europas durchaus ähnlich waren, wie William Clark vermerkte:

> „Whitehouse brought me a roab which he purchased of the Indians formed of three Skins of the *Tiger Cat,* this Cat differs from any which I have ever Seen. it is found on the borders of the plains and the woody Country lying along the Pacific Ocian. this animale is about the Size or reather larger than the wild Cat of our Countrey and is much the Same in form, agility and ferosity. the colour of the back, neck and Sides, is a redish brown irrigular varigated with Small Spots of dark brown the tail is about two inches long nearly white except the extremity which is black; it termonates abruptly as if it has been cut off. the belly is white with Small black spots. butifully varigated. the legs are of the Same Colour with the Sides and back marked with transvers stripes of black the ears are black on the outer Side Covered with fine black hair, Short except at the upper point which is furnished with a pencil of verry fine Streight black hair, ¾ of an inch in length, the fur of this animale is long and fine.

243 Vgl.: Saunders, Icons.
244 Vgl.: Benson, Jaguar, 53-64.
245 Vgl.: Ebenda, 60.
246 Vgl.: Lavalle, Domestication, 25-44.

> much more So than the wild Cat of the U States but less so than the Louserva of the N West [...] Those Cats are not marked alike maney of them have but fiew Spots of a darker Colour, particularly on the Back"[247].

Während sowohl Afrika als auch Amerika ernüchternde Ergebnisse in Bezug auf die Katze liefern, zeichnet sich Asien durch ein ganz andersartiges Verhältnis zu Katzen aus. Nach Asien gekommen war die Katze auf ganz ähnlichem Wege wie nach Europa. Von Ägypten und der Mittelmeerregion aus kam sie in einem ersten Schritt bis in den nahen und mittleren Osten. Durch den römischen Handel im 2. Jahrhundert n. Chr. gelangte sie bis nach China, von wo aus sie nach Indochina und Japan weiter gehandelt wurde. Auch hier war es vor allem ihre Rolle als Jäger von Nagetieren, die ihre Verbreitung förderte[248].

Katzen waren in Polynesien unbekannt, was von Georg Forster eingehend beschrieben wird. Als die Mannschaft sich zur Jagd auf die Vögel begab, setzten sich einzelne der Tiere ohne Furcht auf die Gewehre. Auch wenn keiner der Männer „hartherzig genug seyn"[249] konnte, den Vögeln etwas an tun, so

> „[...] ward [diese Verhaltensweise] ihnen [in wenig Tagen] sehr nachtheilig und verderblich, weil eine Katze aus unserem Schiff nicht so bald ausfindig gemacht hatte, daß hier eine so trefliche Gelegenheit zu einem herrlichen Fraße sey, als sie richtig alle Morgen einen Sparziergang ins Holz vornahm, und eine schreckliche Niederlage unter den kleinen Vögeln anrichtete, die sich vor einem so hinterlistigen Feinde nicht hüteten, weil sie nichts Arges von ihm vermuteten"[250].

Diese Episode sowie Rattenpopulation Tahitis, die sich auch auf anderen

---

247 http://lewisandclarkjournals.unl.edu/read/?_xmlsrc=1806-02-18&_xslsrc=LCstyles.xsl (4. August 2012).

248 Vgl.: Tabor, Katzen, 131f.

249 Forster, Reise, 139.

250 Ebenda, 140.

Inseln finden ließ, sorgten für ein passables Leben der Katzen auf den Inseln. Forster erwähnt in seiner Beschreibung auch einheimische Haustiere, von denen „es nur wenige allhier“[251] gibt, dass es „außer einer ungeheueren Menge von Ratten“[252], nur Schweine und Hunde gebe. Diese Ratten jedoch, „welche die Eingeborenen aller Orten ungehindert herum laufen ließen, ohne zu Vertilgung oder Verminderung derselben irgendein Mittel vorzukehren“[253] sind auch auf Tahiti als Problem bekannt. Die Vermutung, diese Tiere seien erst mit den Europäern dorthin gekommen, die auf der Hand liegt, bedenkt man andere zufällige Übertragungen von parasitären Tieren, ist hier jedoch irreführend. Die Ratten sind wohl ein jahrhundertealtes Problem der Polynesier. Und anders als Forsters Beschreibung erahnen lässt, stehen die Polynesier den Tieren nicht vollkommen hilflos gegenüber.

Um etwa abgehangenes Fleisch vor Ratten zu schützen, besitzen sie einen Gegenstand, den sog. *taunga*, an dem ein Stück Fleisch aufgehangen werden kann. Damit Ratten sich diesem Fleisch nicht nähern können, ist über dem Haken ein Dach angebracht, von dem die Ratte herunterfällt[254]. So konnte in Ozeanien auch ohne Katze dem Rattenproblem einigermaßen Herr geworden werden.

c. Von den Göttern auf das Schiff – Wie der Mensch die Katze gebraucht

Der Nutzen der Katze führte in Ägypten, wie erwähnt, zu einer gewissen Heiligkeit, die durch den generellen Glauben an Tiergottheiten begünstigt wurde. Aber auch in anderen Kulturkreisen gab es eine gewisse Nähe der Katzen zu den Göttern, bedenkt man etwa, dass die Katze das Symbol für die germanische Göttin Freya war, die die Katzen auch als Zugtiere nutzt[255].

Der heidnische Kult, der oftmals mit der Katze einherging, sowie ihr natürliches Verhalten, in der Nacht aktiv zu sein, unheimliche Laute aus

251 Forster: Reise, 263.
252 Ebenda.
253 Ebenda.
254 Vgl.: Niedersächsisches Landesmuseum Hannover, Fachbereich Völkerkunde, 1854, Nr. 56.
255 Vgl.: Howey, M. Oldflied: The Cat in Mysteries of Religion and Magic, London 1930, 58ff.

zustoßen und darüber hinaus noch leuchtende Augen zu besitzen, führte im Mittelalter, von wenigen Ausnahmen im frühen Mittelalter abgesehen[256], zu einem negativen Bild des Tieres[257]. Dieses sorgte sogar dafür, dass ein Verzehr des Tieres selbst in Notzeiten die Ausnahme blieb, da man mit ihr Hexen, Dämonen und den Teufel selbst in Verbindung brachte[258]. Ob die Verehrung der Katze durch den Propheten Mohammed mit in dieses negative Bild hinein spielte, ist bisher nicht untersucht worden[259].

Auch wenn in Afrika eine Domestizierung der Katzen nicht stattfand, spielten die Katzenartigen in der Kultur etwa der südafrikanischen Stämme dennoch eine Rolle. Diese gestaltete sich aber nicht als Haus- oder Statustier, sondern als Jagdobjekt, dessen Material genutzt wurde, wie Barrow feststellt: „[T]he skin of the tyger-cat is used by the women as pocket-handkerchiefs“[260]. Lichtenstein ergänzt: „Außerdem schmücken die Frauen ihre Mäntel mit ganzen Büscheln von den Schwänzen wilder Katzen, die in der Gegend der Schulter angebracht werden und zu beiden Seiten herabhängen“[261].

Ähnlich gestaltete sich das Verhältnis wohl in Nordamerika. Während der Jaguar im Süden des Doppelkontinents einen nahezu göttlichen Status einnahm, war die von Clark beschriebene Wildkatze in erster Linie Jagdobjekt, dessen Produkt verkauft wurde, wie er weiter ausführt:

> „[T]he nativs of this Country make great use of the skins of this Cat, to form the robes which they wear; three whole Skins is the complement usually employed, and Sometimes four in each roab“[262].

---

256 Etwa in einem frühmittelalterlichen Gedicht, in dem die Katze als Gefährtin gelobt wird, vgl.: Richter, Katzen, 27.

257 Vgl.: Oeser, Katze, 85.

258 Vgl.: Heusinger, Katze, 88ff.

259 Vgl.: Oeser, Katze, 75-78. auszuschließen ist das nicht. Gerade auf iberische Halbinsel war einiges über die islamische Kultur bekannt und wurde gerne genutzt, um den Islam zu verteufeln, vgl.: Clot, Spanien, 64f.

260 Barrow, Africa, Bd. 1, 163.

261 Lichtenstein, Africa 452.

262 http://lewisandclarkjournals.unl.edu/read/?_xmlsrc=1806-02-18&_xslsrc=LCstyles.xsl (4. August 2012).

Während die indigene Bevölkerung demnach die Katzen jagte und verkaufte, nutzten die Europäer in Amerika sie auf alte europäische Weise. Als ihnen die Rattenplage zu viel wurde, griffen die Siedler nämlich auch auf wilde Katzen zurück. John Smith berichtet von Ratten, die

> „would come by troupes in the night and scratch it out of the ground. If by diligent watch any escaped till it came to eating, it should then very hardly escape them: and they became noysome euen to the very persons of men. They vsed all the diligence they could for the destroying of them, nourishing cats both wilde and tame, for that purpose; [...] At last it pleased God, but by what meanes it is not well knowne, to take them away; in so much that the wilde cats and many dogs which liued on them, were famished, and many of them leauing the woods, came downe to their houses, and to such places where they vse to garbish their fish, and became tame[263].

Der Schutz vor den Nagetieren war auch in Asien für die Bevölkerung so wichtig, dass sich dort eine besondere Beziehung entwickelte. Dies zeigt sich vor allem in Siam, wo der Kult um diese Tiere seinen literarischen Ausdruck im so genannten *Katzenbuch von Siam* findet, in dessen Einleitung es heißt:

> „Sages of great power – two masters
> Venerable Kalaikot – supreme practitioner
> brought to life the auspicious cat lines
> The hermit *Ta Fai* (Eyes of Fire) gave rise to cats of breeding.“264

Auf die Einleitung folgen poetische Beschreibungen verschiedener Katzenarten sowohl guten als auch schlechten Charakters, denen jedoch keine Einleitung wie die zitierte zuteil wird. Die poetische Nutzung der Tiere, sowie der Bezug auf den Einsiedler Ta Fai, der als starke Persönlichkeit Verehrung in Siam fand, sind starke Indizien für einen etablierten

263 Smith, Virginia, 185f.

264 Clutterbuck, Martin R.: The legend of Siamese cats, 1998, 19.

Kult[265] um die Katzen in Südostasien.

Dem Europäer sind solche kulturellen Begebenheiten nicht immer klar. So bemerkt auch Barrow bei seinem Besuch Chinas Mitte des 18. Jahrhunderts Katzen, erwähnt sie jedoch ausschließlich in seinen Beschreibungen der chinesischen Begrifflichkeiten: „Die Chinesen nennen eine Katze *miau* [...]“[266].

Einer derjenigen, der sich besondere Verdienste erwarb, die Katze in Europa beliebter zu machen, war der italienische Abenteurer Pietro della Valle, der eine der bekanntesten Katzentypen Asiens aus dem Nahen Osten, genauer aus Persien, zu Beginn des 17. Jahrhunderts nach Europa einführte, nachdem er diese Katzen auf seiner Reise nach Indien kennen gelernt hatte. Er hatte den Landweg über das Osmanische Reich und durch Persien genommen, um sein Ziel zu erreichen. In der Region Chorasan stieß er auf eine Katze, deren Schönheit er in mannigfaltige Worten beschrieb[267]. Davon abgesehen wollte er diese Katze nach Italien einführen. Diesen Schritt begründete er wie folgt:

> „Grande è l'amore che io porto alla mia patria, e il desiderio che ho di arricchirla, se fosse possibile, die ciò che trovo in qualsivoglia altro paese, di buono o di bello. Tanto che avendo veduto qui una razza bellissima di gatti, che propriamente son naturali della provincia di Chorasan, ma di altro garbo, e di qualità che i soriani pur da noi stimati, i quali, appresso quci di Chorasan non son niente, infin di questi mi è venulo voglia di portare la razza a Roma“[268].

Aus diesem Vorhaben der Einfuhr der persischen Katzen nach Rom ergibt sich in Bezug auf die Herkunft dieser Katzen eindeutig eine kulturelle Verwobenheit der Tiere mit der Kultur Persiens. Die Katzen sind hier einem Schönheitsideal folgend gezüchtet worden, das auch über die Grenzen, hier vor allem Europas, Interesse weckte.

---

265 Vgl.: Ebenda, 1.
266 Barrow, China, Bd. 1 248.
267 Vgl.: Valle, Pellegrino, Bd. 2, 121.
268 Ebenda, 120.

4. Schwein haben – Domestizierung auf zwei Kontinenten

Eine Domestizierung des Schweins in frühgeschichtlicher Zeit lässt sich durch Tierknochenfunde aus der Zeit des achten vorchristlichen Jahrtausends in der heutigen Türkei ausmachen. Die Zahl der Knochen im Vergleich zu denen der anderen dort gefundenen Tiere lässt vermuten, dass die Bedeutung des Schweins als Haustier äußert gering war[269].

Hierbei handelt es sich um einen erstaunlichen Umstand, der die Frage aufwirft, warum ein Tier kurz nach oder sogar zusammen mit anderen Tieren domestiziert wurde, allerdings in weit geringerer Zahl als die übrigen. In erster Linie könnte dies mit der natürlichen Verbreitung des Tieres zusammenhängen. Doch das Schwein in seiner natürlichen Form ist auf dem gesamten eurasischen Kontinent bekannt und verbreitet[270], so dass eine Seltenheit des Tieres im Gebiet des Fruchtbaren Halbmondes ausgeschlossen werden kann. Auch sind Schweine außerordentlich fruchtbar[271]. Es gibt daher auch in dieser Richtung keinen Grund für eine kleine Zahl an domestizierten Schweinen.

a. Doppelte Domestizierung

So kann über den Grund der Domestizierung im Gebiet des Nahen Ostens nur spekuliert werden. Zu Beginn einer solchen Spekulation steht auch hier der Ackerbau. Die Gefräßigkeit der Tiere könnte dafür gesorgt haben[272], dass sich die Tiere in einer Rotte an den Getreidefelder gütlich getan haben, gerade dann, wenn die Population der Schweine so hoch war, dass die natürliche Umgebung nicht genug Nahrung bot[273]. Ein solches für den Menschen schädliches Verhalten kann mit einer Jagd auf diese Tiere bestraft worden sein. Der Erfolg einer solchen Jagd führte zu Unmengen von Fleisch oder zu gefangenen Tieren. Aus dem Verzehr des Fleisches kann sich dann der Wunsch gefestigt haben, diese Tiere dauer-

269 Vgl.: Benecke, Haustiere, 250.
270 Vgl.: Ebenda, 248f.
271 Vgl.: Barth, Brehm, 558.
272 Vgl.: Benecke, Haustiere, 250.
273 Zumal davon ausgegangen wird, dass sich die prähistorischen Schweine in ihrem Lebenswandel nicht von den heutigen unterscheiden, vgl.: Kurtén, Mammals, 155.

haft zu halten, aus den gefangenen Tieren wurden die Vorfahren der ersten domestizierten Schweine.

Während sich durch diese Vermutung für den Nahen Osten ein durchaus schlüssiges Bild ergibt, ist eine gänzliche andere Art der Domestizierung in Asien auszumachen. Denn wenn man der älteren Literatur folgt[274], dann wurde die Domestizierung des Schweins in Asien vorgenommen. Dort wurde das Tier als erstes Haustier überhaupt, mit großer Wahrscheinlichkeit bereits vor 10.000 Jahren, domestiziert[275]. Darwin war noch davon ausgegangen, dass diese unterschiedliche Domestizierung auch auf zwei unterschiedliche Ursprungsformen des Schweins zurückging, von denen die asiatische Art unbekannt war[276].

Diese bis vor kurzem noch gültige These wurde schlagartig durch einen Fund auf der Insel Zypern im Jahre 2009 zerstört, der den Ursprung der Domestizierung in die Region des Mittelmeers verlegt[277]. Wenn damit auch eine Jahrzehnte alte These aufgegeben musste, bleibt noch immer die Erkenntnis, dass in Asien immerhin einer der ältesten Schweinedomestizierungen stattgefunden hat. Neuere genetische Untersuchungen haben zudem gezeigt, dass, obwohl sich die Vorfahren der beiden Hausschweine bereits vor 500.000 Jahren trennten, beide den Unterarten der eurasischen Wildschweinart *sus scrofa* angehören[278].

b. Mit Warzen, Hauern und Hängebauch – Schweine auf fast allen Kontinenten

Wenn auch das asiatische und das europäische Hausschwein zur gleichen Art gehören, so ist die Unterordnung der *Suina*[279] doch weit ausgeprägter. Zur Familie der *Suidae* gehören neben den genannten Schweinen auch noch das in Afrika heimische *Phacocherus*, das Warzenschwein[280] und zur Famile der *Tayassuidae*, der Nabelschweine, die alleine in Ame-

274 Epstein, Africa, Bd. 2, 347; Benecke, Haustiere, 248.
275 Vgl.: Larson et al.: Patterns, 7686.
276 Vgl.: Darwin, Variation, 65ff.
277 Vigne et al., Wild-boar, 16135.
278 Vgl.: Guiffra, et al., Pig, 1790.
279 Vgl.: Nowak: Walker's, Bd. 2, 1334.
280 Vgl.: Ebenda, 1342.

rika heimisch sind[281].

Auch zur Zeit des Alten Reiches der Ägypter ist später die Schweinehaltung in großer Zahl nachweisbar[282] und für Griechenland ist es erneut Homer, der davon berichtet, wie zahlreich die Mitglieder der Art *Sus scrofa domestica* gehalten wurden. Auch den Römern ging es nicht anders. Schweinehaltung war im Imperium ein ausgesprochenes Muss, wenn Varro anmerkt, dass auf jedem Gut eines Römers, Schweine zu sein haben und dass jemand „ignavum et sumptuosum" sei, der Schweinefleisch lieber kauft, als selber Schweine zu schlachten[283]. Auch außerhalb der römischen Welt existierten Schweine. Wildschweine waren in Europa endemisch und sind mindestens seit dem Pleistozän in Europa heimisch gewesen[284].

Anders sieht dies in Afrika aus. Wer sich mit der Geschichte der Schweinehaltung in Afrika befasst, begibt sich auf ein vermintes Feld. Seit über hundert Jahren herrscht über den Ursprung der Schweine in Afrika ein Disput[285], bei dem der ein oder andere Forscher sogar schon Mal seine Meinung änderte. Epstein macht das am Beispiel von Harry Johnston deutlich, der „who had previously (1883) descripted the Congo pig as an ancient autochthonous domestic animal originally derived from Asia, wrote in a later work (1907) that the pig of western and southwestern Congoland had come from Portugal"[286].

Hier wird eine Problematik deutlich. Entweder ist der Ursprung des westafrikanischen Hausschweins, von dem nur bekannt ist, dass es mit Sicherheit seit Mitte des 19. Jahrhunderts gehalten wird[287], eine autochtone Domestizierung in dieser Region selber oder die Schweine sind durch portugiesische Seefahrer eingeführt worden. Hinzu kommt noch eine dritte Möglichkeit, die in der Forschungsdebatte zusätzlich aufgeworfen wurde. Sie geht von einem Ursprung im Alten Ägypten aus.

281 Vgl.: Ebenda, 1344.
282 Vgl.: Benecke, Haustiere, 252ff.
283 Vgl.: Varro: De re rustica, II, 4, 3.
284 Vgl.: Kurtén, Mammals, 153ff.
285 Vgl.: Blench, Pigs, 355.
286 Epstein, Africa, Bd. 2, 346f.
287 Das zeigen die zahlreichen Beobachtungen von Ethnologen, vgl.: Ebenda, 334ff.

Die Theorie der eigenständigen Domestizierung wird bereits von Epstein verworfen. Zwar existieren Schweinearten, so gehören zur Familie der *Suidae* das in Afrika heimische *Phacocherus*[288], welches als Ausgangsform für eine Domestizierung in Frage kommen könnten, jedoch hält er es für ausgeschlossen, dass in Afrika, wo keines der gehaltenen Tiere auch tatsächlich domestiziert wurde, sondern immer über Austausch und Kulturkontakte in Gebrauch kam, ausgerechnet das Schwein eine solche Behandlung erfahren haben solle[289]. Zur Theorie der Herkunft aus Ägypten ist auf eine Kette von Möglichkeiten hingewiesen worden. Sie beginnt mit den bekannten Expansionsbemühungen Ägyptens in antiker Zeit nach Süden hin, die dafür sorgten, dass auf diesem Weg auch das Schwein nach Nubien kam. Das letzte Glied dieser Kette bilden die Handleskarawanen. Um auch in Westafrika Gewinne zu erzielen, brachten diese das Schwein nach Westafrika mit[290]. Dabei kann man natürlich die Frage stellen, inwieweit es plausibel ist, dass arabisch-muslimische Händler in mittelalterlicher Zeit Schweine als Handelsgut mit sich führten, wenn dieses Tier im Islam nicht verzehrt werden darf[291].

Möglich erscheint daher durchaus die Einfuhr der Tiere durch die Portugiesen. Betrachtet man zudem die Reiseberichte der behandelten Zeit, ist eine solche Herkunft nicht ohne eine gewisse Wahrscheinlichkeit. Zwar erwähnt keiner der untersuchten Texte einen direkten Transfer der Schweine von Portugal aus nach Afrika, im Gegensatz jedoch zu den Rindern, die dem europäischen Reisenden und Eroberern sofort auffallen, werden Hausschweine weder als Handelsgut eingesetzt noch in irgendeiner Form erwähnt. Andere Arten der Schweine jedoch nennt etwa Olfert Dapper, der davon berichtet, dass „die Jagd […] bei ihnen nicht vorgenommen [wird], sich zu ergötzen, sondern nur ihre Gewächse zu bewahren und das Wild auszurotten, sonderlich die wilden Schweine“[292].

Das Nichterwähnen von Hausschweinen scheint ein deutlicher Hinweis

288 Vgl.: Nowak, Walker's, Bd. 2, 1342.

289 Vgl.: Epstein, Africa, Bd. 2, 348f.

290 Vgl.: Ebenda 346.

291 Vgl.: Koran, 2, 173: Verboten hat er euch nur Fleisch von verendeten Tieren, Blut, Schweinefleisch und Fleisch, worüber (beim Schlachten) ein anderes Wesen als Allah angerufen worden ist.

292 Dapper, Africa, 364.

darauf zu sein, dass diese (noch) keine Rolle in der Kultur der Westafrikaner spielten. Wenn man davon ausgeht, dass durch arabische Karawanen Schweine nach Westafrika gebracht wurden, muss auch davon ausgegangen werden, dass die Tiere in die Kultur der Bevölkerung Eingang fanden. Augenscheinlich aber spielten Hausschweine in der Kultur Westafrikas keine Rolle. Keiner der untersuchten Reiseberichte deutet darauf hin. Das liegt nicht daran, dass die Berichterstatter ungenaue Darstellungen zum Haustierbestand liefern würden. Hühner, Rinder und Hunde werden immer wieder erwähnt, Schweine jedoch finden nur dann Eingang in die Berichte, wenn sie wild sind oder ihre Absenz angezeigt werden soll.

Eine mögliche Erklärung dafür liegt wohl tatsächlich darin, dass diese Tiere erst später mit den Handelsposten und Siedlungen der europäischen Mächte ins subsaharische Afrika kamen und dort eine Verwendung fanden, die von den einheimischen Afrikanern dann imitiert wurde und dazu führte, dass sie die Schweinehaltung übernahmen.

Ähnliches gilt auch in Südafrika, wo auch einzig wild lebende Schweine erwähnt werden. So verweist Lichtenstein darauf, dass wilde Schweine im südlichen Afrika gegessen wurden: „[D]ie Baasa in den Ebenen von Siré leben von dem Fleisch der Löwen, der wilden Schweine und selbst von Schlangen“[293]. Diese Tatsache erstaunt nicht. Scheinbar war die Schweinehaltung gar nicht nötig, denn „[e]s gab viele Arten von Antilopen, Quaggas und wilde Schweine in solcher Menge, daß die Jagd an manchen Tagen eine Beute von mehreren tausend Pfund Fleisch lieferte, welcher Vorrath sehr gut zu statten kam“[294]. Bei einem solchen Übermaß an Fleisch durch wilde Tiere scheint die Schweinezucht unnötig.

Bereits im 16. Jahrhundert fielen in Südamerika dem Jesuitenpater Fernão Cardim die Schweine der brasilianischen Urbevölkerung auf:

> „Ha grande copia de porcos monteses, e he o ordinario mantimento dos indios desta terra, têm o embigo nas costas e por elle lhe saem hum cheiro, como de raposinho, e por este cheiro os seguem os cães e são tomados facilmente. Ha outros chamados Tayaçutirica, sc., porco que bate, e trinca

---

293 Lichtenstein, Africa, Bd. 2, 80, Fußnote.
294 Lichtenstein, Africa Bd.1, 530.

> os dentes, este são maiores que os communs, e mais raros, e com seus dentes atassalhão quantos animaes achão. Outros se chamam Tayaçupigta, sc. Porco que aguarda, ou faz finca-pé"[295].

Aus den Worten Cardims ist nicht ersichtlich, um welche Familie von Schweinen es sich handelt. Die Tatsache, dass die Tiere scheinbar zum Vergnügen gehalten werden, lässt aber die Vermutung zu, nicht von europäischen *Suidae* zu sprechen, die durch den Menschen erst in andere Teile der Welt gebracht wurden[296]. Wenn es nicht die europäischen Schweine sind, die bei den Brasilianern gehalten werden, kann es sich eigentlich nur um die Familie der Nabelschweine, der *Tayassuidae* handeln, eine in ganz Amerika seit dem Oligozän in Nord- und seit dem späten Pleistozän auch in Südamerika verbreiteten endemischen Schweinefamilie[297]. Domestiziert worden sind diese Tiere jedoch nicht, sondern in ihrer wilden Form gehalten worden.

Während abgesehen vom Hund, die Welt Ozeaniens bisher wenig Haustiere zu bieten hatte, ändert sich dieser Umstand mit dem Schwein, die bereits vor dem Kontakt mit den Europäern vorhanden waren. Es besteht die Möglichkeit, dass das Schwein in prähistorischer Zeit via Landbrücken die Inseln erreichte. Diese Vermutung ist auszuschließen, denn die Landbrücken, die Schweine etwa auf natürlichem Weg nach Japan brachten, existierten zwischen Asien bzw. Australien und Polynesien nicht[298].

Daher drängt sich die Vermutung auf, dass Schwein und Mensch zusammen die Inselwelt Polynesiens besiedelten, ist doch die Besiedlung der Inseln von China über Australien ausgehend recht wahrscheinlich[299]. Auch wenn der genaue Zeitraum der ersten Besiedlung der polynesischen Inseln bis heute einen Streitpunkt darstellt, so lässt sich doch mit

295 Cardim, Brasil, 26.

296 Vgl.: Nowak, Walker's, Bd. 2, 1336f.

297 Vgl.: Nowak, Walker's, Bd. 2, 1345.

298 Dies lässt sich durch die Entstehung der Inseln durch Vulkane ausschließen, vgl.: http://brandonskenandore.com/2011/05/30/the-geology-and-geomorphology-of-oceania/ (7. April 2012).

299 Vgl.: Kirch, Pacific, 67f.

einiger Sicherheit sagen, dass sie in einer Zeit stattfand, die 3200 bis 2000 Jahre zurückliegt[300].

Daraus ergibt sich eine Verbreitung des Schweins nach erfolgreicher Domestizierung in die Region Ozeaniens. Genetische Untersuchungen weisen daraufhin, dass die heutigen in Poynesien lebenden Schweine und die in Südostasien lebenden Schweine so oft zwischen den Regionen hin- und hergereicht wurden, dass zwar ein eindeutiges Abstammungsverhältnis kaum auszumachen ist[301], aber ein Verwandtschaftsverhältnis besteht, das tatsächlich bis ins vierte vorchristliche Jahrtausend zurückreicht[302]. Bedenkt man das Alter der asiatischen Schweinezucht, ist damit eine Tradition des Züchtens belegt, die zur Zeit der Entdeckung Polynesiens durch die Europäer mindestens 5500 Jahre andauerte und sich auch auf den polynesischen Inseln wiederfand.

c. Verehren, mästen, jagen – Verwertung des Schweins

Bei der aufgezeigten weltweiten Verbreitung von Schweinen kam es zu unterschiedlichen Nutzungen der Tiere. Die häufigste ist dabei sicherlich die Schweinezucht als Mittel der Nahrungsmittelproduktion. Schon der griechischen Antike wird dies deutlich. Nachdem der griechische Held Odysseus nach seiner Irrfahrt in Ithaka anlangt, bleibt ihm die direkte Heimkehr zu seiner Frau Penelope verwehrt. Er muss sich zunächst vor den Freiern seiner Frau verstecken. So geht er zunächst zum treuen Sauhirten Eumaios, der ihn gut verköstigt. Homer beschreibt während sich das Treffen des Helden mit Eumaios anbahnt, den Hof, der die Schweine beherbergt, der

> „hoch, auf weitumschauendem Hügel, gebaut war, // Schön und ringsumgehbar und groß. Ihn hatte der Sauhirt //Selber den Schweinen erbaut […] Von gesammelten Steinen, und oben mit Dornen umflochten. // Draußen hatt' er Pfähle von allen Seiten in Menge // Dicht aneinander gepflanzt, vom Kern der gespalteten Eiche. Innerhalb des Gehegs hatt' er zwölf Köfen bereitet, // Einen nahe dem an-

300 Vgl.: Howe,Origins, 70f.
301 Vgl.: Larson et al.: Sus, 4837.
302 Vgl.: Ebenda: 4835f.

> dern, zum nächtlichen Lager der Schweine. // Fünfzig lagen in jedem der erdaufwühlenden Schweine, // Alle gebärende Mütter; und draußen schliefen die Eber“[303].

Der Zweck einer Zucht in der Antike muss, im Verzehr der Tiere gelegen haben, wie auch Homer seine Beschreibung des Schweinestalls dadurch ergänzt, dass er die Verminderung der Eber durch Penelopes Freier erwähnt[304]. Im römischen Reich sieht dies ganz ähnlich aus. So möchte auch Apicius seine Leser dazu animieren, aus Schweineleber Wurst zu machen[305] und Plinius der Ältere bemerkte, dass „neque alio ex animali numerosior materia ganae“[306]. Es verwundert bei dieser Behauptung nicht, dass das Schwein über den wirtschaftlichen Nutzen hinaus auch eine religiöse Bedeutung hatte – nicht bei den Römern, sondern bei Germanen und Kelten[307]. Bei letzteren steht der Eber als Götterattribut für die Göttin Arduinna[308], die als Jagdgöttin verehrt wurde[309].

Während sich diese Mythologie vor allem jedoch auf die Wildschweine stützt, gilt sie nur bedingt für das domestizierte Schwein. Dennoch hat die Schweinezucht Mitteleuropas eventuell mit einer religiösen Bedeutung des Tieres zu tun, die dem Wildschwein von Germanen und Kelten entgegengebracht wurde[310]. Neuere genetische Untersuchungen haben zwei Entwicklungen aufgezeigt, die bereits in frühhistorischer Zeit ein Beispiel für Kulturkontakt darstellen. So konnte nachgewiesen werden, dass bereits vor 4000 Jahren im Bereich der Île-de-France das im Nahen Osten gezüchtete Schwein eingeführt wurde. Im gleichen Zeitraum wurde auch mit der Domestizierung des heimischen Wildschweins begonnen, das das eingeführte Schwein verdrängte[311]. Dieser Rückgriff auf das heimische Wild mag durchaus Ursprünge in der Verehrung des Ebers in

303 Homer, Odyssee, XIV, 6 – 7, 10 – 16.
304 Vgl.: Ebenda, XIV, 17f.
305 Vgl. Apicius, Kochkunst, II, 1,4.
306 Plinius: Naturalis historia, VIII, LXXVIII, 209.
307 Vgl.: Benecke, Haustiere, 258.
308 Vgl.: Maier, Kelten, 118.
309 Vgl.: Maier, Lexikon, 23.
310 Vgl.: Maier, Kelten. 118; ders.: Lexikon, 23; Benecke, Haustiere, 258.
311 Vgl.: Larson, et al.: DNA, 15277.

der Religion haben[312].

Auch im Mittelalter lebt diese Tradition als ein erstes Beispiel für die Rolle des Schweins fort. Zwar ist der Eber nun kein heiliges Tier mehr, erfüllt aber weiterhin göttlich Aufgaben. So weist ein Eber dem Heiligen Bernhard von Clairvaux den Weg zu einer Klostergründung auf deutschem Boden, dass dann auch Eberbach genannt wurde[313]. Abgesehen von diesen positiv bzw. neutralen Bild, fand es bedingt durch den jüdisch-hebräischen Einfluss innerhalb der christlichen Region innerhalb der Kunst immer als negatives Attribut Verwendung. So steht es gleichsam für die Völlerei, die Wollust und die Faulheit. Diese negative Symbolik machte neben dem Haus- auch das Wildschwein, dem man noch das Attribut des Hochmuts beifügte[314], auch zu einem Tier, dessen Nutzen sich auch auf Demütigungen einzelner Personen oder ganzer Volksgruppen eignete. Letzteres ist vor allem am Beispiel der Juden zu verdeutlichen, die durch die Tatsache, dass Ihnen das Schwein als unrein gilt[315], in erhöhtem Maße Opfer von Verleumdungen und Beschimpfungen wurden[316].

Trotzdem war das Schwein aus dem christlichen Europa nicht wegzudenken. Gerade die Tatsache, dass es sich ohne Probleme von allem ernähren konnten, machte es zum idealen Müllvernichter, wie Untersuchungen an Überresten von Schweineexkrementen zeigen[317]. Die daraus folgende Tatsache, dass viele Schweine gehalten wurden, führte immer wieder zu Körperverletzungen, die per Gesetz geregelt und durch Richter geahndet wurden[318]. Dennoch war der Nutzen des Schweins überragend, so dass bereits im Mittelalter Hausschweine mit Wildschweinen gekreuzt wurden[319]. Trotzdem begann eine wirkliche Rassezüchtung der Tiere erst

312 Hier sei auf den Eber der keltischen Jagdgöttin Arduinna verwiesen, vgl.: Maier, Die Kelten, 118.

313 Vgl.: Benecke, Tier und Mensch, 258.

314 Vgl.: Dittrich/Dittrich, Tiersymbolik, 559.

315 Vgl.: 3. Mose 11,7 und 5. Mose 14, 8.

316 Vgl.: Dittrich/Dittrich: Tiersymbolik, 484f.

317 Vgl.: Benecke, Haustiere, 259.

318 Vgl.: Meyer, Neuzeit, 398. Hierbei ist vor allem das immer wieder stattfindende Fressen von Armen und Beinen von Kindern durch Schweine belegt; vgl.: Dinzelbacher, Mittelalter, 113.

319 Vgl.: Benecke, Haustiere, 256.

im Jahr 1770 in England, als dort das erste Leicester-Schwein entstand[320].

Auch in China war das Schwein in erster Linie Nutztier und war daher aus den Kulturen Asiens genauso wenig wegzudenken war wie aus denen Europas. Das zeigt sich bereits im 16. Jahrhundert, so dass der Portugiese Fernão Mendes Pinto kurz anführt, dass „[w]as den Schweinehandel betrifft, so verkaufen einige die Schweine lebendig nach der Anzahl und andere dieselben tot nach ihrem Gewicht“[321]. Im 17. Jahrhundert ergänzt der Söldner Schmalkalden, dass „[w]enn [die Chinesen] warme Speisen, es sei Schweinefleisch, Hühner oder Fische, gegessen haben“[322], sie dazu Reis essen.

Aus der langen Tradition der Schweinehaltung in Polynesien entwickelte sich ein besonders Konzept vom Schwein, das in den europäischen Reiseberichten aufgezeigt wird. So etwa bei Georg Forster, der in einzelnen Episoden den Umgang der Tahitinaer mit ihren Schweinen beschreibt:

> „Nachmittags gingen die Captains abermals mit uns zum Könige. Wir fanden ihn noch auf eben dem Plaze, wo wir ihn beym Abschiede verlassen hatten, und er bat uns bey diesem Besuch von neuen, daß wir wenigstens noch ein paar Tage länger bleiben mögten. Man gab ihm aber eben die Antwort als zuvor, und sagte gerade heraus, daß wir blos deswegen abreisen würden, weil er uns nicht mit lebendigem Vieh versehen wollte. Hierauf ließ er sogleich zwey Schweine herbey bringen und schenkte jedem Captain eins […]“[323]

Diese Episode zeigt auf, dass die Tahitianer sich ungerne von ihren Schweinen trennen wollten. Einzig das soziale Prestige, das mit dem Besuch der Europäer einhergeht und das mit den äußert instabilen politischen Verhältnissen Tahitis zu tun haben mag, ist ausreichend, um sich

320 Vgl.: Ebenda, 259.
321 Pinto, Reisen, 179.
322 Schmalkalden, Reisen, 174.
323 Forster, Reise, 286f.

von diesen Tieren zu trennen. Dass der Wert des Tieres bzw. seines Fleisches für die Tahitianer über den bloßen agrarwirtschaftlichen Nutzen hinausgeht, zeigt das folgende Beispiel Forsters:

> „Dieses Vieh gehört zwar zu den würklichen Reichthümern von Tahiti, doch darf man sie deshalb nicht für einen Hauptartickel des Unterhalts halten; denn in *dem* Betracht, könnte diese ganze Thierart ausgerottet werden, ohne daß die Nation im Ganzen dabey verlöre, weil sie nemlich den Großen des Landes allein und ausschließlich zugehören“[324].

Damit ist der besondere Status dieser Tiere belegt, der noch durch die verschiedenen Tauschgeschäfte untermauert wird. Im folgenden erwähnt Forster, dass die Tahitianer Beile gegen Schweine tauschen und dabei darauf achten, größere Beile für größere Schweine, kleinere für kleinere zu bekommen. Schweinebesitz war auf Tahiti demnach Attribut des Adels und konnte nur durch andere Prestigeobjekte eingetauscht werden, etwa die bloße Anwesenheit der Fremden oder den Besitz eines Beils, dessen Mehrzweck auch im Knochenspalten lag, was es im Kampf mit den Nachbarinseln oder rivalisierenden Adelsgruppen wertvoll machte.

5. Stärke, Milch und Fruchtbarkeit – Rinder

Wenn man die Stadt Frankfurt am Main besucht, gilt neben den Museen auch der Frankfurter Börse das touristische Interesse. Vor dem Gebäude muss der Besucher jedoch zunächst an zwei in Bronze gegossenen Tieren vorbei, einem sich duckenden Bären und einen stolzen Bullen. Diese beiden Tiere repräsentieren den Aktienmarkt. Während der Bär mit seiner Pranke die Kurse nach unten drückt, reißt der Stier mit seinen Hörnern dieselben wieder nach oben. Diese Symbolik ist keineswegs eine hessische Besonderheit, sondern ist innerhalb des gesamten Finanzwesen bekannt[325].

Wenn auch die Legende davon erzählt, dass diese Symbolik mit dem Besuch eines spanischen Literaten an der Amsterdamer Börse im 16. Jahrhundert in Zusammenhang steht, der den Wertpapierhandel mit den

---

324 Ebenda, 290f.

325 Vgl.: Redak/Weber, Börse, 52.

Gepflogenheiten einer besonderen Form es Stierkampfes in Mexiko verglich[326], so ist die Symbolik des starken, aufbrausenden Bullen doch einer weit älteren Tradition verhaftet, die sich über Kulturkreise hinweg auf verschiedenen Kontinenten ganz ähnlich widerspiegelt.

a. Der Auerochse und der Bison

Die domestizierten Mitglieder der *Bovidae* stammen von Arten des Auerochsen ab, eines der, wie es Rolf Neuhaus formuliert, „korpulentesten aller Tiere“ und „eines der gefährlichsten, wegen seiner Stärke und seiner Waffen“[327]. So ist es kein Wunder, dass diesem Tier innerhalb der europäischen Kulturgeschichte zwei unterschiedliche Funktionen zukommen. Die Domestizierung des Tiers war auf Grund seines Körperbaus eine logische Folge, um eine Ernährungsgrundlage zu haben, die Gefahr, die von ihm ausging, sorgte auf der anderen Seite für eine Symbolik der Stärke. Zeichnungen des Neolithikums zeigen, dass der frühe Mensch vom Auerochsen fasziniert war[328], eine Faszination, die sich in den frühen Hochkulturen wiederfand und sich erst in Europa und Asien, dann auch in Afrika verbreitete. Interessanterweise war der Auerochse im Pleistozän Europas nur sehr wenig vertreten. Erst später nimmt seine Häufigkeit zu. Als endemisches Tier Europas kam ihm in dieser Zeit nach der Eiszeit eine besondere Rolle als Jagdtier zu, bis er dann vor etwa 8000 Jahren domestiziert wurde[329].

Für den amerikanischen Kontinent war ein weiteres Mitglied der Familie der *Bovidae* von spezieller Bedeutung – der amerikanische Bison (*Bison bison*). Paläontologische Funde zeigen auf, dass Bisons vor etwa 2,5 Mio Jahren in Asien das erste Mal erschienen. Von dort aus sind sie nach Europa und Amerika gewandert. Während das europäische Bison bereits in der Würm-Glazial (vor 115.000 – 10.000 Jahren) ausstarb[330], fand das amerikanische Bison Eingang in die Kultur der amerikanischen Ureinwohner und nahm augenscheinlich in seinem Bestand erst im 19. Jahr-

326 Vgl.: Ebenda, 53.
327 Beide Zitate:Neuhaus, Stierkampf, 47.
328 Vgl.: Ebenda.
329 Vgl.: Kurtén, Mammals, 188f.; Novak: Walker's, Bd. 2, 1426.
330 Vgl.: Kurtén: Mammals, 185ff.

hundert ab[331].

b. Rinder, Araber, Massai und Fulani

Neuere genetische Untersuchungen haben ergeben, dass sich im Zeitraum zwischen 850.000 und 610.000 Jahren vor der heutigen Zeit zwei Unterarten von Tieren entwickelten, die als Vorfahren der heute gehaltenen *Bos taurus* und *Bos indicus* gelten[332]. Sowohl in Europa, vor etwa 8000 Jahren, als auch in Asien, 4000 Jahre später, kam es unabhängig voneinander zu einer Domestizierung dieser Tiere[333].

Nicht erst seit den kommerziellen Erfolgen[334] des Buches *Die weiße Massai*[335] und der gleichnamigen Verfilmung[336] ist bekannt, dass auf dem afrikanischen Kontinent eine ganz besondere Beziehung zwischen Rindern und Menschen besteht. Diese Tatsache wurde von der Ethnologie bereits seit dem Beginn des 20. Jahrhunderts untersucht[337]. Entscheidend dabei war jedoch immer die Region Afrikas, in der man sich befand. Zwar konnte eine Studie Anfang der sechziger Jahre des 20. Jahrhunderts zur Verteilung von Viehherden auf dem afrikanischen Kontinent aufzeigen, dass sich auch unmittelbar im arabisch-muslimisch geprägten Raum Rinderhaltung etabliert hatte, die den Massen im östlichen und südlichen Teil Afrikas in nichts nachstand[338], doch schon Herskovitz bemerkte dazu, dass „while the Arabs of the Sudan have cattle, these do not play the same part in their lives as in that of the peoples inhabiting

---

331 Vgl.: Novak: Walker's, Bd. 2. 1433.

332 Vgl.: MacHugh et al., Cattle, 1082.

333 Hier existiert eine Forschungskontroverse, in der es darum geht, ob diese Domestizierung aus dem europäischen oder dem asiatischen Auerochsen hervorging, diese Frage ist allerdings hier nicht von Belang, vgl.: Caramelli, Cattle, 110f.

334 Für solche popkulturellen und allgemein gehaltenen Informationen kann kaum eine bessere Quelle gefunden werden als die entsprechenden Artikel der Wikipedia: http://de.wikipedia.org/wiki/Die_wei%C3%9Fe_Massai und http://de.wikipedia.org/wiki/Die_wei%C3%9Fe_Massai_%28Film%29 (beide 20. Juli 2012).

335 Vgl.: Hofmann, Massai.

336 Vgl.: Rohrbach/Huntgeburth, Massai.

337 Vgl.: Herskovits, Complex, 230 – 272.

338 Vgl.: Deshler, Cattle, 52 – 58.

the eastern portion of Africa“[339].

Während sich die Bedeutung der Rinder im arabischen Kulturraum kaum von dem Europas unterschied, waren besonders die südlich der Sahara gehaltene Rinder im Verständnis ihrer Besitzer von ganz anderem Wert. Der deutsche Zoologe Heinrich Lichtenstein beschreibt die mit den Rindern bei vielen afrikanischen Völkern verbundene Bedeutung zu Beginn des 19. Jahrhunderts wie folgt:

> „Ihr Haupterwerb ist die Rindviehzucht. Sie halten ihr Vieh eben so sehr in Ehren wie die Koossa, doch sind sie reicher daran und Einzelne besitzen acht bis zehn unterschiedliche zahlreiche Heerden, eine jede von anderer Färbung und Zeichnung, Die Wartung des Viehs ist auch hier ausschliesslich das Geschäft der Männer; Milch, Molken und Käse sind die beliebteste Nahrung und auch bei diesem Volke herrschen gewisse Vorstellungen über die körperliche und sittliche Reinheit, die sich auf den Gebrauch dieser Nahrungsmittel und auf das Vieh selbst in gewissen Zuständen ausdehnen[340]“.

Augenscheinlich ist dies etwa im Verhalten der Dinka im Südsudan. Keines deren Rinder wird umgebracht, um es zu schlachten. Nur Tiere, die auf natürlichem Weg sterben, werden als Nahrung gebraucht[341]. Wie intensiv etwa der Umgang der bereits erwähnten Massai mit ihren Rindern ist, wird durch mehrere Einzelheiten deutlich. Ein gewählter Häuptling muss sich als Viehbesitzer ausweisen, die Kriege, die von den Massai geführt wurden, hatten zum Hauptziel die Eroberung von Rindern, alle Nahrung muss von den Rindern kommen, jede Art von Landwirtschaft, die mit Rinderhaltung nichts zu tun hat, wird als unwürdig abgelehnt, kurz: Für die Massai gibt es nichts, was mit ihren Rindern vergleichbar wäre[342]. Ähnliches Verhalten ist bei fast allen ostafrikanischen Volksstämmen zu beobachten, abgesehen von denjenigen, die gar

339 Hereskovitz, Complex, 248.
340 Lichtenstein, Bd. 2, Africa, 532.
341 Vgl.: Herskovits, Complex, 256.
342 Vgl.: Ebenda, 258f.

keine Rinder halten, wie etwa die Wa-Yao im heutigen Malawi[343].

Die Rinderhaltung hatte in Afrika zu diesem Zeitpunkt bereits eine lange Tradition. Als vor 4000 Jahren asiatische Rinder der Art *bos indicus* in das nördliche Afrika einwanderten, war dort bereits die domestizierte Form des europäischen Rinds *bos taurus* heimisch[344]. Erst mit der arabischen Expansion jedoch kam es zu einer Verbreitung des Rindes südlich der Sahara. Um dieses möglich zu machen, wurden beide Arten miteinander gekreuzt, denn ähnlich dem Pferd war auch das Rind gegen die Tsetsefliege nicht immun; Kreuzungen aus beiden importierten Tieren jedoch waren widerstandsfähig[345].

Diese Rinderhaltung in Ostafrika war bereits zu Beginn der europäischen Expansion aufgefallen. Bei der Umrundung Afrikas auf dem Seeweg nach Indien musste Vasco da Gama oftmals anlegen, um sich und seine Mannschaft versorgen zu können. Besonders die Rinder der ostafrikanischen Küste fielen den portugiesischen Seefahrern dabei auf, deren unauffällige Hörner und vor allem voluminöse Leibesfülle[346] einen Bericht Wert waren:

> „Die Ochsen in diesem Land sind sehr groß, so wie die im Alemtejo[347] und so fett, daß man sich wundern muß, und dabei sind sie sehr zahm und sie sind kastriert, und manche von ihnen haben keine Hörner. Den Fetteren legen die Schwarzen hölzerne Saumsättel auf, so wie die in Kastilien, und ein Holzgerüst wie eine Sänfte oben auf den Sattel und reiten darauf, und denjenigen, die sie verkaufen wollen, stecken sie einen Zweig von Zistenröschen durch die Nase und führen sie daran an Ort und Stelle“[348].

343 Vgl.: Ebenda, 254.

344 Auch hier ist dies nicht vollkommen sicher. Es wird auch spekuliert, ob es in Afrika nicht auch zu einer unabhängigen Domestizierung des afrikanischen Auerochsen kam, vgl. Wendorf/Schild: Cattle, 118 – 128.

345 Vgl.: Caramelli, Cattle, 112.

346 Vgl.: Deshler, Cattle, 56.

347 Eine südliche Region Portugals, die auch heute noch zum Großteil von Landwirtschaft lebt, vgl.: http://www.portugalglobal.pt/EN/InvestInPortugal/WhyPortugal/Alentejo/Paginas/RegionsofPortugal_Alentejo_Economy.aspx (20. Juli 2012).

348 Giertz, da Gama, 43.

Vor allem die entbehrliche Seereise und der damit einhergehende Hunger dürfte das Verlangen auf diese Tiere geweckt haben. Für da Gama galt in erster Linie, sich und seine Mannschaft sicher nach Indien zu bringen. Diesen Zweck erfüllend versuchten die Portugiesen mit dem afrikanischen Volk in Kontakt zu treten, um der Rinder habhaft zu werden:

> „Am Samstag kamen ungefähr 200 Schwarze, groß und klein durcheinander, und brachten zwölf Stück Vieh mit, Ochsen und Kühe, [...], und wir gingen als wir sie kommen sahen sofort an Land [...] und tauschten dort für drei Armbänder einen schwarzen Ochsen ein, den wir sonntags verzehrten; und er war sehr fett und sein Fleisch war schmackhaft wie portugiesisches Ochsenfleisch“[349].

Offensichtlich stieß da Gama nicht auf die Massai, die ihm kein Rind für die Armbänder verkauft hätten. Dennoch ist allein die Tatsache interessant, dass drei Armbänder für einen Ochsen abgegeben werden mussten, selbst wenn die Einwohner der Küstenregion wohl auf ein besseres Geschäft gehofft hatten, bedenkt man die Zahl der von ihnen mitgebrachten Rinder. Dieser Umstand macht den Wert der Tiere als Handelsobjekte deutlich. Untermauert wird diese Annahme durch eine Episode des nächsten Tages, an dem die Stimmung wechselte. Erneut wurde von Seiten der Portugiesen versucht, einen Ochsen gegen Armspangen einzutauschen. Diesmal nahmen die Anwohner der Küste den Emissär Martin Affonso beiseite und „sowie sie die Armspangen hatten [...] gingen [sie] hin und zeigten auf den Wasserplatz, als wollten sie sagen, warum wir ihnen das Wasser weggenommen hätten, und dann fingen sie an, die Ochsen in den Busch zu treiben“[350]. Aus dieser Situation entwickelte sich beinahe eine kämpferische Auseinandersetzung, die lediglich durch den Einsatz von Kanonen als Abschreckungsmittel abgewendet werden konnte[351]. Deutlich wird jedoch, dass Rinder an der Ostküste Afrikas

349 Giertz, da Gama, 45.
350 Ebenda, 44.
351 Vgl. Ebenda, 43f.

nicht ohne weiteres für wenig Schmuck zu bekommen sind.

Auch an der Westküste hatte sich jedoch eine Kultur um das Rind vereinzelt entwickeln können. So ist etwa das Volk der Fulani im heutigen westafrikanischen Guinea als pastorale Gesellschaft bekannt, in der nur in größter Not die Rinder verkauft und einzig in rituellen Praktiken verzehrt werden[352]. Mit diesem Wissen liest sich die Episode aus dem Reisebericht Michael Hemmersams, eines deutschen Soldaten in niederländischen Diensten, der von 1639 bis 1645 zwischen Brasilien und Guinea umher reiste, mit deutlichem Gewinn:

> „Es giengen unser 50. Mann, sampt 3. Compagnien Mohren auß, ihne von dem Weg zu treiben; Als wir aber bey sie kamen, schlossen wir mit Mußqueten unter sie, daß sie sich gleich in die Büsch verlieffen, und wir zu ihnen nicht kommen konnten, musten also unverrichter Sach wider zuruck, nach unserem Castell gehen, doch wurde ein Accord getroffen, daß er ein Pfund Gold, und den Gefangenen unserem General schickte, dargegen gieng unser General in seine Behausung, solche zu besehen, nahm einen Ochsen mit, und verehrte ihm solchen, unser 6. musten ihn convoiren, dann es 2. Meil dahin war. Und als wir für sein Hauß kamen, musten wir ihm zu Ehren 3. mal Salve geben, darauf ließ er seinen Moren und Sclaven entbieten, bey ihn zu kommen, und Ihme den Ochsen verzehren helffen.
>
> Deß Morgens früh waren ihrer etlich schon verhanden, die namen den Ochsen, banden ihme Maul und Nasen zu, darnach nahmen sie ihre Schild und assegay, und lieffen den Flecken damit auf und nieder, sungen und schrien, so laut sie konnten, das wärete bey 3. Stunde, hernach wolten sie den Ochsen schlachten, weil wir aber einen Koch bey uns hatten, wolten wir den Mohren solches nicht zulassen“[353].

Er und die seinen mussten in ein großes Fest geraten sein, das sich zum

352 Vgl.: Ndukwe, Fulani, 14; Gade, Cattle, 492.
353 Hemmersam, Reise, 34.

Zeitpunkt ihrer Ankunft zutrug und mindestens drei Tage dauerte, in denen man nur „schreyen und springen"[354] sah. Den Europäern war aufgefallen, dass Rinder in dieser Region auch eine besondere Bedeutung hatten, denn in einer kriegerischen Situation schmückten sich die Einwohner Guineas mit Teilen der Tiere:

> „Theils umhengen sich mit Federn, Ochsen- und Elephanten Schwänzen, oder setzen allerhand Hörner auf, bestreichen und schirmen sich mit allerhand Farben, damit sie nur grausam mögen sehen, und kommen dann mit einem Geschrey auffeinander, daß einer erschrickt, der solches nicht weiß"[355].

Beide Episoden zeigen, dass bei den Fulani im Westen Afrikas auch ein Rinderkult vorhanden war, der dem der ostafrikanischen Völkern in nichts nachstand. Der Kult um das Rind war und ist somit in Afrika eine weit verbreitete Vorstellung, die von Europäern nicht immer verstanden wurde.

c. Süße Milch und viele Götter – Rindernutzung im Rest der Welt

Der besonderen Rolle der Rinder bei afrikanischen Völkern steht die europäische Nutzung entgegen. Die Rolle des Rinds schwankt zwischen dem bloßen Nutzen als Nahrungslieferant für Milch und Fleisch und einer besonderen Bedeutung von Stärke und Fruchtbarkeit. Die Bedeutung der Milch ist dabei besonders interessant. Die Nutzung der Kuhmilch ergibt sich aus der Nutzung der Ziegenmilch. Der Laktosegehalt der Kuhmilch ist nämlich ein paar Prozentpunkte höher als der von Ziegenmilch, was Kuhmilch insgesamt süßer macht. Der Übergang von Ziegen zu Kuhmilch erscheint daher als ein Phänomen des Luxus, das einer gehobenen Schicht vorbehalten war, bis sich andere gesellschaftliche Schichten diesem Produkt annäherten und die Kuhmilch so zu einem weit verbreitetem Lebensmittel wurde.

Während die Nahrungsmittel vor allem von der Kuh stammen, ist die Bedeutung des Stiers auf Stärke und Fruchtbarkeit gerichtet. Beim be-

354 Ebenda.
355 Ebenda, 57.

reits erwähnten Himmelsstier aus dem Gilgamesch-Epos zeigt sich deutlich dessen Symbolik der Stärke. Von den zahlreichen Stierkulten der Alten Ägypter ist sicherlich der des Apisstiers in der Königsstadt Memphis der bekannteste. Er symbolisiert den Stadtgott Ptah, der auch die Menschen gemacht hatte. Ptah wurde auch als Fruchtbarkeitsgott verehrt, was auf eine weitere in diese Richtung gehende Bedeutung des Stiers hindeutet[356].

Die Mischung aus Stärke und Fruchtbarkeit findet sich allerdings besonders stark in der griechischen Mythologie wieder. Die Ursprungslegende Europas enthält diese Symbolik, wenn der Göttervater Zeus sich in einen Stier verwandelt, um die phönizische Prinzessin Europa zu entführen[357]. Von den Kinder, die er mit ihr zeugt, ist eines Minos. Dieser, selber verheiratet, wird von seiner Frau mit einem – diesmal echten – Stier betrogen. Aus dieser Verbindung entsteht der Minotaurus, ein schreckliches Monster, das in das Labyrinth des Daedalus gesperrt wird[358].

Auffällig daran ist vor allem, dass die bisher beschriebene Symbolik in erster Linie dem Stier, nicht aber der Kuh zukommt, die lediglich am Rande und meistens im Plural Rinder Erwähnung findet, wenn auch ihre Augen bei den Griechen als Schönheitsideal galten, wie das Beispiel der Göttin Hera verdeutlicht, die in der Ilias als die Kuhäugige (βοῶπις Ἥρα) bezeichnet wird[359].

Der symbolisch-literarische Wert des Rinds ergibt sich aus seiner Omnipräsenz innerhalb der antiken Welt, die auf die ökonomisch-existentielle Bedeutung des Rinds verweist. Daher ist es nicht verwunderlich, dass die römischen Landwirtschaftsautoren Varro und Colummella auf das *Bos* eingehen. Deutlich macht dies etwa Varro besonders, wenn er erklärt, dass das lateinische Wort für Geld *pecunia* von *pecus*, dem Wort für Vieh, abgeleitet wird[360]. Aber auch den Römern war der

356 Vgl.: Otto, Stierkulte, 23ff.

357 Vgl.: Tetzner/Wittmeyer, Sagen, 96-99.

358 Vgl.: Ebenda.

359 Vgl.: u.a. Homer, Illias, I, 551.

360 Vgl.: Varro, De re rustica, 2, I, 11. Es sollte hier erwähnt werden, dass er dieses nicht nur auf das Rind, sondern jegliches Vieh bezieht. Das allerdings eine Vorrangstellung des Rinds im Alten Rom vorhanden war, gibt Varro

Stier mehr Wert als die Kuh. Der ältere Plinus berichtet ausführlich über Zucht und Trächtigkeit der Kühe, weiß von den Zebus sachlich zu berichten[361], doch kommt es zum Stier, schwärmt er davon, dass dieser „in aspectu generositas“ sei, er „torva fronte, auribus saetosis“ und „cornibus in procinctu dimicationem poscentibus“[362] habe.

Auch in der außerrömischen Welt Europas kamen Rinder vor. Der römische Historiograph Tacitus schreibt über die Germanen, dass sie „satis ferax, frugiferarum arborum impatiens, pecorum fecunda, sed plerumque improcera. Ne armentis quidem suus honor aut gloria frontis: numero gaudent, eaeque solae et gratissimae opes sunt“[363].

In der Zeit der Völkerwanderungen wanderten auch Rinder mit, was sich vor allem auf den britischen Inseln zeigen lässt, da dort oftmals die Rinder aus der Heimat der Invasoren eingeführt wurden[364]. Das Mittelalter war in Bezug auf die Rinderzucht eine äußerst produktive Zeit. Da das Rind zu den Fleischlieferanten schlechthin gehörte[365], ist es nicht verwunderlich, dass die germanischen Rinder durch Nahrungsumstellung größer werden mussten. In Friesland wurde zudem mit Beginn des Spätmittelalters die Milchwirtschaft besonders gefördert, so dass Kühe dort mehr Milch gaben[366].

Diese wirtschaftliche Bedeutung des Rinds als Nahrungslieferant und als Arbeitstier nahm auch in der Frühen Neuzeit nicht ab. So konnte Hünniger aufzeigen, dass etwa eine Katastrophe wie die immer wieder ausbrechenden Rinderpesten des 18. Jahrhunderts zu Konflikten zwischen der Bevölkerung und der Obrigkeit führten, etwa in der Frage der Handelssperre und der Quarantänebestimmungen für ganze Dörfer und Gemeinden[367]. Aber auch die alte Symbolik des Stiers hatte sich in die

---

selber an: „Nam bos in pecuaria maxima debet esse auctoritate“ (2,V,3). Damit sollte diese vorgenommene Einengung durchaus gültig sein.

361 Vgl.: Plinius, Naturalis historia, 8, LXX, 176-180.

362 Ebenda, 8, LXX, 181.

363 Tacitus, Germania, 5; dem Wahrheitsgehalt der Aussagen in der Germania ist immer mit Vorsicht zu trauen, hier jedoch scheint er die Wahrheit zu sagen, wie archäozoologische Funde belegen, vgl.: Benecke, Haustiere, 276.

364 Vgl.: Armitage, Cattle, 50-52.

365 Vgl.: Ebenda, 53; Benecke, Haustiere, 276.

366 Vgl.: Deppe, Rind, 28.

367 Vgl.: Hünniger, Viehseuche, 139ff.

Frühe Neuzeit gerettet. Vor allem in Spanien, wurde mit dem Ende der Reconquista der Stierkampf neu zelebriert. Mit dem 18. Jahrhundert wurde der Kampf sogar zum Symbol Spaniens selber stilisiert[368], was sich noch heute in dem bekannten Osbourne-Stier zeigt, der Spanien repräsentiert[369].

Für Südostasien ergibt sich eine andere Situation. Hier ist das Rind vor allem ein Lieferant von Lebensmittel – wenn auch mit Ausnahmen. So existierte in Japan in der Frühen Neuzeit eine Abneigung gegen den Verzehr von Rindfleisch. In seiner *Descriptio regni Japoniae et Siam* hält Bernhardus Varenius (1612 - 1651) fest, dass

> „[e]x animantium genre boves […] foedasque alias domi haudquaquam alunt nec mactant Iaponii (in quibusdam provinciis capitalis poena est, si quis bovem occiderit) etsi magna eorum fit copia: sed abhorrent ab eis carnibus, sicut nos ab equina“[370].

Wenn es jedoch um Rinder in Asien geht, dann ist die Frage nach der heiligen Kuh unumgänglich, hat diese doch mittlerweile im europäischen Allgemeinwissen Fuß gefasst[371]. Ein erstes Zeugnis für diese für europäische Monotheisten seltsame Tradition soll hier Edward Terry liefern, der bei seiner Reise durch Indien Anfang des 17. Jahrhunderts bereits bei der Beschreibung der Ortschaft Siba bemerkte, dass es dort einen Stein gebe, der „like a Cow's head, which of all sensible creatures they love best“[372], aussehen würde. Wesentlich genauer hält aber Thomas Roe die Situation fest, der bemerkt, dass „all liuing Cowes […] haue their synogoages and holy Men, Prophetts, Witches, sooth-sayers, and all others the Diuelles impostures“[373].

Die Ursprünge für diese Verehrung der Kuh liegen in ihrem praktischen Nutzen als Milchlieferant. Anders als in Europa entwickelte sich in Indien aus dieser Tätigkeit eine Parallele zur Figur der Mutter. Beide

368 Vgl.: Neuhaus, Stierkampf, 59-62.
369 Vgl.: Bernecker, Geschichte, Deckblatt.
370 Varenius, Descriptio 71f.
371 Vgl.: Lange/Neulen, Allgemeinbildung, 304.
372 Terry, Voyage, 83.
373 Roe, Embassy, Bd. II, 312.

versorgen den Menschen mit Milch, demnach sind beide wichtig[374]. Die Bedeutung der Milch ging in die Schöpfungsgeschichte des Hinduismus ein, in der im Anfang ein Milchozean steht, der schließlich durch das Zusammenwirken der Götter und Dämonen verquirlt wird, so dass aus ihm Gestirne, Tiere und anderes hervortrat[375]. Bei dieser Bedeutung der Milch liegt auch die Heiligkeit der Kuh auf der Hand, in der sich Millionen von Gottheiten versammeln sollen[376]; ein Umstand der ihre Verehrung in Tempeln erklärt.

Anders als in Europa, Asien und Afrika, war die Haltung von Rindern in Amerika vollkommen unbekannt. Das lag zum einen daran, dass es in Amerika keine Auerochsen gab, die man hätte domestizieren können, es lag aber auch daran, dass die Vorstellungen der einheimischen Bevölkerung im Umgang mit Tieren andere waren. Während es der europäischen Tradition entsprach, sesshaft zu werden und sich mit domestizierten Tieren zu umgeben, kannten die nordamerikanischen Völker dieses Prinzip, mit Ausnahme des Hundes, nicht. Zu der Fauna, die sie auf dem neuen Kontinent vorfanden, hatten die Paläoindianer ein gänzlich anderes Verhältnis. Am Beispiel der Bisons bzw. des amerikanischen Büffels[377] lässt sich dieses zeigen.

Zahlreiche Völker der Plainindianer jagten Bisons. Sie waren so wichtig, dass sie nicht nur in den praktischen Nutzen der einheimischen Völker Eingang fanden, sondern auch in deren Vorstellungswelt, wie der Büffelgesang der Schwarzfüße zeigt, in dem es heißt: „Büffel: sie steigen gewaltig hinauf und kommen gewaltig herunter“[378]. Diese Worte zeigen bereits, welche Naturgewalt mit den Tieren in der Vorstellung der Völker verbunden war. Davon abgesehen bildeten die Bisons für die Plainindianer die Grundlage für ihre Fleischversorgung.

---

374 Vgl.: Jaeggi, Kuh, 8ff.

375 Vgl.: Dutt, Vishnupuranam, 43ff.

376 Vgl.: Jaeggi: Kuh, 10.

377 Der Name Büffel leitet sich von den afrikanischen und asiatischen Büffeln ab, systematisch gehören die Tiere aber in die Gattungen *Syncerus* und *Bubalus*.

378 Zitiert nach: Hamm, Arche, 107.

6. Von Asien in die Welt – Das Huhn

Als im 17. Jahrhundert der deutsche Abenteurer Caspar Schmalkalden nach Batavia kommt, macht er eine Beobachtung über die dort ansässigen Hühner, die sich nicht nur anders verhielten als das ihm bekannte Huhn, sondern auch anders aussahen:

> „Auf Batavia gibt es eine Art Hühner, die nicht allein schwarze Federn, sondern auch wie die Mohren eine kohlschwarze Haut haben. Sie sind aber gut von Geschmack und sollen viel gesünder zu essen sein als andere. Aus Siam werden kleine Hühnerlein, die nicht größer sind als Tauben, nach Batavia gebracht. Sie sind sehr artig und besonders die Hähnlein sind so mutig, dass sie sich auch mit einem großen Hahn so lange herumbeißen, bis einer ausreißt“[379].

Schmalkaldens Beobachtung des Imports von Hühnern aus Siam nach Batavia, die sich in Körpergröße und Charakter vom heimischen Huhn unterscheiden, belegt die lange Tradition der Züchtung der Tiere in ganz Südostasien. Die weitergehende Beschreibung dieser Tiere lässt vermuten, dass Schmalkalden einem Hahnenkampf beiwohnte, wie er seit Jahrtausenden in Asien üblich war. Was Schmalkaden aber nicht wissen konnte, als er die asiatischen Hühner miteinander verglich: Eines davon war der Vorfahr der europäischen Hühner.

a. Batavia – Ursprung der Hühner

Im Gegensatz zu den bisher vorgestellten Tieren ist *Gallus gallus domesticus* nicht im Nahen Osten oder in der europäisch-asiatischen Grenzregion domestiziert worden. Sein Ursprung lässt sich durch die Abstammung vom Java-Bankivahuhn (*G. Gallus bankiva*) eindeutig in Südostasien verorten[380].

Der Grund der Züchtung ist dabei durchaus strittig. Anders als bei den vorherigen Tieren ist es möglich, dass nicht nur an Nahrungsmittel gedacht wurde, als diese Tiere domestiziert wurden. Vielmehr könnte der Spieltrieb des Menschen ausschlaggebend gewesen sein. Beim Balzritual

379 Schmalkalden, Reisen, 162.

380 Vgl.: Fumihito et al., fowls, 6793.

der Vögel ist es bei direkter Konkurrenz zwischen zwei Männchen um ein Weibchen üblich, dass beide Männchen miteinander streiten. Beim flugunfähigen Bankivahuhn schien diese natürliche Auseinandersetzung die Menschen so zu begeistern, dass sie diesen Hahnenkampf auch außerhalb der Balzzeit sehen wollten und so damit begonnen, Huhn und Hahn zu züchten[381]. Hahnenkämpfe sind in Indien bereits vor über 3000 Jahren nachweisbar[382].

Jedoch lassen archäozoologische Funde aus China, die bereits eine weitaus ältere Domestizierung des Huhns aufzeigen, auf einen Beginn selbiger vor 8000 Jahren schließen[383]. In beiden Fällen ist von einer unabhängigen Domestizierung auszugehen[384]. Während Indien eher auf den Hahnenkampf abzielte, wird die ältere Domestizierung vor allem auf die Fleischnutzung und nicht etwa auf die Verwertung der Eier abgezielt haben[385].

b. Bis nach Amerika? – Hühner auf Reisen

Die globale Verbreitung der Hühnerzucht wurde durch genetische Untersuchungen verfolgt. So gilt ein Weg, der seinen Ursprung in der Region des heutigen Thailands hat, um dann nach Sumatra, China und schließlich Indien zu führen, als wahrscheinlich[386]. Von Indien aus gelangte das Huhn über Persien in den Nahen Osten[387]. Knochenfunde können eine Domestizierung des Haushuhns in Mesopotamien für das zweite vorchristliche Jahrtausend und später auch in der heutigen Türkei nachweisen[388]. In der gleichen Zeit finden sich auch erste Spuren des Huhns in Ägypten. Diese wurden durch Thutmosis III. eingeführt, der sich vier Exemplare bei seinen berühmten Feldzügen gegen Kleinasien aus syrischen Hafenstädten als Tribut geben ließ[389]. Diese Tiere, von

381 Vgl.: Stevens, Fowl, 11.
382 Vgl.: Ebenda; Fumihito et al.: Fowls, 6795.
383 Vgl.: Stevens, Fowl, 11, Benecke, Haustiere, 363.
384 Vgl.: Stevens, Fowl, 11.
385 Vgl.: Benecke, Haustiere, 364f.
386 Vgl.: Fumihito et al., Fowls, 6793.
387 Vgl.: Dittrich/Dittrich, Tiersymbole, 216.
388 Vgl.: Benecke, Haustiere, 365.
389 Vgl.: Breasted, Records, 204, § 483.

denen behauptet wird, sie würden täglich gebären, können als Haushühner gelten, die bis dahin in Ägypten unbekannt waren[390].

Aufgrund von Knochenfunden lässt sich nachweisen, dass sich das Huhn auch im ägäischen Raum und von da aus kontinuierlich über das gesamte Mittelmeer verbreitete. Durch phönizische und griechische Expansion drang das Huhn bis auf die iberische Halbinsel und nach Mitteleuropa vor[391]. Diese weitreichende Verbreitung des Huhns hatte bereits in der Antike Auswirkungen auf sein Aussehen, so dass der Römer Columella verschiedene Rassen unterscheiden konnte[392]. Die römischen Eroberer brachten das Huhn bis auf die britischen Inseln[393] und im gesamten Mittelalter bis in die Frühe Neuzeit hindurch war das Huhn bekannt, wie Knochenfunde belegen[394].

War so das Huhn nahezu in ganz Europa angekommen, so muss auch an eine Verbreitung nach Osten hin gedacht werden. Wie weiter oben gezeigt, wurden über Asien auch Schweine und Hunde nach Polynesien gebracht. Selbiges gilt auch für das Huhn, dass dort schon heimisch war, bevor die Europäer kamen, auch wenn sie von diesem Umstand zunächst nichts ahnten, so dass sie auch Hühner dorthin brachten. Eine Handlung, die nicht nötig war, da diese bereits etabliert waren, wie vor allem linguistische Untersuchungen zur Etymologie zeigen, in denen sich herausstellte, dass mit der Besiedlung der pazifischen Inseln auch die Hühner mit auf die Inseln kamen[395]. Dennoch werden die Tiere in den Berichten kaum erwähnt. Den Grund dafür liefert Forster, wenn er schreibt, dass man auf Hühner traf, „die ersten, die welche uns die Einwohner zu Gesicht kommen ließen, indem sie solche bisher sorgfältig versteckt und nie hatten verkaufen wollen, unter dem Vorwande, daß sie dem *Ärih* oder König zu gehörten“[396].

Dieser Umstand des Versteckens sorgt in der Wiedergabe der Ereignisse für Verwirrung. Wenn die Tahitianer die Hühner vorher verbargen,

390 Vgl.: Benecke, Haustiere, 366.
391 Vgl.: Ebenda, 367.
392 Vgl.: Columella, De re rustica, VIII, 2, 4.
393 Vgl.: Lloyd, Species, 233.
394 Vgl.: Benecke, Haustiere, 370f.
395 Vgl.: Blench/MacDonald, Chickens, 496f.
396 Forster, Reise, 258, Hervorhebung im Original.

konnten die Seefahrer nicht wissen, dass es sie gab und sie auch nicht beschreiben. So fehlten die Hühner schlicht in den veröffentlichten Berichten, die, einmal auf dem Markt, natürlich auch von spanischen Seefahrern und anderen Verantwortlichen für Expeditionen gelesen wurden. In der Annahme, einen Teil zur Zivilisierung der Südseevölker beitragen zu wollen, nahmen sie so Geflügel auf ihre Reise mit und „[t]o some of [the Tahitians] were given [along with other animals] a cock and a hen [...]"[397].

Innerhalb der Forschung gibt es nun eine Kontroverse. Denn wenn Hühner in Polynesien bereits bekannt waren, besteht die Möglichkeit, dass von den Südseeinseln aus auch Südamerika erreicht werden konnte, was zur Einfuhr der Hühner dort geführt haben könnte, bevor die Europäer nach Amerika kamen. Dieser Umstand wird von Blench und MacDonald klar übersehen, wenn sie annehmen, dass man in Amerika keine Hühner kannte[398]. Aber bereits Crosby hat auf den frühen Import der Tiere nach Südamerika aufmerksam gemacht[399]. Tatsächlich steht seit 2007 fest, dass das Huhn bereits in präkolumbianischer Zeit in Amerika bekannt war. Eine Radiocarbonuntersuchung an Hühnerknochen, die in Chile gefunden wurden, belegte zunächst eine Einfuhr der Tiere im Zeitraum von 1321 bis 1407 und somit vor 1492[400], eine DNA-Analyse bestätigte die Vermutung, dass die Tiere ihren Ursprung in Polynesien hatten[401].

Die Bedeutung dieser Einfuhr ist jedoch strittig. Die Autoren der Untersuchung behaupten, dass bereits 1532 mit dem Eintreffen Pizarros im Reich der Inkas Hühner dort heimisch gewesen wären. Augenzeugenberichte aus den 1520er Jahren stellen zwar durchaus einige Tierarten fest, Hühner jedoch erwähnen sie nicht[402]. Das Nichtvorhandensein der Tiere würde dafür sprechen, dass die Einfuhr der Hühner in Chile im 14. Jahrhundert keinen Einfluss auf das restliche Amerika besaß. Die nicht belegte Behauptung von Storey et al., Pizarro hätte bereist Hühner gese-

397 Corney, Quest, Bd. 1, 309.
398 Vgl.:Blench/MacDonald, Chickens, 496-498.
399 Vgl.: Crosby, Exchange, 95f.
400 Vgl.: Storey et al., Chickens, 10336.
401 Vgl.: Ebenda, 10337.
402 Vgl.: Engl/Engl: Eroberung, 43.

hen, führt jedoch zu einer gegenteiligen Annahme. Crosby urteilte in dieser Auseinandersetzung ohne Kenntnis der Genuntersuchung bereits in den siebziger Jahren des vergangenen Jahrhunderts recht salomonisch, dass „there is no doubt that most of the chickens in America by 1600 were of European descent, plus a considerable number of guinea hens, of African origin“[403].

Was zur Frage der Hühner in Afrika führt. Bereits Hemmersan stellte im 17. Jahrhundert fest, dass man in Afrika „viel Hühner“[404] besäße. Der Import der Tiere in prähistorischer Zeit sorgte für eine Etablierung des Huhns, was enormen Einfluss auf die Landwirtschaft Afrikas hatte, wie der Bericht von Heinrich Lichtenstein zeigt, der in Bezug auf Hühner bei den Xhosa die Bemerkung treffen kann, dass man diese dort nicht antreffe, „obgleich die nördlicher wohnenden Kafferstämme eine kleine Art, ohne Kamm, die übrigens den unsrigen sehr ähnlich, halten“[405]. Er beschreibt auch die Haltung der Tiere an der ostafrikanischen Küste. Als er und seine Reisegesellschaft nämlich einen Ort zum Ruhen suchen, werden sie von einem Einheimischen eingeladen, dies in seiner Behausung zu tun. Auf die Frage, ob man Eier bekommen könnte, stellt er fest, dass „sich um das Haus herum einige Hühner zeigten. Weil die aber hier zu Lande nicht an Ställe gewöhnt sind und ihre Eier zerstreut im Felde umherlegen, so kostet es viel Suchen unserer ganzen Mannschaft, ehe ein Dutzend beisammen war“[406].

c. Sonnenbeschwörer und Eierlieferanten – Verwendung des Huhns

Hahn und Huhn wurden jedoch nicht bloß als Nutzvieh angesehen, sondern fanden auch Eingang in Religion und Kult. Das Krähen des Hahns bei Sonnenaufgang machte eine Verbindung zwischen Hahn und Sonne nur logisch. So verwundert es kaum, dass nicht bloß auf keramischen Darstellungen Hahn und Sonne gemeinsam gezeigt werden[407], sondern auch dass im Avesta des Zarathustra diese Verbindung dafür

403 Crosby, Exchange, 96.
404 Hemmersam, Reise 72.
405 Lichtenstein, Africa, Bd. 1, 447.
406 Ebenda, 54.
407 Vgl.: Benecke, Haustiere, 365.

sorgt, den Hahn als etwas durchweg Positives zu sehen[408].

Das Tradieren des Huhns in verschiedene Kulturen sorgte auch für eine Übernahme der Symbolik. Die Symbolik des Guten, die bei Zarathustra postuliert wurde, wurde beibehalten und modifiziert. Die Verbindung zur Sonne erklärte etwa den Hahn zum Attribut Apollos[409]. Da Apollo auch als Arzt galt[410], ist ebenfalls eine Identifizierung des Hahns mit der Gesundheit möglich. So wollte der griechische Philosoph Sokrates kurz vor seinem Tod noch unerledigte Dinge getan wissen, wozu ein Hahnenopfer an Apollo gehörte[411]. Diese Beibehaltung des Positiven zeigt sich sogar bis in die christliche Religion hinein, wenn der spätantike Theologe Prudentius Christus mit einem Hahn vergleicht[412].

Auch in den Volksgeschichten Europas bleibt diese Rolle bestehen, wie z. B. das Vorkommen von Huhn und Hahn in den oftmals aus Mittelalter und Früher Neuzeit überlieferten Märchen der Brüder Grimm belegt, in denen Hühner als Gebrauchsvieh oftmals gekauft, gebraten und verspeist werden[413]. Besonders sticht diese Rolle des Hahns im Märchen „Die drei Glückskinder“ ins Auge[414]. Innerhalb der bekannten Ausgangssituation, dass ein armer Vater im Sterben all seine Habe an seine drei Söhne vermacht, erhält der älteste Sohn einen Hahn und zudem mit seinen beiden Brüdern den Ratschlag, das Erbe zu Geld zu machen, indem man den Hahn dorthin trägt, wohin er unbekannt ist. So zieht der älteste Sohn aus,

---

408 Vgl.: Zoraster: Zend-Avesta, Bd. 3, 93.

409 Vgl..: Dittrich/Dittrich, Tiersymbole, 217.

410 Als Beleg dafür mag der hippokratische Eid dienen: „Ich schwöre, Apollon den Arzt und Asklepios und Hygieia und Panakeia und alle Götter und Göttinnen zu Zeugen anrufend, daß ich nach bestem Vermögen und Urteil diesen Eid und diese Verpflichtung erfüllen werde“ (zit. nach: http://www.laekh.de/aerzte/rund-ums-recht/publikationen-und-merkblaetter/aerzte_recht_publikationen_hippokratischer_eid.html, 2. April 2012).

411 Vgl.: Platon, Phaidon, 118a.

412 Vgl.: Prudentius: Cathemerinon Liber, Hymnus ad Galli Cantum.

413 So etwa in „ Das kluge Gretel“, (Grimm, Jakob/Grimm, Wilhelm: Kinder und Hausmärchen, Nr: 070), „Dornröschen“ (KHM 050), „Die zwei Brüder“ (KHM 060) oder auch „Daumerlings Wanderschaft“ (KHM 045), in dem die Fuchsproblematik erläutert wird.

414 Vgl.: KHM 070

allein

> „wo er aber hinkam, war der Hahn schon bekannt: in den Städten sah er ihn schon von weitem auf den Türmen sitzen und sich mit dem Wind umdrehen, in den Dörfern hörte er mehr als einen krähen, und niemand wollte sich über das Tier wundern“[415].

Die Logik des Titels des Märchen gebietet es, dass er schließlich doch noch einen Ort, eine abgelegene Insel, findet, wo er den Hahn los wird, für „etwa so viel, als ein Esel Gold trägt“[416]. Innerhalb des Märchens werden die besonderen Eigenschaften des Hahns noch einmal hervorgehoben, wenn es über den Hahn heißt er „ruft euch des Nachts dreimal zu bestimmter Zeit an, und wenns das letztemal ruft, so geht die Sonne bald auf. Wenns aber bei hellem Tag ruft, so richtet euch darauf ein, dann gibts gewiß anderes Wetter“[417]. Das Märchen folgt so dem weit verbreitetem Volksglauben, der den Hahn als Wetterorakel ebenso ansieht, wie als Vertreiber der Nachtdämonen durch sein fulminantes Geschrei bei Sonnenaufgang, beides Gründe, warum auf Kirchen oft ein Hahn zu sehen ist[418].

Die Tradition der Züchtung nach Farben differenzierte die Symbolik. Neben der positiven Lichtmetapher wurde der Hahn auch anders belegt. Einem schwarzen Hahn lastete man daher das genaue Gegenteil des weißen Hahns an, so dass dieser als Tier des Teufels galt. Der rote Hahn jedoch wurde zum Synonym für Feuer[419]. Ein solches Omen mag in einer Zeit, in der die Schiffe aus Holz gebaut wurden, dazu geführt haben, diese Tiere nicht zu verschiffen.

Auch in Afrika gibt es es Hinweise auf eine positive Symbolik des Hahns. So findet man unter der Katalognummer Af 970 in der Afrikaabteilung des Ethnologischen Museums der Universität Göttingen eine Bronzefigur[420]. Diese Figur, die aus Kamerun stammt, stellt einen Hahn

415 Ebenda.
416 Ebenda.
417 Ebenda.
418 Vgl.: Güntert, Hahn, 1330ff.
419 Vgl.: Güntert, Hahn, 1330.
420 Vgl.: Ethnologische Sammlung der Universität Göttingen, Hahn aus

da. Damit ist klar, dass dieses Tier in Afrika weit mehr als einen praktischen Nutzen hatte. So spielt das Huhn innerhalb der Religion des Vodun eine besondere Rolle, wo das Tier nicht bloß bei medizinischen Problemen zum Einsatz kommt[421], sondern Hahn und Henne eine gesonderte Bedeutung zugesprochen wird. Während die Henne als Vogel der Vorfahren gilt und in dieser Funktion Schaden vom Haus abwenden soll, symbolisiert der Hahn Lichtmetaphorik und Fruchtbarkeit[422].

Der Ursprung der Tiere in Asien sollte dafür sorgen, dass auch dort eine reiche Symbolik des Huhns vorhanden war. Tatsächlich aber findet man in den europäischen Reiseberichten kaum Spuren darauf. Einzig der wirtschaftliche Nutzen der Tiere als Nahrungslieferant fällt den Besuchern ins Auge. John Barrow weiß davon zu berichten, dass Hühner „ganz gebraten oder gekocht"[423] werden.

Auf diplomatischer Ebene wird das Tier zudem auch genutzt. So kann Barrow berichten, wie die Hofdiener des chinesischen Kaisers britische Diplomaten nicht nur in Empfang nahmen, sondern ihnen auch Geschenke zu kommen ließen, die die Frage aufwerfen, ob Barrow nicht übertreibt, wenn er von hunderten von Schafen und Ziegen erzählt und auch von „1000 Hühner"[424].

Die Verbreitung der Hühner, die nicht bloß in Süd- und Südostasien gehalten und gezüchtet wurden, macht Barrow an anderer Stelle deutlich, denn auch in anderen Teilen Asiens, etwa in Sibirien, finden sich Hühner. Bei den Tartaren des Aralsees kann er feststellen, dass diese recht wenig unterschiedliche Arten von Geflügel ihr Eigen nennen, denn „[v]on Federvieh halten sie bloß Hühner"[425].

Dennoch wurde dem Hahn eine gewisse Symbolik zu eigen, da er Teil des chinesischen Horoskops geworden ist. Menschen, die im Zeichen des Hahns geboren sind, sind demnach eitel, selbstbewusst bis hin zum Egoismus, sehr bestimmend und direkt[426]. Daraus lassen sich symboli-

---

Bronze, Bafut/Kamerun, Giene 1930, Af970.

421 Vgl.: Preston Blier, Vodun, 213.

422 Vgl.: Preston Blier, Vodun, 215.

423 Barrow, China, Bd. 1, 136.

424 Ebenda, 71.

425 Barrow, China, Bd. 2, 332.

426 Vgl.: Lau/Lau: Horoscope, 253f.

sche Eigenschaften des Hahns ableiten, die innerhalb des chinesischen Kulturkreises für das Tier gelten – jenseits seines bloßen wirtschaftlichen Nutzens.

7. Die Biene – Ein domestiziertes Insekt?

Es war in erster Linie der Honig, der *Apis mellifera* für den Menschen interessant machte, wenn ihre Aufgabe innerhalb ökologischer Systeme auch eher mit der Befruchtung der Pflanzen einhergeht. Dieses Wissen über die Funktion des Bestäubens wurde aber erst im 19. Jahrhundert erlangt[427]. Dass man um die Süße des Honigs wusste, ist durch Bilder schon für die Zeit des 8. Jahrtausends vor Christus belegt, ist aber wohl noch älter[428]. Die ältesten paläontologischen Funde machen eine weltweite Verbreitung der Biene seit dem Maastrichtium (vor 70 – 65 Mio. Jahren) wahrscheinlich[429], eine Verbreitung die sich auch noch zu späteren Zeiten deutlich zeigt, da auf allen Kontinenten Bienen und dazu gehörige Fangmethoden für deren Wildhonig existierten[430]. Diesen Fangmethoden ist vor allem gemein, dass sie nicht ohne die Zerstörung des Bienenstocks auskommen, so dass der Grund für eine Domestizierung der Bienen vor allem darin gesucht werden kann, dass der Mensch die Suche nach neuem Honig vermeiden wollte[431].

a. Honig – eine alte Tradition

Die ältesten Zeugnisse der Haltung von Bienen sind die Darstellungen eines bereits existierenden Gewerbes aus Ägypten um die Zeit von 2400 v. Chr.[432]. Die Inschrift einer assyrischen Stele, die nach neueren Untersuchungen aus der Zeit um 760 v. Chr. stammt, weist auf die Einfuhr von Bienen hin, wenn der Gouverneur von Saha und Mari schreiben lässt, dass er „aus den Bergen von den Leuten von Khabkha in das Land [Saha] die Bienen gebracht“ hat, „die seit den Tagen meiner Vorfahren nie-

427 Vgl.: Benecke, Haustiere, 415.
428 Vgl.: Benecke, Haustiere, 416.
429 Vgl.: Michez et al., bee 702.
430 Vgl.: Benecke, Haustiere, 416.
431 Vgl.: Ebenda.
432 Vgl.: Ebenda, 418.

mand gesehen hat"[433]. Damit ist klar, dass in Mesopotamien erst relativ spät mit der Bienenhaltung begonnen wurde und sie sich mit großer Wahrscheinlichkeit von Ägypten aus dorthin verbreitete. So verwundert es nicht, dass die Region des heutigen Syriens und Israels auch schon eine Bienenzucht kannte und Kreta auf eine langlebige Bienenzucht zurück blicken kann.

Über diese Zwischenstation kam die Bienenzucht nach Griechenland und wurde von dort aus nach Rom gebracht[434]. Ausführlich berichtet etwa Varro von der Bienenzucht und lässt dabei eine wirkliche Spezialisierung derselben im römischen Reich erkennen[435]. Dennoch waren es nicht die Römer, die die Bienenzucht nach Mitteleuropa brachten. Archäologische Funde lassen darauf schließen, dass bereits im zweiten Jahrtausend v. Chr. Bienen bei den Germanen gehalten wurden, so dass man hier auf eine eigenständige Entwicklung einer Kultur schließen kann[436].

b. Bienen summen überall

Anders als in Europa, kann man in Asien auf ganz viele verschiedene Bienenarten zurückgreifen, die allesamt Honig produzieren, der etwa für das Volk der Wedda in Sri Lanka als Grundnahrung dient[437]. Auch in Amerika existierten bereits vor der Ankunft der Europäer Bienen, die keinen Stachel besaßen, so dass die Entnahme von Honig relativ ungefährlich war. Der Franzsikaner de Landa berichtet etwa über die Bienen Yucatans im 16. Jahrhundert:

> „Es gibt zwei Arten von Bienen, und beide sind weitaus kleiner als die spanischen. Die größere Art hält man in Bienenstöcken, die einen sehr geringen Umfang haben; diese Bienen bauen keine Waben wie die unsrigen, sondern stellen gewisse kleine, Nußschalen gleichende Blasen aus Wachs her, die alle zusammen liegen und mit Honig gefüllt sind. Wenn die Indios einen Bienenstock ausnehmen wol-

433 Zit. nach: Zeuner, Haustiere, 412, zur Neudatierung der Stele vgl.: Dalley,Mari and Karana, 203.

434 Vgl. Zeuner, Haustiere, 413f.

435 Vgl.: Varro, rustica, III, 16.

436 Vgl.: Benecke, Haustiere, 420f.

437 Vgl.: Berenbaum, May R.: Insekt, 118f.

> len, öffnen sie ihn lediglich und bringen diese Bläschen mit einem kleinen Stock zum Platzen, und so läuft der Honig heraus; das Wachs entnehmen sie, wann sie es für angebracht halten. Die übrigen Bienen werden von ihnen in den Wäldern, in ausgehöhlten Bäumen und Felsen, gehalten, und dort holen sie das Wachs heraus, das ebenso wie der Honig in diesem Land sehr reichlich vorkommt; der Honig ist sehr gut, allerdings etwas verwässert, da die Weidegründe der Bienen sehr fruchtbar sind, und es macht sich erforderlich, ihn am Feuer aufzukochen; danach ist er sehr gut und ganz hart. Das Wachs ist gut, jedoch sehr trübe, und niemals konnte man die Ursache dafür finden; in einigen Provinzen ist es wegen der Blüten sehr viel gelber. Diese Bienen stechen nicht und tun auch (nichts), wenn man sie schlecht zeidelt"[438].

Auch in Nordamerika waren Bienen nichts Unbekanntes. So erzählt James King Ende des 18. Jahrhunderts, dass es im Nootka Sound in British Columbia „a different sort of flies, the large Bee & Butterfly"[439] gebe, doch weder scheinen diese weit verbreitet noch in irgendeiner Art kultiviert zu sein. Wie auch in Süd- und Mittelamerika wurde der Honig gerne gegessen, doch eine Möglichkeit, dabei nicht das Nest zu zerstören, hatte sich nicht entwickelt.

Spuren von Bienen finden sich auch in anderen Reiseberichten. Für Afrika kann für das Mittelalter durch den arabischen Reisenden Ibn Battuta bemerkt werden, dass es in der näheren Umgebung von Timbuktu Bäume gibt, in denen viele Bienen leben, denn „[v]oller Honig sind sie, von dem die Vorbeikommenden sich etwas nehmen können"[440]. Ähnliches kann 150 Jahre später Vasco da Gama beobachten, als auf dessen erster Reise von einem Augenzeugen festgehalten wurde: „Einen Tag nachdem wir Anker geworfen hatten […] gingen wir mit dem Kommandanten an Land und fingen einen der Eingeborenen […]. Er hatte in der

438 Landa, Yucatán, 194.
439 Beaglehole, 3rd Voyage, Bd. 2, 1404.
440 Ibn Battuta, Reisen, 174.

Heide Honig gesammelt, weil in diesem Lande die Bienen den Honig unten in den Büschen bereiten"[441]. Für das Kap lässt sich ein solches Verhalten noch im frühen 18. Jahrhundert feststellen. François Valentijn, schreibt in seiner „Oud en Nieuw Oost-Indiën" über das Hinterland des Kaps der Guten Hoffung, dass „[a]ls men nu een dagreize verder gaat, komt men by den Honigberg, zoo na den overvloed van honig, hier vallende, genaamt, die de ingezetenen door de Hottentots"[442]. Damit wird deutlich, dass die Biene in Afrika kein domestiziertes, sondern ein wildes Tier war.

Das Vorhandensein von Bienen in Australien ist durch zahlreiche Abbildungen belegt. Eva Crane probiert zudem noch einen schriftlichen Hinweis bei Abel Tasman vorzuzeigen, der diese Abbildungen untermauert. Dieser Versuch muss scheitern, weil ihr der Blick in die Quelle verstellt blieb. Abel Tasmans Männer entdecken 1642 merkwürdige Stufen in den Bäumen der Insel im Süden Australiens:

> „[D]en stuerman Maior ende d'onderstuerman vande Zeehaen rapporteerden t gunt volcht, Namentl[k] [...] Dat 2 boomen gesien hebben ontrent 2 a 2 ½ vadem dik 60 a 65 voeten onder de Tacken hoogh, in welcke boomen met vuersteenen gehouwen ende de bast affgeschilt was (omme daer bij op te climmen ende de vogelnesten te verlacken) in forme van Trappen Ider wel gemeten 5 voeten vanden ander staende Zulcx dat sij heden prezumeerden, alhier Zeer groote menschen te wesen off dat die Zelve door eenige practijcque op geseijde boomen moeten weten te dimmen, in d'eene boom scheenen deze gecorven Trappen Zoo versch ende groen, als offet geen vier dagen verleden, dat t Zelve gehouwen was"[443].

Während Crane probiert, diese Stufen für das Erreichen von Bienennestern zu vereinnahmen[444], geht aus der Quelle eindeutig hervor, dass man

441 Giertz, da Gama, 38.
442 Valentijn, Oost-Indiën, Bd. 5, 37.
443 Nijhoff, Reizen, 32.
444 Vgl. Crane, Bee, 88.

Vogelnester entdeckt hat, die es zu erreichen galt. Die stachellosen Bienen Australiens waren den ersten Siedlern keine Erwähnung wert, wenn man von der Beschreibung des Bee-Eaters absieht[445]. Erst mit dem Jahr 1822, kommt es zur Einfuhr der Tiere nach Australien[446].

c. Bestäuben von Pflanzen und Produkte harter Arbeit

Die Biene ist in der Kultur Europas fest verwurzelt. So wurde sie als durchweg rein angesehen und ihr wurden prophetische Fähigkeiten nachgesagt[447]. Entsprechend ist ein Fortziehen der Tiere nicht erwünscht, so dass neben Bienensegen[448] sich auch rechtliche Bestimmungen eingehend mit dem Besitzrecht der Tiere beschäftigen[449].

Obwohl sich im Mittelalter bereits der Berufsstand des Imkers herausbildete, wurden die Tiere im Prinzip nur genutzt, ein wirkliches Eingreifen in ihre Natur, durch Zucht, Prävention von Krankheiten oder Ertragssteigerung waren weder im Mittelalter noch in der Frühen Neuzeit üblich oder gar möglich. Das änderte sich erst Mitte des 19. Jahrhunderts[450]. Erst ab diesem Zeitpunkt kam es auch tatsächlich zu einer weitreichenden Einfuhr von Bienen in die Welt außerhalb Europas[451]. Auf Bienen wurden die europäischen Reisenden jedoch schon vorher aufmerksam und schrieben dabei oftmals detailliert auf, wie Bienen und ihre Produkte genutzt wurden.

Anders als in Europa haben Bienen in Asien und auch bei den indigenen Völkern Amerikas einen medizinischen Nutzen. So berichtet John Barrow davon, dass die Chinesen „auch etliche Arzenyen aus dem thierischen und mineralischen Reiche […] [bereiten]“ und „der Meloekäfer und die Biene [...] für Blasen gebraucht [werden]“[452]. Ähnliches wissen auch die spanischen Missionare in Südamerika zu berichten. Der medizinischen Gebrauch von Honig ist dort recht häufig, der in verschiedenen

445 Vgl. Phillip, Voyage, 212.
446 Vgl.: Crane, Bee, 97.
447 Vgl.: Hoffmann-Kreyer, Biene, 1231ff.
448 Vgl.: Der Lorscher Bienensegen, in: Paefgen/Geist, Echtermeyer, 46f.
449 Vgl.: Höfinghoff, Hans: Haustier, 252.
450 Vgl.: Benecke, Haustiere, 423.
451 Vgl.: Crane, Bee, 354f.
452 Barrow, China, Bd. 1, 344.

Verbindungen mit einheimischen Pflanzen sowohl gegen Gelbsucht, Wassersucht und Gallensteine helfen kann[453].

Für die Region Yucatan kann der Bericht William Dampiers dies belegen, der über die Cacaowalks dort schreiben kann, dass „some employ themselves to search in the Woods for Bees that build in hollow Trees; and get a good livlihood by the Honey and Wax. […] the Indians keep of [the Bees] tame, and cut hollow Trunks for them to make their Combs in“[454].

Lery berichtet über die Tupinamba Brasiliens, die nicht nur Bienenwachs benutzten, „um die großen Holzbehälter abzudichten, in denen sie ihren Federschmuck aufbewahren, um ihn gegen eine gewisse Falterart zu schützen, die ihn sonst völlig verderben würde“[455], sondern auch den süßen Geschmack des Honigs schätzen[456].

Während in Yucatan und Brasilien der Honig in Bäumen zu finden ist, berichtet Bernabé Cobo aus Peru, dass „abejas que labran miel en huecos da árobes y debajo de tierra“[457], eine Tatsache, die auch José de Acosta bestätigt, sie allerdings auf ein größeres Gebiet ausdehnt: „Las abejas son tan chiquitas como moscas, y enjambran debajo de la tierra […] como la provincia de Tucuman, y en Chile, y en Cartagena“[458]. Hier also kann man den Honig auch aus dem Boden gewinnen.

8. Hoch zu Roß – Kavallerie und soziales Prestige

Die Entwicklungsgeschichte des Pferdes gehört innerhalb der Evolutionsbiologie zu den am besten dokumentierten aller Säugetiere. Ihren Ursprung nahm diese Entwicklung in Amerika vor 58 Millionen Jahren, wie paläontologische Funde belegen[459]. In Koevolution mit den Hundeartigen fand eine Wanderbewegung statt[460], die andere Urformen des Pferdes über die Beringstraße nach Asien trieb, von wo aus die Verbrei-

---

453 Vgl.: Mateos, Cobo, Bd. I , 359f.; 389f; 414.
454 Dampier, Voyages, Bd. 2, 112.
455 Lery, Menschenfresser, 220.
456 Vgl.: Ebenda.
457 Mateos, Cobo, Bd. I , 144.
458 Acosta, Historia, Bd. 1, 423.
459 Vgl.: MacFadden, Horses, 304.
460 Vgl.: Wang/Tedford, Dogs, 18-23.

tung nach Europa und Afrika ihren Anfang nahm. Dort schließlich kamen die Vorläufer der heutigen Arten vor 10 – 15 Millionen Jahren an. Erst danach drangen sie nach Südamerika vor. Innerhalb dieser Epoche des Miozäns starben viele Mitglieder der Familie aus und einzig Dinohippos blieb, aus dem sich die heutigen Mitglieder der Familie entwickelten[461].

a. Zum Reiten gemacht?

Abgesehen vom australischen Kontinent entwickelten sich Pferde überall auf der Welt. Jedoch starben die Pferde aus bisher unbekannten Gründen vor etwa 10.000 Jahren auf dem amerikanischen Kontinent aus, so dass es lediglich in der Alten Welt zur Begegnung von Mensch mit dem Pferd, dem Esel und dem Zebra kam. Für die Art des Wildpferdes führte dieser Kontakt im Gebiet des Don und des Dnjepr zur Domestizierung vor etwa 7000 Jahren[462]. Von diesem zentralen Ort aus verbreitete sich das Hauspferd nach Asien, in den Nahen Osten und auch nach Europa.

Afrika jedoch ist eher für zwei andere Arten der Familie der *Equidae* bekannt. So war der Afrikanische Esel ein Erfolgsmodell, das sich im gesamten Maghreb bis in den Nahen Osten wiederfand. Seine Domestizierung fand im Fruchtbaren Halbmond vor 6000 Jahren statt, in Nordafrika ist sie vor 4000 Jahren belegt. Sein Nutzen als Reit- und Tragetier sorgte für eine Verbreitung im gesamten Mittelmeerraum und später auch im restlichen Europa.

Die zweiten Mitglieder der Familie in Afrika, die Zebras, sind die einzigen, die sich den südlichen Teil des afrikanischen Kontinents zu eigen machten. Warum es einzige diese Art war, die dazu im Stande war, war lange Zeit ein Rätsel, das zunächst damit erklärt wurde, dass sich aus evolutionärer Sicht die Streifen des Zebras als besonders nützlich gegen Prädatoren erwiesen hätten, so dass sich besonders die gestreiften Urformen des Pferdes durchsetzen konnten. Bereits Anfang der 1980er Jahre machte jedoch Jeffrey Waage darauf aufmerksam, dass dies nicht der Grund sein könne. Er wies durch ein Experiment nach, dass die Streifen

461 Vgl.: Nowak, Walker's Bd. II, 1306.

462 Vgl.: Benecke, Haustiere, 292.

nicht das Großwild, sondern vielmehr die Tsetsefliege abschreckten[463]. Da diese die auch für Pferde tödliche Krankheit der Malaria überträgt, überlebten letztlich nur die gestreiften Exemplare, aus denen sich schlussendlich die Art der Zebras entwickelte. Im Gegensatz zu ihren Verwandten im Norden, fand eine – zumindest dauerhafte – Domestizierung dieser Tiere nicht statt.

Anders sieht dies in Europa und Asien aus. Ursprünglich mit großer Wahrscheinlichkeit zum Zweck des Fleischerwerbs domestiziert, fand *Equus ferus caballus* überaus schnell eine Funktion, die es bis ins 20. Jahrhundert inne haben sollte. Die natürlichen Eigenschaft des Wildpferdes, vor Angreifern mit einer für den Menschen kaum fassbaren Geschwindigkeit die Flucht zu ergreifen in Verbindung mit seiner ungeheuerlichen Kraft muss schnell zu der Einsicht geführt haben, dass der bloße Fleischverzehr diesem Tier nicht gerecht wurde, zumal andere Tiere diese Funktion weitaus besser erfüllten.

Anzeichen dafür, dass das Pferd recht früh schon als Reittier genutzt wurde, finden sich bereits in Knochenfunden des vierten vorchristlichen Jahrtausends. Es nimmt nicht wunder, dass es die Steppen Osteuropas sind, in denen diese Funde gemacht wurden, nahm von dort aus doch im selben Zeitraum die Domestizierung des Pferdes ihren Lauf und verbreitete sich sowohl nach Europa als auch in den Nahen und Fernen Osten. Waren diese ersten Reitversuche des Menschen vornehmlich ziviler Natur, kommt dem Pferd erst dann eine größere – auch dargestellte – Bedeutung zu, wenn es für den kriegerischen Gebrauch eingesetzt wird. Hethitische Inschriften des 17. Jahrhunderts v. Chr. erzählen von der Belagerung der Stadt Salatiwara durch König Anitta. Während der Schlacht wurde die Stadt ausgebrannt und aus ihr vierzig von Pferden gezogene Kampfwagen herausgebracht. Diese Episode frühster Geschichte belegt, dass bereits im zweiten Jahrtausend v. Chr. das Pferd als Kriegsinstrument eingesetzt wurde.

Diese hethische Spezialität der Kriegsführung blieb auch im Zweistromland nicht unbemerkt. Die überlieferten Abbildungen zeugen dabei durchaus von einem Zuchtprogramm, dass über die Jahrhunderte dafür sorgte, dass das ursprüngliche schmale und somit schnelle Pferd einem

463 Waage, Zebra, 351 – 358, Egri et al., zebra 736-745.

stärkeren weichen musste. Ein solches Pferd findet sich etwa im Gespann des Assurbanipal im Palast von Ninive. Der Weg des Pferdes über den Sinai ist umstritten. Ab der 18. Dynastie (1550 - 1292 v. Chr.) zeigen sich vermehrt Streitwagen, die die Effizienz von Pferd, Wagen und Lenker unter Beweis stellen. Während zahlreiche ägyptische Pharaonen sich als Wagenlenker darstellen lassen, ist das Reiten auf einem Pferd nur selten zu finden.

Diese reale Nutzung des Pferdes führte innerhalb der beschriebenen Kulturen nicht gleich zu einer Symbolisierung des Pferdes mit dem Krieg. Diese Aufgabe erfüllten vor allem Völker, die Opfer dieser kriegerischen Politik im Nahen Osten wurden. Kaum anderes lassen sich sonst die Worte des alttestamentalischen Propheten Hiob verstehen, der über das Pferd schrieb (Hiob 39, 19- 25):

> „Gibst Du dem Pferd die Stärke, legst Du ihm die Mähne an? Machst Du es springend wie Heuschreckenart der Aribä, sein prächtiges Schnauben ist schrecklich. Es scharrt in der tiefen Ebene und es freut sich seiner Kraft, es zieht aus, den Rüstungen entgegen. Es verlacht die Furcht, erschreckt nicht und wendet sich nicht wegen des Schwertes. Über ihm klirren sie, der Köcher, der blitzende Speer und der Wurfspieß. Mit Ungestüm und Zorn streift es die Erde und ist nicht unsicher, wenn die Trompete laut ertönt. So oft die Trompete ruft, sagt es: Siehe da! Aus der Ferne wittert es die Schlacht, die donnernden Stimmen der Feldherren und das Kriegsgeschrei“[464].

Die hier dargestellten kriegerisch-negativen Attribute des Pferdes sind vor allem darauf zurück zu führen, dass die Hebräer immer wieder von den Heeren der Ägypter und der Völker Mesopotamiens angegriffen wurden[465]. Wäre dieser Umstand nicht, kaum gäbe es die aggressive Kriegsassoziation. Damit ist die Rolle und die mit ihr einhergehenden Symbolik festgelegt und führt zu einer weiteren Bedeutung für die Gesellschaften Europas, die dem Pferd angedacht wurde.

464 Hiob, 39, 19-25, übers. von H.S.

465 Vgl.: Schroer, Tiere, 61f.

b. Für den Krieg und für den Status – Die Pferdetradition Europas

Bevor das Pferd in Ägypten eingeführt wurde, war es bereits im 3. Jahrtausend v. Chr. auf dem Balkan angekommen. Kaum später setzte die Domestizierung ein. Während man für die alten Hochkulturen Ägyptens und Mesopotamiens nur indirekt auf eine entwickelte Pferdezucht schließen kann, ist sie für das antike Griechenland der nachklassischen Zeit durch zwei Werke des Polyhistors Xenophon eindeutig festzustellen: *Περὶ ἱππικῆς* (Über die Reitkunst) und *Ἱππαρχικὸς* (Der Reiterführer).

Xenophons Einlassungen zum Pferd zeugen davon, wie ausgeprägt der Umgang mit dem Pferd im antiken Hellas gewesen sein muss. So kann er ausführliche Anweisungen geben, etwa darauf, dass beim Kauf eines Fohlens auf die Schienbeine zu achten sei, wenn man die spätere Größe des Pferdes wissen will oder dass der Blick ins Pferdemaul darauf abzielen sollte, Milchzähne auszumachen. Fehlen diese, tauge das Pferd wenig. Xenophon differenziert zwischen den verschiedenen Gangarten des Pferdes und legt Wert darauf, Reiten im Gelände vom Reiten auf dem Reitplatz zu unterscheiden. Dabei kommt eine große Präzision zum Vorschein, die allerdings den bisherigen Befund des Kriegseinsatzes des Pferdes nicht negiert. Auch bei Xenophon dient die Ausbildung dazu, das Pferd für den Kriegseinsatz zu rüsten.

Vielleicht mag es daran gelegen haben, dass Makedonien zu nahe am Land der Skythen lag, die für ihre exzellenten Reitkünste innerhalb der Antike berühmt und berüchtigt waren, dass Alexander der Große innerhalb der Geschichte der Pferde eine so besondere Rolle spielte. Sein Pferd trug den Namen Bukephalos (Rinderkopf). Dieses Pferd glänzte durch Heldenmut und Loyalität zu seinem Reiter. Alexander dankte es ihm auf kaum vorstellbare Weise, als bei der Schlacht am Hydaspes fiel. Nicht nur errichtete der Makedone ein Grab, auch eine Stadt benannte er nach ihm, das heutige Jhelam in Pakistan. Diese Geste Alexanders fügte der Kriegsmetapher noch die des Edelmuts hinzu.

In einer materialistischen Gesellschaft wie der römischen, in der eine politische Karriere nur dann erfolgreich verlaufen konnte, wenn man auch eine Offizierslaufbahn hinter sich gebracht hatte, musste das wichtigste Kriegsgerät der antiken Welt zwangsläufig eine Glorifizierung erfahren.

Am eindringlichsten zeigt sich diese in den Worten des älteren Plinius:

> „Als einem Pferd die Scheuklappen von den Augen genommen wurden und es erkannte, daß er sich mit seiner Mutter begattet hatte, soll es an einen Abgrund gelaufen sein und sich zu Tode gestürzt haben. [...] Ihre Gelehrigkeit ist groß [...]. Sie fühlen eine Schlacht voraus und betrauern den Verlust ihrer Herren; zuweilen vergießen sie sogar Tränen. [...] Sie heben sogar Geschosse vom Boden auf und reichen sie dem Reiter. Im Zirkus an den Wagen gespannt, bekunden sie zweifellos ihr Empfinden für Lob und Ruhm. [...]“[466].

Diese Auszüge reichen, um die Bedeutung des Pferdes für den Römer zu verdeutlichen. Das Pferd ist ihm durch die gemeinsame Kampferfahrung so nahe, dass es dem Menschen gleich kommt, in seinem Benehmen ihn sogar teilweise übertrifft. Eventuell war auch das der Beweggrund für Kaiser Caligula sein Pferd in seinem Wahn zum Senator zu machen.

Klar erkennen lässt sich die Stellung des Pferdes im Imperium Romanum auch in der Struktur der Gesellschaft. Das Pferd, das auf Lateinisch *equus* heißt, gab einem ganzen Stand seinen Namen, den *Equites*. Sicher war der Stand des römischen Ritters nicht der edelste, aber der bedeutendste war er durchaus. Der römische Ritter war wichtig für die Wirtschaft und Träger des gesellschaftlichen Konsens, stets bestrebt, aufzusteigen und das nicht nur buchstäblich aufs Pferd, sondern auch innerhalb der Gesellschaft.

Wenn man sich diese gesamte Geschichte der mediterranen-nahöstlichen Pferdehaltung vor Augen führt, dann ist verständlich, warum Papst Gregor III. im Jahre 732 den Verzehr von Pferdefleisch verbieten ließ. Der Papst wusste um diese Tradition des Pferdes. Gregors Verbot richtete sich auch nicht an die Römer. Diese aßen keine Pferde, so weiß uns der römische Culinar Apicus jedenfalls nichts darüber zu berichten. Das Verbot galt in erster Linie anderen, nordischen Barbaren, die – aus römischer Sicht – weder den rechten Glauben noch die aller einfachsten Umgangsformen besaßen.

---

466 Naturalis historia 8, LXIV, 156 – LXV, 159.

Im Zuge der Christianisierung Europas war nun die Möglichkeit gegeben, das Verbot des Verzehrs von Pferdefleisch durchzusetzen. Allein in Island bestand man auf dem Beibehalten dieser Tradition, denn dort wollte im Jahre 1000 das Allthing den christlichen Glauben nur dann annehmen, wenn die Erlaubnis zum Verzehr des Pferdefleisches gegeben wurde[467].

Warum aber aß man in den nordischen Gebieten Europas überhaupt Pferdefleisch? Der ursprüngliche Anlass für die Domestizierung des Pferdes lag, wie bereits erwähnt, in erster Linie im Fleischerwerb. Auf diesen konnte man im Raum des Mittelmeers, in dem schon vor dem Pferd große und kleine Tiere zum gleichen Nutzen domestiziert worden waren, verzichten. Im Norden behielt man ihn bei. Dennoch waren die Germanen begeisterte Reiter, denen die Bedeutung des Pferdes für das Kriegsgeschäft absolut bewusst war. Dass dabei zwischen Pferden Unterschiede gemacht wurden, so dass die besten und schnellsten den Anführern zur Verfügung standen, ist am Beispiel des Pferdes Sleipnir des Allvaters Odin ersichtlich. Dieses Pferd, dessen Name selber erst seit dem 10. Jahrhundert belegt ist, galt als das schnellste Tier der Welt, das in der Lage war, ob seiner hohen Geschwindigkeit über Wasser zu laufen. Wenn auch der Name erst später überliefert ist, so ist Odin selber oftmals als Reiter abgebildet. Die bekannteste Darstellung dabei ist sicherlich die aus dem 8. Jahrhundert stammende in Gotland gefundenen Abbildung Odins, die ihn auf einem achtbeinigen Pferd zeigt. In der Literatur führte diese Abbildung zur späteren Behauptung Sleipnir besäße acht Beine. Nicht ausgeschlossen werden kann hier jedoch nicht, dass die Vielzahl der Beine eben eine Visualisierung der Schnelligkeit des Pferdes ist.

Schnelle Pferde waren für die Germanen wichtig, waren es doch diese, die ihnen zum Sieg verhalfen. Daher wurden gute Pferde, die sich verletzt hatten, auch nicht geschlachtet oder geopfert. Zunächst wurde probiert dem Tier zu helfen. Dabei kamen neben der tatsächlich medizinischen Behandlung auch Zauber- und Segenssprüche zum Einsatz. Der wohl bekannteste unter diesen ist der in althochdeutscher Sprache überlieferte *Zweite Merseburger Zauberspruch*:

---

467 Vgl.:Íslendingabók, 59.

„Phol und Wuodan ritten in den Wald.
Da hat sich das Balder-Fohlen den Fuß verrenkt.
Da besprach ihn Sinthgut und Sunna, ihre Schwester,
da besprach ihn Frija und Volla, ihre Schwester,
da besprach ihn Wuodan, der es wohl verstand:
Wie Knochenverrenkung, so Blutverrenkung,
so Gliederverrenkung;
Knochen zu Knochen, Blut zu Blut,
Glied zu Glied, wie geleimt sollen sie sein!“

Auffällig hieran ist die Menge an Göttern, die angerufen wird, um ein Pferd zu heilen, von denen aber nur der Göttervater selber in der Lage ist, dieses zu schaffen. Die Heilung eines Pferdes ist, so kann man den Spruch zugespitzt deuten, Chefsache, nichts, das lediglich von einer untergeordneten Gottheit erledigt werden kann.

Vom Orient der Frühgeschichte über die mediterrane Kultur der Antike bis hin zum Kult der nordischen Völker zeigt sich beim Pferd eine ungebrochenen lediglich um Züge erweiterte Symbolik, die es zunächst als Kriegsinstrument und dann als edlen Kriegsgefährten zeigen. So ist es nicht verwunderlich, dass auch in der höfischen Kultur des Mittelalters diese Ikonographie erhalten bleibt. Nicht nur übernahmen in den deutschsprachigen Landen die Adeligen die Bezeichnung *Equites* und übersetzen sie zu *Ritter*, auch das Motiv des Edelmuts wird weiterhin verwendet. Wenn auch die mittelalterlichen Ritter ihre Pferde oftmals solange ritten, bis diese zu Grunde gingen, so offenbart sich in der Literatur des Hochmittelalters durchaus noch ein Begriff dieser Symbolik. Bewußt wird dies besonders im Epos *Erec* Hartmanns von Aue, als das Pferd Enides beschrieben wird[468]:

468 Hartman, Erec, V. 7340-7354.

„Es war vollkommen:
weder zu niedrig noch zu hoch,
weder zu kurz noch zu lang,
weder zu stark noch zu schwach.
Seinen schmalen Kopf trug es,
wie es sich gehört, ganz aufrecht,
mit steif aufgestellten, kleinen Ohren,
eins schwarz, das andere weiß;
um das schwarze lief ein weißer Ring
und ein schwarzer um das weiße;
sein Hals war stark und gereckt,
harmonisch gekrümmt
und schmal, wo er in den Kopf überging;
allenthalben war es so beschaffen,
daß es euch eine Freude wäre“.

Wer um die Eigenheit der mittelalterlichen Literatur weiß, mit äußeren Beschreibungen auch das innere Wesen zu bestimmen, der kann bereits auf den hier angespielten edlen Charakter des Pferdes schließen. Das macht aber auch ein Erlass König Alfons X. von Spanien aus dem Jahr 1248 deutlich, der es verbot, dass Edelmänner auf Maultieren reiten durften. Einzig Frauen und Klerikern war diese Fortbewegung noch erlaubt[469]. Zwar war dieses Edikt vor allem gegen den arabischen Einfluss gerichtet, so dass das Maultier zwischen Spaniern und Arabern differenzierte, zeigte aber eben auch, wie sehr mit dem Pferd der Stand des Reiters verbunden wurde.

Das Changieren zwischen Krieg und Edelmut macht auch im Mittelalter die Symbolik des Pferdes aus. Ergab sich dieser aus jenem, so beginnt mit dem Bedeutungswandel des Edelmuts in der Frühen Neuzeit auch ein Wandel in der Symbolik des Pferdes. Zwar stehen Edelmut und Krieg noch immer dicht beieinander, doch auch das Gegenteil des Krieges kann nun als edel gelten. Diese Auswirkungen auf das Pferd hat Jonathan Swift beschrieben, als er seinen Reisenden Gulliver ins Land der Houyhnhnms schickt, einer Gesellschaft von sprechenden Pferden, deren „hauptsächlichste Tugenden Freundschaft und Wohlwollen“ sind. Darüber hinaus sind sie die rationalste Gesellschaft, der man habhaft werden könnte[470].

469 Vgl.: Grzimek, Pferdehengst.
470 Vgl.: Swift, Reisen, 353.

Darüber hinaus wäre es fahrlässig zu vergessen, dass das Pferd auch als Arbeitstier für zivile Unternehmungen Verwendung fand. Neben seinem Einsatz als Reittier, der ihm und seinem Reiter Prestige einbrachte, wurde es vor allem seit dem frühen Mittelalter als Zugtier eingesetzt, was im 19. Jahrhundert zur vermehrten Verbreitung der Kaltblüter führte, die ausschließlich in Europa eingesetzt wurden[471].

c. Von schlechter Qualität? – Die Pferde Asiens

Das zentrale Gebiet des Don und Dnjepr, von dem aus die Domestizierung des Pferdes ihren Lauf nahm, sorgte nicht nur für eine Verbreitung der Kulturtechnik der Zucht nach Europa und Arabien, sondern auch durch die Steppenlandschaften des Nahen Ostens bis nach Indien, China und sogar Japan. Wie auch in Europa etablierte sich das Pferd in Asien in erster Linie als Träger einer Kriegskultur, da die Reiterei als unverzichtbare Waffe in Schlachten galt. Dennoch wird in den Reiseberichten darauf hingewiesen, dass asiatische Pferde egal ob in Indien, China oder Japan eine durchweg schlechte Qualität besitzen. Auch findet eine Pferdezucht bei den europäischen Reisenden keine Erwähnung. Vielmehr scheint es so, als ob alle Pferde Indiens bzw. ganz Asiens aus Arabien importiert wurden. Die Pferde dort waren das Ergebnis eines Zuchtprogramms, das scheinbar bereits in der Antike begonnen hatte, aber erst mit der Islamisierung Arabiens wirklich an Fahrt aufnahm[472]. Das dort gezüchtete arabische Vollblut war von solch überragender Qualität, dass bereits im 12. Jahrhundert vom arabischen Pferdehandel in chinesischen Quellen gesprochen wird[473]. Mit Beginn der europäischen Expansion begannen jedoch auch Europäer in diesen Handel einzugreifen. So beschreibt Pinto in seinem Reisebericht, dass er sich von Ormus aus bereits Ende der dreißiger Jahre des 16. Jahrhunderts nach Goa aufmachte, in dem er auf dem Schiff anheuerte, „auf dem [...] eine Ladung Pferde nach Goa“[474] gebracht wurde. Dabei griffen die Portugiesen auf die älteren maritimen Handelswege zurück, die bereits während des europäischen

---

471 Vgl.: Benecke, Haustiere, 308 u. 310.
472 Vgl. Oeser, Pferd, 86.
473 Ptak, Pferde, 205.
474 Pinto, Reisen, 50.

Mittelalters von China aus über Indien bis zum Persischen Golf reichten[475].

Die häufige Erwähnung der indischen Städte in den Berichten und die Bedeutung der indischen Häfen als herausragende Handels- und Umschlagsplätze für den Weitertransport nach China, zeugt vom bleibenden Eindruck der Pferde auf den indischen Subkontinent. Diesen hält der Venezianer Marco Polo bereits Ende des 13. Jahrhunderts fest, wenn er postuliert, dass

> „in Maabar [...] keine Pferde gezüchtet [werden]. Die ganze Jahressteuer oder der größte Teil davon wird für den Pferdekauf verwendet. Und das geht so vor sich: die Händler von Curmos, Quisci, Dufar, Escer und Adan kaufen in all diesen Provinzen, wo Streitrosse und andere Pferde gezüchtet werden, die besten Tiere. Sie verladen sie auf Schiffe und bringen sie zum König und zu seinen vier Brüdern, die ebenfalls Könige sind. Sie lösen sie für ein Pferd fünfhundert Goldsaggi, das sind mehr als hundert Mark Silber. Der König kauft im Jahr an die zweitausend oder mehr Pferde und seine Brüder ebenso viel“[476].

Diese Aussage Polos führt das Problem der europäischen Reisenden in Bezug auf Pferde in Asien klar vor Augen. Die Pferdezucht wird negiert. Wäre eine solche vorhanden, kaum würde man die logistischen Risiken und Kosten eines Seeimports von den ostafrikanischen Küsten in Kauf nehmen. Diese Vermutung jedoch führt in die Irre. Auch in Indien gab und gibt es einheimische Pferde. In der nordwestlichen Region Marwar ist eine langandauernde Pferdezüchtertradition belegt, die bereits im 12. Jahrhundert etabliert worden ist[477]. Genetische Untersuchung zwischen aktuell in Indien lebenden Pferdezüchtungen zeigen, dass das heute in der Region Marwar gezüchtete Pferd die höchste genetische Diversität aufweist[478]. Historisch lässt sich dieses nicht bloß durch die geplanten

475 Vgl.: Nagel, Fernhandel, 31.
476 Polo, Wunder der Welt, 309f.
477 Vgl.: Edwards, Pferde, 164f.
478 Vgl.: Chauhan, et al.,horse, 3507.

Züchtungen des Mittelalters erklären, sondern auch durch die Region selbst, die an die Gebiete der Reiternomadenstämme grenzt. Die Errichtung des Mogulreichs im 16. Jahrhundert unterstützt das erwähnte Zuchtprogramm noch, so dass sich im Marwaripferd erneut kulturelle Transfers nachweisen lassen.

Das Problem der Pferdezucht ist allerdings nicht nur auf Indien beschränkt. Auch in Japan zeigen sich ähnliche Vorkommnisse. Pferde verschiedener Züchtungen sind dort heimisch und wurden auch für den bereits skizzierten Einsatz in Kampfhandlungen benutzt. Darüber gibt Bernhardus Varenius Auskunft. So haben die Japaner „in primis vero equorum incredibilis copia“[479]. Auch weiß er über den Einsatz der Tiere zu berichten. So ist seinem Kapitel über das Militär zu entnehmen, dass der Kaiser im Kriegsfall über „equitum 38.000 a Regibus & Dynastis“[480] und zusätzlich „20.000 equites, qui partiam in arcibus ad praesidium & regni defensionem“[481] verfügen kann.

Daneben haben die Pferde Japans noch weitere Funktionen. So ist in den japanischen Hausbüchern zu lesen, dass Pferde oftmals zum Reisen benutzt wurden. Da aus ihnen Hinweise zu entnehmen sind, wie man sich vor einem Fall vom Pferd schützen solle[482], ist davon auszugehen, dass solche Reisen oftmals auf dem Rücken der Tiere und nicht etwa durch Wagen bestritten wurden. Pferde, so bleibt für Japan festzuhalten, waren demnach etabliert und sowohl zu Kriegs- als auch zu Friedenszeiten vollständig innerhalb der japanischen Kultur integriert und positiv konnotiert.

Aus zoologischer Sicht weisen alle endemischen Pferderassen Japans ein besonderes Merkmal auf: Sie sind relativ klein. So schreiben Nozawa et al., dass in Japan

> „eight local populations of native horses now maintained are classified into two groups: three of them kept on the main islands of Japan are 130–140 cm in withers height, so they are called "medium-sized" native horses; and the other

479 Varenius, Japan, 7.
480 Ebenda, 56.
481 Ebenda, 56f.
482 Vgl.: Rotermund, Hausbücher, 332f.

> five populations kept on islets south and west of the main islands of Japan are 110–120 cm in withers height, so they are called "small-sized" native horses"[483].

Unter diesen Bedingungen verwundert es nicht, dass die vier Japaner, Mancio Ito, Miguel Chijiwa, Martin Hara und Julian Nakaura, die den Jesuiten Alesandro Valignano nach Europa begleiteten, bei ihrem Aufenthalt in Goa 1586 von den dortigen Vollblutarabern so begeistert waren, dass sie diese Tiere als Geschenk mit nach Japan nehmen wollten[484]. Auch wenn, wie oben erwähnt, eine lange Tradition des Pferdehandels im Indischen Ozean vorhanden war, so war Japan doch von diesen Handelswegen unberührt geblieben, so dass erst durch die europäische Expansion andere Pferde als die einheimischen Rassen ins Land kamen. Dieser erste Kontakt im 16. Jahrhundert aber blieb zunächst der einzige.

Auch in China war es die Reiterei, die Schlachten entschied. Das zeigt sich nicht nur an der aus Europa bekannten Tradition der Kavallerie, sondern auch im Grab Ying Zhengs, dem König von Qin und späterem Ersten Kaiser Chinas (dann unter dem Namen Qin Shihuangdi), in dem auch Reiter und Pferdewagen dargestellt sind[485]. Das prachtvolle Grab, das als Palast angelegt ist und die gesamte Welt repräsentieren soll[486], ist besonders berühmt für seine Terrakottaarmee. Dieser Armee aus Fußsoldaten sind auch Pferde zur Seite gestellt, so dass die gesamte Spannbreite der Qin-Armee dargestellt wird[487].

Für die Beherrschung des eroberten Raums müssen Pferde unumgänglich gewesen sein. Ying Zheng verwarf das alte Feudalsystem und vereinheitlichte das von ihm regierte Reich. Zentrum des Reiches wurde die im Norden gelegene Hauptstadt Xianyang, von der aus ein ausgeklügeltes Straßensystem in sämtliche Provinzen ausging. Auf diesen Straßen wurden Nachrichten transportiert und der Kaiser selbst reiste auf ihnen durch das gesamte Land[488]. Auch das Post- und Verkehrswesen war von

483 Nozawa et al., Horses, 53.
484 Vgl.: Ryogo, Horses, 1-8.
485 Vgl.: Verlag, Armee, 27.
486 Vgl.: Vogelsang, China, 130f.
487 Vgl.: Verlag,Armee, 27.
488 Vgl.: Vogelsang, China, 130 – 139.

Pferden abhängig, die eine schnelle Regierung ermöglichten, was bei dem Regierungsstil des Kaisers, der auf strikter Kontrolle und strenger Bestrafung fußte, unumgänglich war.

In diesem Zusammenhang darf keineswegs unerwähnt bleiben, dass das Pferd in China auch eine symbolische Funktion einnahm, die sich durchaus mit seinem realen Nutzen erklären lässt. Das Pferd ist Teil des chinesischen Horoskops. Innerhalb dieser chinesischen Tradition gelten Menschen, die im Jahr des Pferdes geboren wurden, als besonders aktiv, impulsiv und athletisch, Eigenschaften, die sich durchaus in einer gewissen Aggressivität äußern können[489]. Es lässt sich also durchaus eine Parallele zwischen europäischen und chinesischen Vorstellungen vom Pferd ziehen, die sich dahingehend äußert, dass auch in China der Krieg mit dem Pferd symbolisch in Verbindung gebracht wurde.

Das bisher Beschriebene zeigt eine wichtige Rolle des Pferdes in der Kultur Chinas. Die Pferde im Reich der Mitte, die Länder erobern und symbolischen Gehalt haben, dürften qualitativ den Pferden Europas und Arabiens in nichts nachstehen. Bedenkt man, dass die Qin sogar den Steppenvölkern Gebiete abnahmen[490], deren Reitkunst und Pferde zu späteren Zeiten in Europa für Angst und Schrecken sorgten[491], dann dürfte ihre Qualität sogar noch besser gewesen sein.

Umso erstaunlicher ist die Tatsache, dass für den hier zu behandelnden Zeitraum, ein ganz anderes Bild gezeichnet wird. So findet man in der Literatur zu den Pferden Chinas übereinstimmend die Aussage, „[z]war wurden im Reich der Mitte stets Pferde gezogen, doch galten sie meist als minderwertig“[492]. Diese Aussage wird, wenn sie überhaupt belegt wird, oftmals durch Quellen westlicher Reisender abgesichert[493]. So etwa schreibt Ende des 16. Jahrhunderts der Missionar Chinas, Matthäus Ricci, in seiner *De Christiana expeditione apud Sinas suscepta ab Societate Jesu*, dass „[e]qui porro militares sunt propemodum innumerabilies,

489 Vgl.: Lau/Lau Horoscope, 166f.

490 Vgl.: Vogelsang, China, 133.

491 Angespielt wird hier auf die Zeit der Völkerwanderung, in der Attilas Hunnen nach Europa eindrangen und auf den Mongolensturm im Hochmittelalter.

492 Ptak, Pferde, 199.

493 Vgl.: Schottenhammer, Horses, 229.

sed ijita degeneres atque imbelles"[494]. Dabei handelt es sich nicht um eine Einzelmeinung. Auch der portugiesische Soldat Fernão Mendes Pinto stellt im Kampf gegen die chinesische Reiterei fest, dass „viele Reiter auf schlechten Pferden"[495] eingesetzt wurden. Chinesische Quellen, die die schlechte Qualität der Pferde bestätigen, scheinen nicht vorhanden zu sein. Da aber zahlreiche Belege zeigen, dass bereits zur Zeit der frühen Han-Dynastie, etwa im 3.-2. Jhd. v. Chr., Pferdeimporte über Land bezeugt sind, die später durch den Seeweg noch ergänzt wurden, liegt Ptak in seiner Deutung wohl richtig, wenn er davon ausgeht, dass dieser exzessive Import nach China mit einem hohen Bedarf an Pferden einherging[496]. Spätestens mit den Reisen Cheng Hos nahm der Seehandel und -transport der Pferde zu und weitete sich von Asien bis an die arabischen Häfen und sogar die afrikanischen Küsten aus[497]. Das lässt darauf schließen, dass es trotz der Zuchttradition in China schon recht früh zu Pferdeimporten kam, die sich mit der besseren Qualität der importierten Pferde erklären lassen.

9. Lange Löffel – Hase und Kaninchen

Von allen Tierfamilien sind die Mitglieder der *Leporidae* in einer Geschichte der Expansion besonders bemerkenswert. Dieses hat wenig damit zu tun, dass sie sich seit ihrer Entstehung vor etwa 20 Millionen Jahren in Asien oder Nordamerika erst nach Europa und Afrika und dann nach Südamerika aufmachten[498], denn eine solche Verbreitungsgeschichte haben viele der bisher beschriebenen Tiere. Vielmehr hängt dies mit einer Tatsache zusammen, die mit der mediterranen Expansion der Phönizier zu tun hat, die bereits erste Schritte unternahmen, Kaninchen aus Spanien zu exportieren, wo sie nach der letzten Eiszeit ausschließlich beheimatet waren[499].

Diese Versuche der Phönizier gehen zunächst auf eine Verwechslung

494 Ricci, Sinas, 12.
495 Pinto, Reisen, 135.
496 Vgl.: Ptak, Pferde, 199.
497 Vgl. Ebenda, 215f.
498 Vgl.: Matthee et al., Leporidae, 444f.
499 Vgl.: Benecke, Haustiere, 357; Zeuner, Haustiere, 342; Kurtén, Mammals, 229.

zurück, die den expandierenden Phöniziern unterlief. Die Fauna des Libanon kannte im ersten Jahrtausend zahlreiche Tiere. Ein Unikat darunter stellt der Klippschliefer dar[500], der in allen semitischen Sprachen einen ähnlichen Namen trägt. So ist sein Name im Hebräischen שפן[501], das in etwa als *schapan* ausgesprochen werden kann. Als die Phönizier auf der iberischen Halbinsel ankamen, benannten sie diese Region nach den Tieren, die sie dort vorfanden nach eben diesen Tieren *i-shepan-im*[502]. Da der Klippschliefer jedoch nur im Nahen Osten vorkommt, beruhte dieser Name, den die Römer zu Hispania latinisierten, auf einer Verwechslung. Die Lebensweise von Klippschliefern und Kaninchen gleicht sich, zudem sehen sie noch ähnlich aus und legen ein ähnliches Verhalten gegenüber Menschen an den Tag, so dass es zu Verwechslung kam und die Kaninchen zum Namensgeber Spaniens wurden.

a. Wie Hase und Kaninchen Europa eroberten

Nach dem die Phönizier bemerkten, dass es sich bei den jeweiligen Tieren doch um unterschiedliche Arten handelte, exportierten sie die spanischen Tiere, erreichten aber nicht Griechenland, wo Kaninchen nicht bekannt waren[503]. Erst die kaiserzeitlichen Römer kannten die Tiere und bereits der ältere Plinius weiß von der Plage der Kaninchen zu berichten[504]. Varro beschreibt Kaninchen als Teil des Wildgeheges eines Bauernhofes, ein Hinweis darauf, dass die Römer keine domestizierten Tiere dieser Art kannten[505].

Tatsächlich weisen Knochenfunde darauf hin, dass Kaninchen erst im frühen Mittelalter wirklich domestiziert wurden[506]. Treibende Kraft waren dabei vor allem Mönche. Wenn es auch umstritten war, so galt der Verzehr von ungeborenen Kaninchen gerade in der Fastenzeit als Möglichkeit der Ernährung, galten diese doch nicht als Fleisch. Das Problem der Domestizierung lag dabei vor allem im Grabungsverhalten der Tiere,

500 Vgl.: Schroer, Tiere, 116.
501 Vgl.: Buhl, Gesenius, 859.
502 Vgl.: Benecke, Haustiere, 357.
503 Vgl.: Benecke, Haustiere, 357.
504 Vgl.: Plinius, Naturalis historiae, VIII, 81, 218.
505 Vgl.: Varro, rustica, III, 12, 4.
506 Vgl.: Benecke, Haustiere, 356.

das jedes Tier ohne größere Mühe aus jedem Gehege ausbrechen ließ. Dieses Verhalten musste weggezüchtet werden, was tatsächlich erst im Mittelalter gelang[507].

Mit der Ausweitung des Klosterwesens in Europa verbreitete sich zeitgleich auch das Kaninchen wieder in Kontinentaleuropa. Nach 1066 brachten die Normannen dic Tiere nach Großbritannien und setzen damit eine Tradition fort, die ihre Vorfahren bereits früher aufgenommen hatten, als Wikinger die Tiere nach Skandinavien brachten[508]. Da es keinerlei Möglichkeit der Verteidigung hat, wurde es im Mittelalter zum Tier, das von Frauen gejagt werden konnte, wie eine mittelalterliche Zeichnung verdeutlicht, die Frauen mit Pfeil und Bogen bei der Jagd auf den Kaninchen zeigt[509].

Der Hase hingegen wurde nie domestiziert. Auch blieb sein Verbreitungsgebiet nicht bloß auf Europa beschränkt, wie es beim Kaninchen der Fall war[510]. In ähnlicher Form und Größe taucht er sowohl in Europa als auch im kontinentalen Asien und den Inseln Indonesiens und Japans auf, findet sich von Alaska bis Feuerland und schaffte unbehelligt von der Tsetsefliege eine Verbreitung bis an das Kap der guten Hoffnung[511].

Die fehlende Domestizierung des Hasen machte ihn jedoch keineswegs unbrauchbar für eine Symbolik, die je nach Region extrem vielfältig ausfallen konnte. Seine schnelle Fortpflanzung sorgten dafür, dass er innerhalb Europas zu einem Symbol der Fruchtbarkeit wurde, das sich noch heute in der Figur des Osterhasen widerspiegelt[512]. Davon abgeleitet gibt es verschiedene andere Funktionen des Hasen, deren Kern das Glück bzw. dessen Fernbleiben ausmacht. Das wohl bekannteste Beispiel dafür ist die Hasenpfote, deren Besitz vor zahlreichen Unglücken, etwa juristischen Schwierigkeiten, abhalten soll[513].

Davon abgesehen sorgte im allgemeinen Sprachgebrauch des Deutschen das Fluchtverhalten der Mitglieder der *Leporidae* für eine Gleich-

507 Vgl.: Zeuner, Haustiere, 344.
508 Vgl.: Benecke, Haustiere, 360.
509 Vgl.: Zeuner, Haustiere, 344.
510 Vgl.: Nowak, Walker's, Vol. 1, 544-560.
511 Vgl.: Ebenda, 545ff.
512 Vgl.: Riegler, Hase, 1506.
513 Vgl.: Ebenda, 1507.

setzung der Tiere mit der Bedeutung von Furcht. Dies zeigt sich etwa durch den Begriff Angsthase, indem dem Hasen die Angst als Attribut zugestellt wird, wohingegen im kulturellen Gedächtnis der Hasenfuß bereits semantisch auf die Furcht verweist, ohne sie in der Lexik noch einmal zu verwenden.

b. Gott und Schalk – Nutzung des Hasen in Amerika und Afrika

In der Mythologie der nordamerikanischen Urbevölkerung besitzt der Hase eine herausragende Stellung. Dennoch kann bereits John Smith festhalten, dass diese als Handelsgut Verwendung finden:

> „For an armour he would haue ingaged vs a bagge of pearle, but we refused, as not regarding it, that wee might the better learn where it grew. He was very iust of his promise, for oft we trusted him, and he would come within his day to keepe his word. He sent vs commonly euery day a brace of Bucks, Conies, Hares, and fish, sometimes Mellons, Walnuts, Cucumbers, Pease, and diuers rootes“[514].

Wie die Ureinwohner Amerikas an die Hasen kamen, kann etwa Anfang des 18. Jahrhunderts bei dem amerikanischen Historiographen Robert Beverley nachgelesen werden:

> „[The Indians] Hunt their Hares, (which are very numerous) a Foot, with Mungrils or swift Dogs, which either catch them quickly, or force them to hole in a hollow Tree, whither all their Hares generally tend, when they are closely pursued. As soon as they are thus holed, and have crawl'd up into the Body of the Tree, the business is to kindle a Fire, and smother them with Smoak, till they let go their hold, and fall to the bottom stifled; from whence they take them“[515].

Diese Jagd auf den Hasen überrascht unter der Prämisse, dass der Hase eine besondere Stellung im religiösen Verständnis der einheimischen

514 Smith, Virginia, 3.
515 Beverley, Virginia, 72.

Amerikaner spielte. In der Figur des Großen Hasen nimmt der Hase nämlich die Position des Weltschöpfers ein, wie es in der Stammeskultur der Chipaways der Fall ist. Zudem ist er auch der Vorfahre vieler Stämme Nordamerikas, die zur Sprachfamilie der Algonkin gehören. Bei den Déné Hareskins, bei denen der Name schon einiges über ihre Beziehung zum Hasen aussagt, fungiert er als Schöpfer der Morgendämmerung[516].

Jagd und Verehrung mögen sich auf den ersten Blick ausschließen, sind aber in einer Kultur, deren Überleben von der Jagd abhängt, nichts Außergewöhnliches. Vielmehr scheinen sich beide Funktionen zu bedingen. So ist etwa für den Stamm der Narragansetts festzustellen, dass sie in den verschiedenen Tieren, darunter auch „rabbits“[517], eine Manifestation *manitous* erkennen können, was wohl auf deren Eigenschaften für eine erfolgreiche Flucht vor den Jägern zurückgeht[518].

Wie erfolgreich sich die Fluchtbemühungen des Hasen in Wirklichkeit abzeichneten, ist nicht leicht zu beantworten. Die enorme Fruchtbarkeit der Tiere verzerrt ein eindeutiges Ergebnis. So kann etwa Merriwether Lewis festhalten, dass „the rabbit are the same of our country and are found indifferently either in the praries or woodlands. they are not very abundant in this country“[519] und er kann an anderer Stelle ergänzen, dass der Hase „common to every part of this open country“[520], sei. Auf der anderen Seite notiert Private Whitehouse am 21. Okotober 1805, dass „these natives appeer to be mostly covd. in deer and Elk Some rabit & Squerrel Skins“[521], so dass eine häufige Verwendung der tierischen Produkte möglich scheint, was eine durchaus ergiebige oder doch zumindest häufige Jagd voraussetzt, von der schon Smith für die Region der Ostküste berichten kann, denn „Hares, Partridges, Turkies, or Egges, fat or

516 Gehrisch, Hase, 30.

517 DeJohn Anderson, Creatures, 20 schreibt es so. Ob sie damit Hase oder Kaninchen meint ist nicht klar. Der Begriff kann im Englischen für beide Tiere Verwendung finden, vgl.: Nowak, Walker's, Bd. 1, 545.

518 Vgl.: De John Anderson, Creatures, 20.

519 http://lewisandclarkjournals.unl.edu/read/?_xmlsrc=1806-02-28&_xslsrc=LCstyles.xsl (12. August 2012).

520 http://lewisandclarkjournals.unl.edu/read/?_xmlsrc=1805-05-26&_xslsrc=LCstyles.xsl (12. August 2012).

521 http://lewisandclarkjournals.unl.edu/read/?_xmlsrc=1805-10-21&_xslsrc=LCstyles.xsl (12. August 2012).

leane, young or old, they devoure all they can catch in their power“[522].

Auf der dritten Reise James Cooks kann festgestellt werden, dass auf den Aläuten Hasen gejagt werden bzw. dass man diesen Tieren zumindest das Fell abziehen kann, denn „they handed the fur Jacket which was hoisted on the Pole to him in return, these Jackets wre made of white Hare Skins“[523]. Kurz sei noch darauf eingegangen, dass der Hase im Götterpanthenon der Azteken eine Rolle spielte. So ist die Bezeichnung Ometochtli (wörtlich Zweihase) für die Pulquegötter und ihre Priesterschaft üblich[524].

Der auch in Afrika heimische Hase vermehrte sich zahlreich, so dass es zu einer Verbreitung auf dem gesamten Kontinent kam[525]. Die große Ausbreitung des Tieres führte auch in zahlreichen afrikanischen Kulturen dazu, den Hasen in Mythen und Erzählungen aufzunehmen. Lichtenstein fand so bei den Xhosa den Glauben vor, dass Hasen als Opfertiere für einen Flussgott von Nöten sein können, denn sie „[...]versöhnen [...] den beleidigten Flussgott dadurch, daß sie ein vierfüßiges Thier, [...] einen Hasen in Stücken zerschneiden und ins Wasser werfen“[526].

Eine ganz andere Art von Religionsausübung erscheint bei den Khoi Khoi. Dort ist der Hase ein furchtsames Tier, das dennoch als Trickser auftritt, um sich Nahrung zu ergaunern. So besteht eine Verbindung des Hasen zum Mond, der ihm den Auftrag gab, dem Menschen dessen Unsterblichkeit zu verkünden, was dieser missverständlich ausdrückte und ins Gegenteil verkehrte, so dass der Mond ihm dafür die Lippe spaltet. Aus dem Grund der falsch überlieferten Nachricht ist bei den genannten Khoi Khoi das Verzehren von Hasenfleisch verpönt[527]. Dieser Verzicht auf Hasenfleisch bei den Khoi Khoi ist eine ins Extreme gesteigerte Handlung, die auch bei anderen Stämmen Afrikas in gemäßigter Form vorkommt, wie Lichtenstein erfährt:

> „Da sie nun oft […] in einem Nachmittage mehrere hundert Antilopen, Hasen, wilde Katzen, Affen u.s.w. erlegen,

---

522 Smith, Virginia, 32.
523 Beaglehole, 3rd Voyage, 2, 1115.
524 Vgl.: Aquilar-Moreno, Aztec, 149.
525 Vgl.: Nowak, Walker's, Vol. 1, 556.
526 Lichtenstein, Africa, Bd. 1, 414.
527 Vgl.: Gehrisch, Hase, 41.

so sind sie unmöglich im Stande, die ganze Beute zu benutzen […], auch wird eine solche Jagd, nach ihrer eignen Aussage, weniger des Fleisches als der Felle wegen angestellt“[528].

528 Lichtenstein, Africa, Bd. 1. 376.

Teil II: Das Tier als Mittel der Sprache: Kontaktsituationen

Nachdem nun sowohl die unterschiedliche Verbreitungen der Haustiere bzw. ihrer wild lebenden Verwandten als auch ihre verschiedenen Verwendungen für den Menschen geklärt sind, gilt es in einem weiteren Schritt zu schauen, was passiert, wenn bedingt durch die Kontaktsituationen in der Frühen Neuzeit europäische Haustiere auf außereuropäische Kulturen treffen bzw. europäische Vorstellungen über Tiere auf außereuropäische Ideen.

Zur Erinnerung: In Anlehnung an linguistische Modelle zum Sprachkontakt, kann man auch dieses Aufeinandertreffen mit Hilfe verschiedener Beobachtungen aus den Sprachwissenschaften erklären. Vor allem zwei Modelle scheinen von Vorteil. Dort ist zum einen die Idee der Vermischung und zum anderen die Vorstellung der Übernahme von Vorstellungen. Während unter ersterem die Integration fremder Vorstellungen in die eigene Kultur verstanden wird, was in der Regel zu etwas Neuem führt, versteht man unter dem zweiten das Assimilieren einer fremden Kultur unter vollkommener Verdrängung der eigenen Kultur.

Die ersten drei Kapitel behandeln tatsächliche Kontaktsituationen durch Handel, Kampf und Prestigedenken, in denen bereits Veränderungen im Verhalten der Teilnehmer an Kontaktsituationen deutlich werden. Die folgenden vier zeigen hingegen bereits die Ergebnisse dieser Wandelprozesse im Umgang mit den Tieren am Beispiel von Tieren als Nahrung, Vorstellungen von Tieren, geänderten Umweltbedingungen und im Bereich der Landwirtschaft. Das letzte Kapitel führt Beispiele an, in denen Missverständnisse aufgrund falscher Vorstellungen entstanden sind.

1. Der Wert der Tiere: Handel mit Tieren

Man muss kein Anhänger materialistischer Weltbilder sein, um zu erkennen, dass das gemeinsame Handel treiben durch die Geschichte hindurch oftmals der Grund für Kontaktsituationen zwischen verschiedenen Kulturen war. Wirtschaftliche Bedürfnisse zu befriedigen, war ausschlaggebend für zahlreiche Entdeckungen und Exkursionen, wenn auch in vielen Fällen verbunden mit dem Streben nach Wissen. Gerade in solchen Situationen, in denen Schiffsmannschaften darauf angewiesen sind, Nahrung zu bekommen, ist es immer der Handel, mit dem sie zuerst probieren, dem Problem des Mangels zu entgehen. Schon im vorherigen Teil wurde dies unter anderem am Beispiel Vasco da Gamas deutlich.

Im Folgenden soll es zunächst um vier Beispiele gehen. In den ersten beiden Fällen ändert die indigene Bevölkerung ihr Produkt im Sinne der alten Marketingweisheit „Know your Costumer", wenn sie an europäische Kunden verkauft. Im zweiten Beispiel ändert sich durch den Kauf eines Produktes eine gesamte politische Landschaft. Im dritten Beispiel schließlich geht es um die Qualität eines Produktes, das einheimische Erzeugnisse überflügelt.

a. Kenne deinen Kunden – Bienen in Südamerika

Schon im ersten Teil wurde erwähnt, dass Bienen auch in Amerika vorkommen und ihre Produkte dort rege genutzt wurden. In Surinam in Mittelamerika war dies nicht anders. Die indigene Bevölkerung hatte jedoch eine Spezialisierung im Verkauf von Bienenwachs entwickelt. Dort gab es Mitte des 18. Jahrhunderts eine ausgeprägte Bienenkultur, die von Edward Bancroft beschrieben wird. Die europäischen Einflüsse werden deutlich sichtbar, wenn er bemerkt, dass das Wachs der Bienen dunkel sei und von den Europäern ungern genutzt würde. Dieser Umstand bewegte die einheimische Bevölkerung dazu, „das gedachte Wachs zu läutern, und ihm eine hellere Farbe zu geben", da sie das Wachs gerne gegen Angeln eintauschte[529].

Damit wird klar zwischen dem Eigenen und dem Fremden auf Seiten der Einheimischen unterschieden. Die Farbe des Wachses ist für beide Kulturen in Surinam geregelt, so dass die einheimische Bevölkerung dazu übergeht, die Farbe des Wachses zu ändern, ohne die eigentlich ihnen bekannte Farbe aufzugeben, die sie selber weiter nutzten.

Der Kulturkontakt über das Medium des tierischen Produkts führt in diesem besonderen Fall weder zu einer wirklichen Kulturmischung noch zu einer Übernahme. Tatsächlich wird von der indigenen Bevölkerung bewusst zwischen zwei Arten von Produkten differenziert, um an die Angeln der Europäer zu gelangen.

Auch das zweite Beispiel für Handel zeigt eine solch interessante Differenzierung. Hierbei geht es aber nicht um Honig in Amerika, sondern

529 Bancroft, Guiana,142f, die zitierte Passage auf Seite 143.

um ein Parfum aus dem Sekret der Zibetkatze, die als wild lebendes Tier von den Afrikanern gefangen wurde, um dieses an die Araber und Europäer zu verkaufen, ohne dass es aber selber in ihre Kultur, außer als Handelsware, integriert wurde. Die Katze selber wurde von Olfert Dapper ausgiebig beschrieben:

> „Die Zibetkatze findet man hier sowohl längs dem Seestrande als auch landeinwärts in großer Menge [...] [E]s ist länglich vom Kopfe und hat eine schmale spitze Schnauze wie die Katzen. Die Zähne sind wie Hundezähne. Der Leib ist weißlich und aschgrau, gleich des Wolfes, mit schwarzen Fleckern durchsprenkelt. Die Beine mit den Füßen sind mehr als groß, mehr kurz als lang, mit schwarzen Haaren bekleidet. Es hat vier Klauen an jedem Fuß und als einen kleinen Daumen inwendig [...] Denn das Zibetsäcklein oder das Teil, darin dieses wohlriechende Zeug versammelt wird, ist von den Samenfässern des Tieres – welche groß sind – ganz unterschieden, und steht zwischen dem Zielgliede und den Hoden“[530].

Das Sekret der Zibetkatze, das in der Parfümherstellung bekannt ist und ursprünglich wohl aus dem Sekret der Asiatischen Zibetkatze stammt, wurde bereits recht früh auch bei der Gattung der Afrikanischen Zibetkatze entdeckt. Die Tatsache, dass dieses Sekret in Asien wie auch in Europa beliebt war, scheint bei den afrikanischen Völkern dafür gesorgt zu haben, die Tiere zu fangen und an Händler aus jenen Regionen zu verkaufen. So beschreibt Hemmersam die Jagd von Zibetkatzen:

> „Auch sahen wir viele Fallen von starcken Holtz, die Biesem-Katzen darmit zufangen, sind in der Mitten abgetheilt, im hinteren Theil wird ein Haan gesezt, wann solcher schreyt, und von diesen Ciwet- oder Bisen-Katzen gehöret wird, lauffen sie hinein, solchen zu fangen, welches aber ihnen widerfährt, und werden solche zu 10. auch 20. Gulden verkaufft“[531].

---

530 Dapper, Africa, 199f.

531 Hemmersam, Reise, 35.

Der Handel mit den Katzen ist auf direkten europäischen, eventuell schon arabischen Einfluss zurückzuführen. Die Afrikaner selber nutzen das Parfüm nicht. Zwei Dinge werden so zum Teil der Kultur der Katzenjäger. Neben dem Handel ist auch das ausgeklügelte Jagdverhalten sicherlich von äußerster Wichtigkeit für die Kultur der indigenen Bevölkerung. Ähnlich wie in Surinam zeigt sich so, dass hier weder ein Wechsel noch eine wirkliche Kulturmischung stattgefunden hat. Handel und Jagd wurden als Teil der eigenen Kultur lediglich auf ein weiteres Gebiet verlagert.

b. Erst Araber, dann Portugiesen – Pferde im Senegambia

Den wohl größten Einfluss auf die Kulturen Westafrikas hatte eine durch Handel initiierter Kulturübernahme, wie das Beispiel des Imports von Pferden in die Region Senegambias an der Westküste Afrikas in der Frühen Neuzeit zeigt. Diesem Import der Europäer aber war bereits in früherer Zeit ein anderer vorausgegangen. Von Europa aus unbemerkt, existierten bereits zu Beginn des zweiten nachchristlichen Jahrtausends Kontakte zwischen Nordafrika und Teilen des restlichen Kontinents, die auch den Pferdehandel beinhalteten[532]. Frühste Zeugnisse für Reisen durch die Wüste bis ins subsaharische Afrika stammen aus dem Mittelalter. So weisen zahlreiche arabische Reiseberichte des 11. bis 13. Jahrhunderts auf eine Etablierung des Pferdes als Statussymbol hin[533]. Diese Handelsrouten hatten auch noch Jahrhunderte später Bestand, wie etwa Diego Gomez im 15. Jahrundert zu beschreiben weiß:

> "These Sanhaja go overland to Safi which is over 200 leagues distant and buy horses and take them to the Jolof of the Blacks and exchange them for slaves. These slaves they take to Arguim to sell to Christians for wheat or cloths. And some of these things (slaves, wheat, cloths) they then take to the Moors and give them for horses"[534].

532 Vgl.: Law, Horse, 7.
533 Vgl.: Elbl, Horse, 89.
534 Zitiert nach: Elbl, Horse, 99.

Deutlich wird in diesem Auszug der relativ hohe Wert des Pferdes. Um diesen zu erklären, muss zunächst die Bedeutung der einheimischen Mitglieder der Familie der *Equidae* deutlich gemacht werden.

Während der Europäer das Pferd domestiziert hat, somit im höchsten Maße in seine Natur eingriff und das Tier in vollem Umfang zum Teil seiner Kultur machte, blieb das Zebra des afrikanischen Kontinents zu aller erst Teil der Natur. Dennoch war es zugleich Teil der Kultur, wenn auch weniger intensiv. Der Stamm der Manyika im heutigen Zimbabwe war dem Zebra besonders zugetan. Dort zeigte eine Totemfigur sogar Verwandtschaft zwischen Klan und Zebra auf[535].

In anderen afrikanischen Regionen zeigte sich das Zebra als Statussymbol. Im Bereich des Kongo etwa war das Zebra, wenn auch nicht ausschließlich, Zeichen des Herrschaftskults, wenn beispielsweise sein Schenkel den Häuptling kennzeichnete oder die Anführer in Tieren wie dem Zebra wieder geboren wurden[536]. An diesen Beispielen wird deutlich, dass im Zebra bereits ein kulturelles Potenzial ausgemacht worden war, dass mit Prestige zu tun hatte, wenn auch nicht in einem Ausmaß, wie es für das Pferd in Europa galt. Eine Grundlage für eine erfolgreiche Einfuhr und für den später folgenden Wechsel der Kultur war damit jedoch gegeben. Zwei weitere Faktoren waren aber auch noch ausschlaggebend.

Auf der einfachsten Ebene lässt sich ein wirtschaftlicher Nutzen feststellen. Da Pferde vor allem als Handelsgut galten, wird der nicht gerade niedrige Preis von Pferden, zu dem die arabischen Händler diese Ware verkauften, dafür gesorgt haben, dass eine besondere Wertschätzung der Pferde begonnen hatte, die mit ihrer Bedeutung als Zeichen des Prestige einherging. Die gleichzeitig implizierte soziale Dimension liegt geradezu auf der Hand und muss als zweite Möglichkeit mit einbezogen werden. Der Grund für dieses Verhalten, das für die Araber zu einem lukrativen Absatzmarkt führte, liegt an der Bedeutung des Zebras. Da dieses bereits zum Teil vorher eine sozial höhere Stellung des Häuptlings etablierte, konnte auch das Pferd ohne Probleme in diese soziale Vorstellung integriert werden. Somit war bereits durch eine Imitation der arabischen

535 Vgl.: Sicard, Sambesi, 467.
536 Vgl.: Vansina, Südkongo, 696.

Wertvorstellungen das Pferd als Statussymbol auf Seiten der Völker im Senegambia etabliert worden.

Mit der europäischen Expansion im ausgehenden Mittelalter, konnten zunächst die Portugiesen auf einen florierenden Markt für das Produkt Pferd zurückgreifen, wie der Afrikanist Robin Law bemerkt[537]. Erst zu diesem Zeitpunkt nämlich entstanden die so genannten *cavalery states* in der Region Senegambia. Darunter versteht man die kriegerische Expansion einzelner Stämme zum klassischen Zweck des Landerwerbs unter Zuhilfenahme von Pferden[538]. In der Tat ist es merkwürdig, dass, obwohl bereits durch den arabischen Handel Pferde eingeführt wurden und auch den Arabern der Krieg zu Pferd alles andere als fremd war, diese kriegerische Auseinandersetzung erst mit dem Auftreten der Portugiesen begann. Diese Veränderung im Umgang mit dem Objekt Pferd hängt erneut mit wirtschaftlichen Umständen zusammen[539].

So vertritt Law die Meinung, dass der vermehrte Import von Pferden nach Westafrika das Produkt Pferd günstiger machte, so dass eine militärische Nutzung, bei der die Tiere verletzt werden und sterben konnten, wahrscheinlicher wurde[540]. Elbl widerspricht dem, da die bloße Zahl auf die sich Law dabei stützte – 8000 Reiter sollen aufgebracht worden sein – nicht alleine über die Importe der Portugiesen zu händeln gewesen wäre. Daher müssen auch vermehrt Pferde auf den etablierten Routen angekommen sein[541]. Die Frage, warum auf den hergebrachten Routen mehr Pferde transportiert wurden, beantwortet sie jedoch nicht.

Innerhalb einer wirtschaftlichen Argumentation müssen allerdings noch andere Faktoren eine Rolle spielen. Die bisherige Monopolstellung der Araber wird durch das Auftauchen des portugiesischen Konkurrenten gebrochen, da mehr Zugänge zum Pferdemarkt den Preis verringern. Wenn sich die Pferdegeschäfte für die arabische Seite weiterhin lohnen sollten, mussten innerhalb der gleichen Karawanenzüge mehr Tiere mitgenommen werden, die man schlussendlich verkaufte. So ließ sich der

537 Vgl.: Law, cavalry, 2f.

538 Vgl.: Ebenda, 7- 9.

539 Vgl.: Ebenda, 10-11, Eibl, Horse, 99-105.

540 Vgl.: Law, Horse, 52.

541 Vgl.: Elbl, Horse, 101-104.

Preis einigermaßen, wenn auch mit geringerem Gewinn, aufrechterhalten. Eben durch die Importe kann somit, sowohl ein direkter Einfluss der Portugiesen auf die Politik Westafrikas, als auch ein indirekter Einfluss, durch die Konkurrenz zu den Arabern, geltend gemacht werden.

Hinzu kommt ein weiterer möglicher Umstand. Marco Polo beschreibt die von den Arabern nach Indien exportierten Pferde und merkt an, dass viele Pferde sterben würden,

> „weil niemand mit ihnen umzugehen weiß; es gibt dort keine Pferdepfleger und -betreuer. Ihr mögt aber beachten: die Händler, die die Tiere im Lande verkaufen, sind nie von einem Pferdebetreuer begleitet, und sie suchen zu verhindern, dass sich je einer dorthin begebe: denn es kommt ihnen sehr gelegen, dass die Tiere in dem Königreich sterben"[542].

Die Abnehmer wussten im Grunde also nicht, wie ein Pferd richtig geritten, versorgt oder gar gezüchtet werden sollte. Wenn dies auch für Westafrika galt, wäre der Einfluss der Portugiesen auf diese Region noch größer gewesen, hätten sie doch die Reitkunst nach Senegambia gebracht, die begierig von den bereits mit dem Pferd vertrauten Völkern dieser Region imitiert worden wäre. Diese Kombination hätte somit die Expansion befeuert.

Die Expansionsbestrebungen im Senegambia sind eine Folge der durch die Portugiesen eingeleiteten Imitation der afrikanischen Bevölkerung in Bezug auf den Nutzen des Pferdes, der sich sicher auf eine veränderte Quantität der Pferde stützte und durchaus mit einer Dienstleistung der Händler in Bezug auf die Reitkunst in Zusammenhang stehen könnte. Hatten die arabischen Händler den Grundstein für die Möglichkeiten, die im Objekt Pferd lagen, aufgezeigt, sorgten die Portugiesen für einen Kulturwechsel im Umgang mit den Tieren.

c. Die relative Qualität asiatischer Pferde

Qualität ist immer dann vergleichbar, wenn etwas in Relation zum eigentlichen Gegenstand zur Verfügung steht. Der im vorherigen Teil

---

542 Polo, Wunder, 309f.

geschilderte Eindruck, die Pferde der Chinesen, Inder und Japaner seien von schlechter Qualität, lässt sich vor allem durch den Umstand erklären, dass das Vergleichspferd von überragender Qualität gewesen sein muss. Dafür kommt in Bereich des Indiks nur die Pferdezüchtung des arabischen Vollbluts in Betracht.

Seit der europäischen Expansion hatten auch die Europäer an dessen Verbreitung ihren Anteil. Nicht nur lieferten sie oftmals als Bestechung für bessere Handelsbedingungen arabische Pferde an die indischen Höfe[543], auch sorgten sie selber für den Import europäischer Tiere nach Indien. So berichtet der englische Gesandte am Hofe des Moguls Thomas Roe, als er diesem von den großen europäischen Pferden erzählte, dieser würde es sehr begrüßen „if I could procure him a horse of our Great size such as I had descripted (beeing a Rone or Durch horse) hee would accept it better then a Crowne“[544]. Auch wenn Roe bedauert, diesem Wunsch nicht nachkommen zu können, ist damit doch ein Interesse an allerlei Pferden belegt. Roe weißt aber ähnlich wie Polo darauf hin, dass man in Indien nicht weiß, wie mit den Tieren – gemeint sind neben Pferden hier auch Maultiere – die an den Hof des Moguls gesendet wurden, umzugehen sei. So schreibt er, dass „after, the 3 Nines of horses and Mules, which were, faire ones; the horses eyther had lost their flesh or bewty, for except one oor tweo I judged them vnfitt“[545].

Damit ist nicht nur belegt, dass sich der Bedarf aus der mangelnden Qualität der Pferde Asiens herleitet, ein Mangel freilich, der erst durch den Kulturkontakt mit anderen Pferdezüchtern entdeckt wurde, sondern auch, dass mit dem Tier nicht immer auch der richtige Umgang mit ihm übertragen wurde.

Nicht wesentlich unterscheidet sich Japan. Die strengen Regeln der Japaner in Bezug auf den Handel mit Europa während der Zeit der Sakoku (seit den 1630er Jahren bis 1853), der japanischen Abschottung, erlaubten zunächst keine Importe von Pferden. Erst mit dem Shogun Tokugawa Yoshimune änderte sich diese Politik. Er plante zur Verbesserung seiner Reiterei die Einkreuzung europäischer Pferde in den japanischen Be-

543 Vgl.: Siedenbiedel, Pfeffersäcke, 42.
544 Roe, Embassy, 288.
545 Ebenda, 300f.

stand[546]. Diese Einfuhr führte zu Problemen, da das alte Wissen der Japaner, das sich lediglich auf die ihnen bekannten Pferde bezog, nicht mehr ausreichte. Folgt man etwa den Tagebüchern aus Deshima, jener künstlichen Insel vor Nagasaki, auf der die Niederländer ihre Handelsstationen erbaut hatten, dann zeigt sich Erstaunliches. Im Jahre 1726 wurde von der VOC aus ein Pferdeknecht nach Edo gesandt, der dort Pferde einreiten und sie an das Schießen mit Pulver gewöhnen sollte[547].

Dieser Johann Georg Keyserling oder auch Keyser war ein Soldat, der allem Anschein nach seine Ausbildung bei der Kavallerieeinheit gemacht hatte und daher für diese Aufgabe besonders prädestiniert war[548]. Obwohl Kayserling nur vier Monate blieb, hinterließ er einen bleibenden Eindruck. So wurde er, obwohl er mit seiner Rückkehr in die Niederlande den Dienst quittiert hatte, bereits 1729 erneut angeheuert und erteilte nicht bloß allgemeinen Unterricht, sondern unterwies den kaiserlichen Pferdemeister, Matazaemon, persönlich im niederländischen Reitstil[549].

Neben diesen ausschließlich militärischen Funktionen hatte Keyser noch weiteren Einfluss auf die japanische Pferdehaltung. So findet sich in dem von ihm geführten Tagebuch der Name Gen'eimon, eines Übersetzers, mit dem Keyser viel Kontakt hatte. Dieser Imamura Gen'eimon Eisei, der bereits mit Kaempfer zusammengearbeitet hatte[550], war nicht bloß der Dolmetscher Matazaemons[551], er gilt auch als einer der größten Gelehrten seiner Zeit. Keyser hatte neben fünf Pferden und seinem Wissen über europäische Reitkunst auch Bücher über die Versorgung kranker Pferde im Gepäck[552]. Besonders der im niederländischen Sprachraum sehr erfolgreiche Band *Toevlugt of Heylsame Remedien voor alderhande Siektens en Accidenten die de Paerden Soude konnen overkommen* in der ersten Auflage von 1688 spielte dabei eine besondere Rolle, übersetzte doch Gen'eimon dieses Buch in das Japanische, wenn es auch nicht pu-

546 Vgl.: Katsuyama, Medicine, 432.
547 Vgl.: Velde/Bachofner, Diaries. 365ff. und 452f.; Eberspächer, Keyserling, 14.
548 Vgl.: Ebenda, 13.
549 Vgl.: Ebenda, 15.
550 Vgl.: Velde, Imamura, 174 – 193.
551 Vgl.: Ebenda, 192.
552 Vgl.: Katsuyama, Veterinary, 455.

bliziert, sondern zum privaten Gebrauch innerhalb der Reiterei benutzt wurde[553].

Die Übernahme geht hier nur bedingt von den Europäern aus. Die VOC hatte lediglich ein eingeschränktes Interesse an der japanischen Kultur. Ihr Hauptziel lag auf dem Absatzmarkt, den Japan bot[554]. Doch selbst bei vorhandenem Interesse wäre nach der japanischen Abschottung ein solches gegen Null tendiert. Eine kulturelle Übertragung konnte daher ausschließlich von Seiten der japanischen Regierung zustande kommen. Dieses war erst mit einem Shogun möglich, der sich dem westlichen Wissen nicht verschloss und es aktiv für sich und seine Regierung nutzen wollte[555]. So kann auch in diesem Fall von einer Veränderung gesprochen werden, in der die Kultur, der etwas gelehrt wird, sich aktiv darum bemüht.

2. Der Kampf mit den Tieren: Kriegerische Konflikte und Auseinandersetzungen

Um hier einer sprachlichen Verwechslung vor zu beugen, muss angeführt werden, dass es in diesem Kapitel nicht darum geht, Menschen *gegen* Tiere kämpfen zu lassen, was durch das Wort *mit* durchaus auch möglich wäre. Tatsächlich geht es darum, das Tier als Begleiter und Instrument im Krieg zu sehen.

Denn nach dem Handel ist sicherlich die kriegerische Auseinandersetzung zwischen Kulturen der zweite Weg in Kontakt zu kommen. Im Kampf wird Kommunikation ebenfalls betrieben – nicht nur zwischen verbündeten Einheiten, auch zwischen den Gegnern. Strategien und Taktiken müssen auf der einen Seite erdacht und auf der anderen erkannt werden. Beides hängt davon ab, wie man sich im Krieg verhält und welche Kampftradition vorhanden ist. Schließlich gibt es am Ende einen Sieger und einen Verlierer, was erneut zu Kontakt führt, der jedoch ganz anderer Art ist. War man im Krieg auf Augenhöhe, befindet man sich im Nachhinein in einer asymmetrischen Beziehung zueinander. Der Kampf hat somit als Kontaktsituation viel Potenzial für Kulturmischung und

---

553 Vgl. Ebenda; ders, result, 253.
554 Vgl.: Eberspächer, Keyserling, 9.
555 Vgl.: Sansom, Japan , 496f.

Kulturwechsel.

Die folgenden vier Beispiele stammen dabei von zwei Kontinenten. Zunächst wird ein Blick auf Südafrika geworfen. Anders als in den übrigen Teilen Afrikas setzen dort schon recht früh europäische Siedlungsbestrebungen ein, während man sonst eher auf Handelsposten und temporäre Aufenthalte setzte. Die niederländischen Buren jedoch waren gekommen, um zu bleiben, was über kurz oder lang zu Problemen führen musste. Anfängliche Hilfeleistungen auf Seiten der indigenen Bevölkerung schlugen um in Kampfhandlungen und gegenseitiges Misstrauen. Das hatte Auswirkungen darauf, wie Südafrikaner Pferde wahrnahmen und wie Buren die Hundehaltung in Südafrika bewerteten und betrieben. Die beiden letzten Beispiele führen zurück nach Amerika und zu den Conquistadoren. Zum einen geht es erneut um Pferde, zum anderen um Kämpfe, die wegen Schweinen geführt wurden. In beiden Fällen übernahmen die indigenen Bevölkerung europäische Vorstellungen, was jedoch zu ganz unterschiedlichen Ergebnissen führte.

a. Pferde in Südafrika

Die Verbreitung des Pferdes im subsaharischen Afrika begann, anders als in Westafrika, erst mit den Buren. Die von ihnen ab 1652 nach Südafrika importierten Pferde waren in erster Linie nicht dazu gedacht worden, einen militärischen Nutzen zu erbringen oder als Handelsgut zu dienen, sondern lediglich als Zug- und Lasttiere vorgesehen. Schürmann stellt heraus, dass die Pferde dabei aber für die Buren auch ein Abgrenzungsmittel gegenüber den afrikanischen Stämmen waren, da sie als Zeichen der europäischen Kultur galten[556].

Obwohl bereits Ende des 17. Jahrhunderts innerhalb der Buren eine berittene Miliz aufgebaut wurde, war an eine militärische Nutzung bei der Einführung der Tiere zunächst nicht gedacht, so dass die indigene Bevölkerung sich an die Tiere gewöhnen konnte. Die Überlegenheit, die die Kavallerie jedoch ausübte, wurde bereits im beginnenden 18. Jahrhundert deutlich, als die Buren, die nun zum Schutz ihres besiedelten Lebensraums Pferde nutzten, mit ihnen gegen das Volk der Khoisan vor-

---

556 Vgl.: Schürmann, Pferde, 67f.

gingen[557].

Damit verschob sich jedoch die Symbolik des Pferdes auf Seiten der Afrikaner. Während die militärische Nutzung der Pferde für die Buren ein Zeichen der europäischen Zivilisation war und ihre bisherige Stellung zum Pferd untermauerten, führte der militärische Einsatz der Pferde gegen die einheimische Bevölkerung Südafrikas auf deren Seite nun zu einer Symbolik der Gewalt, die vorher nicht gegeben war. Ein Versuch der Imitation der europäischen Lebensweise fand auf Seiten der Afrikaner nicht statt, da die Pferde bis dahin quasi ignoriert wurden. Der Einsatz änderte diese Haltung gegenüber den Pferden. So fällt in späterer Zeit auf, dass die Angehörigen der südwestafrikanische Bevölkerung sich gegenüber Pferden sehr fürchteten. Daher berichtet der Missionar James Kitchingman 1820 über das Volk der Nama kurz und knapp: „Vor Pferden fürchten sie sich sehr“[558].

Der gewalttätige Einsatz der Tiere durch die Buren gegen die ursprünglichen Bevölkerungsgruppen Südafrikas führte dazu, dass sich ihre Einstellung gegenüber Pferden änderte und sich in Furcht wandelte. Die in Südafrika stattgefundene Mischung spiegelt eine Wechselwirkung wider, die auf zwei Säulen beruht. Zum einen herrschte dort die relative Unkenntnis des Pferdes, das durch das Zebra jedoch nicht ganz unbekannt gewesen sein dürfte. Dies hatte eine Eingliederung des Pferdes auf eine gleiche Ebene wie das Zebra zur Folge, das als ungefährliches und jagbares Tier eingestuft wurde.

Zum anderen ist dort die von den Buren mitgebrachte, wenn auch nicht sofort umgesetzte Idee des Pferdes als Kriegsinstrument. Dieser verspätete Einsatz sorgte dafür, dass sich die etablierte Vorstellung des Pferdes auf Seiten der Südafrikaner veränderte. Das Pferd wurde nun auf die Ebene eines gefährlichen Tieres gehoben, was seinen Ursprung darin hatte, dass die einheimische Bevölkerung das Pferd zunächst an ihre Vorstellung von ungefährlichen Tieren und dann später an gefährlichen Tieren anpasste. Unter anderen Umständen hätte es in Südafrika bereits frühzeitig zu einer Integration des Pferdes in die indigenen Vorstellungen kommen können, so dass die Südafrikaner das Pferd selber im euro-

557 Vgl.: Ebenda.

558 Vgl.: Kitchingman, Bethanien, in: Moritz, Reisen, 134.

päischen Sinne genutzt hätten. Diese Möglichkeit der Imitation war allerdings durch einen negativen Kontakt, der von der militärische Aktionen der Buren ausging, nicht gegeben.

b. Hunde in Südafrika

Dass auch auf dem afrikanischen Kontinent Hunde bekannt waren und sie für Verwendungen eingesetzt wurden, die mit denen in Europa nahezu identisch waren, ist im vorangegangen Teil bereits erwähnt worden. Analysiert man jedoch die Reiseberichte aus dem burischen Südafrika, erkennt man ein ganz anderes Bild der Hundehaltung, als das oben skizzierte. Wieder ist es Barrow, der berichtet, dass „[d]ogs in innumerable quantities made their appearance, but so miserably poor that it was painful to look at them. They seemed to be a small kind of cur“[559]. Zur Bekräftigung dieser Beobachtung sei hier noch einmal der deutsche Zoologe Heinrich Lichtenstein zitiert, diesmal in einer etwas erweiterten Fassung:

> „Außer dem Rindvieh besitzen sie keine andre zahme Thiere als Hunde, die sie in großem Werthe halten. Dessen ungeachtet lassen sie sie fürchterlich hungern, wie man daraus abnehmen kann, daß die armen Thiere noch immer eben so mager und räudig zum Vorschein kommen, wie sie Barrow beschreibt. Sie dienen ihnen aber mehr zum Abwehren der Raubtiere bei Nacht, als daß sie von ihnen auf der Jagd Gebrauch zu machen wüßten“[560].

Offenbar geht Lichtenstein nicht davon aus, dass mit den Tieren gejagt werden könnte, was angesichts der Jagdtradition, die mit allen drei Typen von Hunden in Afrika verbunden ist, erstaunt. Mit dieser Annahme steht er nicht alleine. Den europäischen Siedlern scheint gar nicht bewusst zu sein, dass auch in Afrika mit Hunden gejagt wird. So beschreibt Lichtenstein die europäischen Siedler in ihrem Umgang mit Hunden wie folgt:

> „Man kann es daher den Colonisten, die überhaupt sehr

559 Barrow, Africa Bd. 1, 177.
560 Lichtenstein, Africa, Bd. 1, 447.

> an alten Gewohnheiten kleben, eben nicht verargen, daß sie keine andre Hunderace eingeführt wissen wollen, als die [der dänischen Windhunde], die durch Vermischung mit dem Schäferhunde freilich hin und wieder auf mancherlei Weise ausartet. Schöne Hunde sieht man in der ganzen Colonie nicht, und der Pudel und Hühnerhund kommen nur höchst einzeln einmal in der Capstadt bei europäischen Herrn vor. Die Engländer haben den Newfoundland-Dog und andere starke Hunderacen eingeführt, es scheint aber, als ob sie sich dem Clima nicht vertragen können, denn man hat allgemeine Bemerkungen gemacht, daß die Hunde von dieser Race, ehe sie zwei Jahr alt werden, eine auszehrende Seuche bekommen, von welcher nur sehr wenige genesen"[561].

Es scheint in Lichtensteins Beschreibung fast so, als ob in Bezug auf Jagdhunde keinerlei Kontakt mit den Einwohnern Afrikas aufgenommen wird. War der Kontakt zu den Einheimischen in den Anfangsjahren noch lebensnotwendig[562], so flaut er mit den aufkommenden Auseinandersetzungen merklich ab. Die einheimische Bevölkerung wird als Bedrohung wahrgenommen, nicht mehr als Partner. Auch bei dieser Art der Wahrnehmung spielt der Hund eine entscheidende Rolle, denn „[d]urch ihn wird der Bosjesman wie der Parder und Jakal abgewehrt, und selbst den Löwen schreckt das muthige Bellen der treuen Schaar zurück […]"[563].

Obwohl die Unterschiede zwischen den Jagdtraditionen der Afrikaner und Europäer marginal sind, wird gerade über diese Tradition durch die Buren eine Abgrenzung aufgebaut, die ihren Ausdruck in zwei Domänen findet, die sich in einer europäischen und einer fremden afrikanischen Tradition darstellt. In diesem Umfeld wird der Hund für die Buren zu einem Symbol Europas. Lichtensteins Bemerkung, schöne Hunde gäbe es nur bei den Herren in Kapstadt, führt dies vor Augen. Dort wird der Hund ähnlich gehalten, wie in Europa, während an der Grenze weniger

561 Ebenda, 24.
562 Vgl.; Meyn et al.: Kolonialreiche, 163.
563 Lichtenstein, Africa, Bd. 2, 23f.

Augenmerk auf das Aussehen der Hunde als auf deren Nützlichkeit gelegt wird. Mögen sich die Hunde dem Auge des Reisenden gegenüber auch bescheiden ausnehmen, feststeht:

> „Welch ein nützlicher Gesellschafter der Hund unter allen Himmelsstrichen dem Menschen sein mag, keinem kommen seine Dienste besser zu statten, als dem einsamen africanischen Colonisten und nirgend scheinen alle seine Eigenschaften, selbst die des etwas verwilderten Zustandes, so ganz an ihrer Stelle zu sein, als eben hier. Denn er muß nicht nur Diebe und Räuber abhalten, sondern auch den Kampf mit den, an Kraft überlegenem reissenden Thieren nicht scheuen und durch Gewandheit und Schlauheit ersetzen, was ihm an Kraft abgeht […] Es ist nicht zuviel gesagt, wenn man behauptet, daß ohne Hunde und zwar ohne solche Hunde diese Gegenden ganz unbewohnbar sein würden“[564].

Die Beschreibung macht deutlich, dass der Europäer sich im südlichen Afrika mit der Wildnis auseinandersetzen muss, deren Bestandteil, in der Vorstellung der Europäer, auch der indigene Südafrikaner ist. Die Auseinandersetzung mit dieser Wildnis, die es nicht nur zu bekämpfen, sondern auch zu überwältigen gilt, führt zu weiteren Anstrengung bezüglich der Hunde, denn „[...] the cadaverous crocuta, the wild dog, has lately been domesticated in the Sneuwberg, where it is now considered as one of the best hunters after game, and as faithful an diligent as any of the common sort of domestic dogs“[565]. Zwei sich ergänzende Aspekte werden an diesem Umstand deutlich. Zum einen wird der Wildhund domestiziert und somit die Wildnis verdrängt, zum anderen zeigt sich jedoch auch noch der persönliche Widerwillen der Buren gegen die Xhosa. Im Denken der Zeit wäre es zunächst Aufgabe der Europäer die nichteuropäischen Menschen zu zivilisieren. Der damit in Zusammenhang stehende Kontakt hätte auch die Qualität der Jagdhunde aufgezeigt, so dass es zu Züchtungen zwischen den Hunden gekommen wäre. Da mit den Ein-

564 Ebenda.

565 Barrow, Africa, 266.

heimischen jedoch Auseinandersetzungen bestanden, wandten sie sich stattdessen dem Wildhund zu, was eine Interaktion mit den Xhosa überflüssig machte, wenn es um den Tausch und Handel von Jagdhunden ging, von denen man sehr bewusst wohl nichts wissen wollte.

Dass das Wissen dabei nicht unbedingt fehlte, zeigen die Reisebeschreibungen. Während Barrow bei den Xhosa den schlechten abgemagerten Zustand der Hunde beschreibt, kann er sehr differenziert über die Hunde der San feststellen, dass diese „possessed no sort of animals except dogs, which, unlike those of the Kaffers, were remarkably fat. They appered to be of a small cur-kind, with long pointed heads not unlike that of the common jackal“[566]. Barrow belegt, dass man um die Eigenschaften der Hunde bei den indigenen Stämmen wusste. Die fehlende Interaktion über den Hund liegt daher wohl tatsächlich an der bewussten Abneigung der Europäer, die sich in vollem Umfang von den Einheimischen abgrenzen wollten.

Die hier aufgebauten künstlichen kulturellen Gegensätze erfüllen ganz klar den Zweck der Abgrenzung. Es ist daher gar nicht beabsichtigt, miteinander in Kommunikation zu treten, wenn man die kriegerische Auseinandersetzung als Mittel der Kommunikation außen vor lässt[567]. Vielmehr zeigen die europäischen Quellen, dass der gegebene gleiche Kulturbegriff in Bezug auf Hunde zu Jagdzwecken durch Details im Aussehen und Verhalten so sehr aufgeweicht wird, dass sich der Nutzen, den Europäer in den Hunden sehen, ändert. Das ist zwar unzweifelhaft dem Kulturkontakt mit San und Xhosa geschuldet, stellt aber weder einen Kulturwechsel noch eine Mischung von Kulturen dar, sondern ist das Ergebnis europäischen Kulturpurismus'. Die Autoren Barrow und Lichtenstein finden die daraus entstandenen künstlichen Gegensätze aus Fremdem und Eigenem vor und bewegen sich in ihnen. So beschreiben sie Unterschiede zwischen den Hunden der einzelnen Völker und vergleichen deren Hunde mit den ihnen bekannten aus Europa. Sie wollen etwas über die Kultur der San und Xhosa lernen und vermitteln, bewegen sich dabei aber in den geschaffenen Vorstellungen der Buren in Südafrika.

566 Ebenda, 276.
567 Vgl.: Marx, Afrika , 47f.

c. Die Pferde des Cortez[568]

Ein wichtiger Bestandteil der Eroberung Amerikas waren die mitgeführten Pferde, die als Kavallerie dienen sollten und von Cortéz importiert worden waren, auch wenn Christoph Columbus schon 1493 das erste Pferd mit nach Amerika brachte[569]. Als jener 1519 daran ging, Mittelamerika zu erobern, wählte er nach europäischer Sitte Kavallerie und Fußsoldaten für eventuelle Schlachten. Obwohl man mit der Bezeichnung Kavallerie“meist eine Gruppe von etwas ausgedehnterer Zahl assoziiert, weiß Bernardino Vazquez de Tapia zu berichten, dass die Pferdeeinheit von Cortéz gerade einmal aus dreizehn Reitern bestand, zu denen Vazquez de Tapia selbst gehörte. Während der Schlacht um die Stadt Tlaxcala kämpften diese dreizehn Reiter und 300 Fußsoldaten gegen, so berichtet Vazquez de Tapia, 20.000 Gegner. Auch wenn man mit dieser Zahl eine Übertreibung zu Grunde legen muss, so scheint es doch wahrscheinlich, dass das indigene Volk tatsächlich in der Überzahl war. Dass nicht alleine die europäischen Feuerwaffen zu einem Sieg der Spanier beitrugen, sondern auch die Pferde ein ausschlaggebender Faktor gewesen sein dürften, lässt sich anhand einer Aussage de Tapias erschließen. Er erwähnt nämlich, dass die Tlaxcalteken „einige Male des nachts über uns [kamen], weil sie sich sagten, dass nachts die Pferde nichts sehen könnten. Und wenn es keine Pferde gab – wegen der Fußsoldaten machten sie sich keine großen Sorgen“[570]. Mehr noch als in diesen Sätzen sei auf eine kurze Episode hingewiesen die Vazquez de Tapia wiedergibt, als er von der Schlacht in der Stadt Tabasco berichtet:

> „Nachdem wir in den Ort eingedrungen waren, hatten wir zwei andere sehr wilde Schlachten mit ihnen, und sie waren kurz davor, uns zu töten. Und wir wären große Gefahr gelaufen, wenn die Pferde nicht gewesen wären, die wir von den Schiffen geholt hatten. Und da wurde ein großes Wunder gesehen: Während wir in der Schlacht in großer Gefahr waren, wurde jemand auf einem Schimmel kämpfend er-

568 Vgl. zu diesem Kapitel ausführlich: Schnickmann, Pferde, 161-181.
569 Vgl.: Crosby, Exchange, 2003, 80.
570 Vázquez de Tapia, Augenzeugenbericht.

blickt, der die Niederlage der Indianer verursachte. Dieses Pferd war nicht unter denen gewesen, die wir bei uns hatten"[571].

Diese kurze Erzählung de Tapias verdeutlicht eindringlich, welche Bedeutung den Pferden bei den Eroberungszügen zukam. Diese war so wichtig, dass er, ganz der europäischen Tradition folgend, seine eigene Heldengeschichte durch dem Europäer vertraute Elemente erweitert, die aus biologisch-geographischer Sicht nicht möglich sein können, denn, wie bereits erwähnt, waren Pferde vor 10.000 Jahren in Amerika ausgestorben und bis zur Eroberung der mittel- und südamerikanischen Gebiete auch nicht wieder aufgetaucht. Damit bleiben zwei Möglichkeiten für diese Erzählung de Tapias. Entweder ist sie einzig und allein schmückendes Beiwerk zu seinem Bericht und entbehrt jeder realen Grundlage oder der Schimmel war den Spaniern natürlich bekannt und der Erzähldynamik wegen wurden Ross und Reiter zu unbekannten Helfern der Spaniern.

Der Rückgriff auf ein Erzählmuster, das nur in den Regionen der Welt hätte stattfinden können, in denen es Pferde gab, sorgt in der Erzählung de Tapias für ein Erkennen eigener Vorstellungen in der fremden Welt und macht darüber hinaus ebenso wie der Verweis auf die Taktik der Indios, nachts anzugreifen, weil dann die Pferde nichts sehen könnten, deutlich, welche Vorstellung die indigenen Einwohner Amerikas in Bezug auf Pferde besaßen. Offensichtlich hatten sie Angst vor den Tieren.

Die Frage nach dem Grund für diese Angst ist dabei durchaus von Interesse. So wird die Meinung vertreten, dass Reiter und Pferd als Einheit wahrgenommen wurden, die aber die Möglichkeit besaß, sich in zwei Teile aufzuspalten und die darüber hinaus noch als fleischfressendes Ungeheuer galt, wenn diese Vorstellung auch nur anfangs zutraf und später relativiert wurde[572].

So wahrscheinlich eine solche Idee auch klingen mag, so unterschätzt sie doch die Vorstellungswelt der Ureinwohner. In einem solchen Bild manifestiert sich auch ein Mythos der dort lebenden Menschen, der ih-

---

571 Ebenda.

572 Vgl.: Oeser, Pferd, 100.

nen einen gewissen Realitätssinn abspricht. Zwei Umstände sollen hier angeführt werden, die diesem Bild widersprechen.

Erstens geht der Mythos des sich zwei teilenden Ungeheuers davon aus, dass die Azteken und andere einheimische Völker niemals auf die Idee verfallen wären, ein Tier als Reittier zu nutzen bzw. sich eine solche Vorstellung verbietet. Das schränkt die Vorstellungskraft dieses Volkes doch sehr ein. Betrachtet man etwa andere in Mexiko lebende Wildtiere, etwa die dort heimischen Mitglieder der Familie der *Cervidae*573, und führt sich deren hohe Geschwindigkeit vor Augen, so bedarf es keiner großen Vorstellung davon, dass auch ein Azteke schon einmal darüber nachgedacht haben dürfte, diese Geschwindigkeit für sich zu nutzen. So war die Vorstellung eines Reittiers eventuell gegeben, ohne dass es tatsächlich eines gab.

Wem dieses Gedankenspiel zu abseitig erscheint, mag sich durch ein zweites Argument davon überzeugen lassen, dass der Mythos des Ungeheuers für die indigene Bevölkerung nicht galt. Es stellt sich einfach dar, darüber zu schreiben, dass Cortez siebzehn Pferde mit nach Amerika brachte[574]. Vergessen wird dabei die praktische Ausführung eines solchen Transports. Da die Pferde die Überfahrt unter Deck zubrachten, konnten sie das Schiff nicht einfach über eine Planke verlassen. Vielmehr wurden sie mit Hilfe eines Krans aus dem Schiff gehievt, wie er in Christoph Weidlitz' Trachtenbuch aus dem frühen 16. Jahrhundert gezeigt wird. Dort sieht der Betrachter die Verladung eines Pferdes mittels Holzkran und Bauchbinde in Barcelona[575]. Es kann wohl davon ausgegangen werden, dass auch ein Abladen sich ähnlich vollzogen hat und es insgesamt siebzehn mal durchgeführt werden musste. Dieses Abladen wurde mit hoher Wahrscheinlichkeit von den Einheimischen beobachtet.

Die mögliche Dekonstruktion dieses Mythos ebnet den Weg dafür, einen anderen Grund für die Angst der einheimischen Bevölkerung vor den Pferden zu suchen. Seit dem Mittelalter ist die Pferdezucht in Spanien bezeugt, die vornehmlich durch arabische Einflüsse Eingang in die Kultur Spaniens fand und die innerhalb Europas einen exzellenten Ruf

573 Vgl.: Barth, Brem, 566f.; Landa, Yucatán, 60.
574 Vgl.: Oeser, Mensch, 98.
575 Vgl.: Weidlitz, Trachtenbuch, plate LXII.

genoss[576]. Diese lange Tradition der Pferdezucht in Spanien sorgte auch für einen ebenso langen Einsatz der Tiere als Kriegsinstrument. Der damit zusammenhängende taktische Einsatz der Tiere in Mittelamerika, wäre auch ohne Ungeheuermythos Grund genug dafür gewesen, auf Seiten der Einheimischen Bevölkerung Amerikas die Pferde als ein Kriegsinstrument anzusehen, dem sie unterlegen waren.

d. de Sotos Erbe – Schweine in Amerika

Neben Pferden wurden aber auch noch andere europäische Haustiere nach Amerika eingeführt. Auch hierbei zeigt sich, dass es zum Teil kriegerische Auseinandersetzungen um Vieh gab. Der Ausgangspunkt des Streits waren hier Schweine, die von den Spaniern auf dem Nordkontinent maßgeblich verbreitet wurden. Ferdinand de Soto brach von der Karibik auf, um Florida zu erkunden, und brachte „manie hogges“[577] von dort mit. Hauptziel war sicherlich, wie Crosby schreibt, dass er „used them for food only in dire emergency“[578], aber das Resultat dieses eingeschränkten Nutzens („and thus had seven hundred at the time of his death three years later“[579]) verweist darauf, dass so Schweine in großer Zahl verbreitet wurden. Dieser Umstand war den Spaniern sehr wohl bewusst, denn

> „[t]he Gouernour inuited the Cacique, and certaine principall Indians, and gaue them hogges flesh to eate. And though they did not commonly vse it, yet they were so greedie of it, that euery night there came Indians to certaine houses a crossebow shot from the Camp, where the hogges lay, and killed, and carried away as many as they could.“[580].

Diese Episode endete, als drei Mitglieder des ungenannten Indianer-Volkes gefasst wurden, für zwei von ihnen tödlich, für den dritten wurde befohlen „to cut off the hands“ und man „sent him so handled to the

576 Vgl. für die mittelalterliche Bedeutung das Epos von Herzog Ernst, V. 4603: „ein vil schoene castellân“.

577 Hakluyt, Virginia, 19.

578 Crosby, Exchange 78.

579 Ebenda.

580 Hakluyt, Virginia, 64.

Cacique“[581].

Die hier beschriebene Art der Übertragung des Schweinefleischverzehrs, die sich letztlich wiederum auf die Europäer auswirkt, die nunmehr Diebstähle ihrer Schweine befürchten müssen, ist kein Einzelfall. Auch für die Choptico und die Mohegans ist dies belegt. Daniel Gookin beobachtete bei den letztgenannten, dass „[t]hey used to oil their skins and hair with bear's grease heretofore, but now with swine's fat“[582]. In beiden Fällen hat die Einfuhr des Schweins zu Veränderungen im Verhalten der Ureinwohner geführt. Grundlegende Kulturtechniken in Bezug auf Nahrung und Kleidung wechseln. Die Choptico, die vorher nie Tiere gehalten und gezüchtet haben, imitierten das europäische Verhalten und begannen, nachdem sie diese Technik bei den Europäern sahen, Schweine zu halten[583].

Am Anfang aber steht de Sotos Kontakt mit dem unbekannten Volk in Florida. Hier ist die Vermutung, es ginge um Prestigegewinn und somit um die Anerkennung der Europäer als höher entwickeltes Volk auf Seiten der Indianer eher fraglich. Zwar wird von den Spaniern eine Imitation forciert, indem sie den Indianern Schweinefleisch zu essen geben, das in den Augen der Spanier dreiste Verhalten des Diebstahls jedoch lässt darauf schließen, dass die Indiander wenig Respekt vor den Spaniern besaßen, was durchaus den Schluss zulässt, dass diese nicht als Gruppe angesehen wurden, denen man zugehören will. Vielmehr standen die Schweine im Vordergrund des Interesses und mit ihnen der praktische Nutzen, der auch hier maßgeblich für die Imitation der Haltung war.

3. Das Prestige der Tiere: Wenn der Status vom Tier abhängt

Dass mit Tieren in jeder Kultur und zu nahezu allen Zeiten jenseits des real existierenden Tieres auch eine darüber hinaus gehende Vorstellungswelt verbunden war, sollte im ersten Teil klar geworden sein. Viele dieser Vorstellungen waren mit sozialen Status verknüpft. Soziale Gesellschaftsschichten, Berufsstände, einzelne Individuen konnten durch eine Verbindung zu einem Tier erhoben oder erniedrigt werden. Im fol-

---

581 Ebenda.

582 Gookin, New England, 153.

583 De John Anderson, Creatures, 213.

genden Kapitel soll es um diese Erhöhung gehen bzw. um die Tiere, die genutzt wurden, um die Wertschätzung zu einem anderen Menschen oder eine Gruppe auszudrücken.

Die vier ausgesuchten Beispiele sind dabei ganz eigener Art. Es geht zum einen um ein Individuum, das in Europa zum Prinz gemacht und als solcher reich beschenkt wurde, aber in seiner Heimat schnell merkte, wie wenig ihm die europäischen Geschenke nützten. Zum zweiten geht es um einen Herrscher, der zwischen dem Eigenen und dem Fremden differenziert. Drittens und viertens schließlich geht es um afrikanische Rinder, die einmal benutzt werden sollen, um zu missionieren, zweitens geht es darum, wie Europäer diese Rinder sehen und ihr Wissen projizieren.

a. Tahitianische Kavallerie

Ein besonders seltenes Beispiel für eine Kulturmischung, die nur eine Person und nicht etwa eine gesamte Kultur betraf, findet sich auf Tahiti. Auf der dritten Reise James Cooks, bei der nicht die Existenz eines südlichen Kontinents – wie in seinen beiden Reisen davor – bewiesen, sondern ein Weg durch die so genannte Nordwestpassage entdeckt werden sollte, gab es noch ein weiteres Ziel: Die Rückkehr des Tahitinaers Omai (eigentlich Mai) zu den Gesellschaftsinseln. Dieser war auf der zweiten Reise durch das andere Schiff der Expedition, das neben Cooks *Resolution* beteiligt gewesen war, nach England gekommen. Als Cooks Kontakt zu diesem Schiff, der *Adventure* unter dem Kommando von Tobias Furneaux, abbrach, segelte dieser daraufhin eigenständig durch den Pazifik, wobei er auch früher wieder im Heimathafen ankam[584]. Mit an Bord hatte er den Tahitianer Omai, der rasch zur Sensation in London wurde. Auftritte in der Gesellschaft und vor George III. sorgten für Furore. Selbst ein eigenes Drama[585] wurde über ihn geschrieben. Seinen fast dreijährigen Aufenthalt nutzte Omai vor allem, um sich die Sitten und Gebräuche der Engländer anzueignen. Dabei war wohl nicht der Überfluss des Landes selber entscheidend, sondern die Kriegskultur Europas, zu deren existentiellen Bestandteil das Pferd gehörte. Omai befasste sich

584 Vgl.: Quarm, Omai, 153f.

585 Vgl.: http://www.captcook-ne.co.uk/ccne/themes/omai.htm (17. Juni 2012).

umfassend mit diesem Tier, etwa in dem er reiten lernte[586].

Der Grund für Omais Interesse ist in der politischen Struktur Polynesiens zu suchen. Auch wenn der Mythos der Südsee oft etwas anderes vermuten lässt, war Polynesien kein protozivilisatorisches Paradies, das sich Rousseau nicht hätte besser ausdenken können, sondern ein politisches System mit Intrigen, Machtspielen und kriegerischen Auseinandersetzungen. Schon zwischen der Ankunft Samuel Wallis' auf Tahiti 1767 und Cooks erster Reise 1769 dorthin hatten sich die politischen Konstellationen verändert und die ursprüngliche Königin war abgesetzt worden[587]. Die politischen Verhältnisse waren alles andere als stabil. Omai, als Mitglied einer Adelsfamilie, war sich dessen bewusst und spekulierte darauf, die militärische Überlegenheit Englands zu nutzen. Zwei Beispiele sollen dies illustrieren. Zum einen wandte sich Omai auf der Rückreise mit der direkten Bitte, einen Maori-Häuptling zu töten, an Cook. Zum anderen lässt sich auch anhand der Gastgeschenke, die Omai zu Teil wurden, ein gewisser Fokus in diese Richtung nicht negieren. Dabei handelte es sich um ein Gewehr, Schießpulver, Patronen und eine Rüstung[588]. Dazu kamen noch, wie es in einem anonymen Reisebericht der dritten Reise heißt, „four horses and mares of a delicate breed, for Omai“[589].

Das Pferd war in den Welten Ozeaniens nicht heimisch. Wenn es in frühgeschichtlicher Zeit auch zahlreichen Schiffsverkehr zwischen Asien, Australien und den Südseeinseln gegeben hatte, Pferde waren niemals transportiert worden. Die komplette mit dem Pferd in Europa und Asien einhergehende Kriegskultur war daher unbekannt. Unter anderem durch seine Reitstunden wurde sich Omai jedoch dieser um das Pferd aufgebauten Kriegskultur bewusst und entschied sich, auf Tahiti als glänzender Ritter zu erscheinen. Hier ist von einer Tranferleistung

586 Vgl.: Connaughton, Omai, 146.

587 Es sei dabei darauf hingewiesen, dass innerhalb der Ethnologie darüber gestritten wird, ob diese Königin Purea, wirklich eine Monarchien im klassischen Sinne war oder eine bloße Vorstellung der Europäer. Dieses Detail ändert jedoch nichts an der politischen Situation auf Tahiti.

588 Vgl.: http://www.captcook-ne.co.uk/ccne/themes/omai.htm (7. April 2012); Newell, Nature, 123.

589 Journal of Captain Cook's, 20.

auszugehen, die sich in einer individuellen Kulturmischung auf Seiten Omais ausdrückt.

Omai war vom Glanz Europas so geblendet, dass er ganz vergaß über die Konsequenzen seines Transfers nachzudenken. Zwar lohnte es sich möglicherweise durchaus ein Pferd für die politischen Auseinandersetzungen auf seiner Seite zu haben, nämlich dann, wenn die Gegner beim Anblick des Pferdes in einem ersten Moment des Schreckens irritiert wären, doch spätestens nach wenigen Tagen oder Wochen hätte sich dieser taktische Vorteil verflüchtigt. Ferner mag das Pferd zwar eine Kriegswaffe sein, vier Pferde und ein Reiter jedoch machen noch keine Kavallerie. Auch sein eigenes Schicksal blendete Omai aus. Er war der einzige Reiter Ozeaniens, so dass im Falle eines ihn betreffenden Unglücks, die Pferde nutzlos gewesen wären.

Bis zu diesem Punkt sind die Imitationsprozesse Omais eigentlich Anzeichen für einen Kulturwechsel, weniger für eine Mischung der Kulturen. Ein solcher Wechsel mag sich am Beispiel des Pferdes auch deutlich abzeichnen, sollte aber nicht darüber hinwegtäuschen, dass eine lange andauernde Tradition der Tahitianer, die den Europäern recht unverständlich war, sich auch bei Omai nicht veränderte. Vielmehr zeigt sich in diesem Fall eine gewisse Kontinuität in Bezug auf ein Prestigedenken Omais. Da auch hier tierische Produkte eine Rolle spielen, kann nicht von einem Wechsel im Umgang mit Tieren ausgegangen werden. Omai hatte bei seiner Rückkehr nicht alleine auf europäische Prestigeobjekte gesetzt, sondern war eben auch einer tahitianischen Tradition treu geblieben, deren Ergebnis dann auch den für ihn gewünschten Effekt bei den anderen Tahitianern – ganz im Gegensatz zu den fremden Mitbringseln – sorgte. Diese interessierten sich vor allem für die ihnen bekannten roten Federn.

Ausschlaggebend für Omais Reise nach Europa mag die politische Entwicklung auf Tahiti gewesen sein, daneben präsentiert Richard Connaughton in seiner Biographie Omais auch die persönlichen Hintergründe, die seine Entscheidungen prägten. Die Berichte lassen darauf schließen, dass Omai kein wirklich bedeutender Vertreter der tahitianischen Oberschicht war. Dies zeigt sich etwa daran, dass er von den Repräsentanten Boraboras, darunter einem Schwager Omais, erst dann gewürdigt wurde, als er unter all den Errungenschaften seiner Europareise die auf

Borabora so beliebten roten Federn zeigte[590]. Diese Federn sind weitere Überlegungen zu Omai und den Tieren wert. Auf Tahiti und auf Borabora waren diese Federn sehr beliebt, auf den Nachbarinseln nicht unbedingt. Georg Forster stellte dazu bereits fest:

> „Wir gaben ihnen einige Glaskorallen, Nägel und rote Federn, welch letztere sie weit richtiger als zu Tahiti einschätzten. Man hielt sie für bloßen Flitterstaat und wollte daher auch nicht Nutzbares dafür hergeben. Daß die Bewohner von Huaheine und Tahiti so verschiedener Meinung über den Wert der roten Federn waren, rührt anscheinend daher, daß das Volk dort wohlhabender ist als hier. Auf Huaheine müssen die Bewohner bei der Bestellung der Felder die Berghänge mit einbeziehen, und da es ihnen auf diese Art saurer wird als den Tahitiern, ihren Unterhalt zu beschaffen, können sie nicht dem Luxus nachhängen“[591].

Die Beliebtheit der roten Federn auf Tahiti lässt sich wohl vor allem auf ihre Seltenheit zurückführen. Die meisten Papageienarten besitzen in ihrer Grundform ein grünes Federkleid[592]. So auch der ausgestorbene Tahiti-Laufsittich, den als erster der Ornithologe John Latham als „fusco-viridis“ beschrieb[593]. Rote Federn sind daher sehr selten und lediglich beim Ara ein verbreitetes Merkmal[594]. Das Begehren nach diesen Federn hat zudem ihre Anzahl weiter verringert. Dass Omai mit neuen Federn auftauchte, durfte daher wirklich für Begeisterung gesorgt haben. Diese Federn selber stellen dabei bereits ein kleines Beispiel für kulturelle Transfers zwischen verschiedenen Weltregion dar, wie kurz aufgezeigt werden soll.

Der Papagei ist in Europa seit der Antike bekannt. Es existieren in mittelalterlichen Handschriften einige Bilder dieser Tiere[595] und auch in der Literatur des Mittelalters lassen sich sich finden. So heißt es etwa bei

590 Vgl.: Connaughton, Omai, 216.
591 Forster, Reise, 604f.
592 Vgl.: Hoyo et al., Birds, Vol. 4, 281.
593 Latham, Index, 102.
594 Vgl.: Hoyo et al.: Birds, Vol. 4, 281.
595 Vgl.: Badke, Beastiary.

John de Mandeville: “And there [in the Royal Estate Of Prester John] they find merchandises, and of popinjays, as great plenty as men find here of geese“[596]. Zwei Dinge lassen sich über den Papagei daraus ableiten, und beide haben miteinander zu tun. Dass der Papagei im Reich des Priesterkönigs Johannes vorkommt, ist Zeichen seiner Exotik. Dieses Reich, das lediglich im Glauben der mittelalterlichen Menschen bestand, lag entweder in Ostafrika oder Indien. Dass es dort in diesem paradiesischen Ort so viele Papageien gab, war ein Zeichen des dort herrschenden Überflusses, so dass der Papagei auch im mittelalterlichen Europa ein kostbares Tier war.

Dies änderte sich mit der Eroberung der Neuen Welt. Bereits Kolumbus schrieb keinen Tag nach seiner Ankunft davon, dass er „auf dieser Insel [in den Bahamas] [...]keine Tiere“ antraf, „bis auf Papageien“[597] und diese Vögel zum Handel angeboten wurden, denn „[die Ureinwohner] brachten Knäul gesponnener Baumwolle, Papageien, Spieße und andere Dinge mit sich, die alle aufzählen zu wollen zu weitläufig wäre, und tauschten sie gegen jeden noch so geringfügigen Gegenstand aus, den man ihnen anbot“[598]. Bis ins 18. Jahrhundert hinein hatte sich die Besonderheit der Papageien relativiert. Er war zwar in Europa noch immer selten, aber man darf davon ausgehen, dass sich in jeder naturkundlichen Sammlung der britischen Amateur-Biologen Exemplare fanden. Bei seiner Tour durch die höhere Gesellschaft wird Omai durchaus mit Federn beschenkt worden sein, so dass er sie mit sich führte, als er nach Hause kam und sie die einzigen Dinge aus Europa waren, die die Gesandtschaft interessierten.

Die fremden Wertgegenstände aber fielen eben kaum ins Gewicht, waren nicht Teil der Kultur Tahitis und hinterließen durch ihre bloße Existenz keinen bleibenden Eindruck. Eine weitere Szene zeigt dies noch deutlicher, denn Omai war nicht der einzige, der ein Pferd bekam. Auch Tu, der Fürst von Matavai, wurde damit beschenkt. Ihm war nicht klar was er damit sollte, und so richtete er Cook aus, er solle seinem König mitteilen, er solle „send him by the next Ships, red feathers and the birds

---

596 Mandeville, Travels, 179.
597 Columbus, Bordbuch, 40.
598 Ebenda, 39.

that produce them, axes, half a dozen muskets with powder and shot, and by no means, to forget horses "[599].

Versuche einer Übertragung beider europäischen Bedeutungen des Pferdes, der kriegerische und der des sozialen Prestiges, lassen sich auf Tahiti verdeutlichen. Während Omai wohl einer kriegerischen Funktion des Pferdes einigen Nutzen für Tahiti abgewinnen konnte und dabei durch seinen Aufenthalt in Großbritannien scheinbar so europäisch-fremd agierte, dass er seine eigene Umwelt komplett außen vor ließ, war dem Fürsten Tu und anderen Tahitianern eben diese Umwelt so bewusst, dass sie das Pferd als Prestigegeschenk der Briten zwar erkennen konnten und in der Lage waren, den Wert der Tiere für die Europäer zu erkennen – wie anders lässt sich der Einschub „by no means" deuten, als dass man niemanden kränken wolle – aber eine Imitation des kriegerischen Nutzens durch Kulturwechsel für sich komplett ausschlossen. Auf der anderen Seite sahen sie den Nutzen der Waffen sofort und baten um mehr.

Omai imitierte ohne Zweifel europäische Kultur und behielt darüber hinaus Bestandteile seiner eigenen Tradition bei. Er erkannte die Europäer als ihm kulturell überlegen an, und versuchte durch Imitation zu ihnen aufzuschließen. Diese grenzten sich nicht von Omai ab, sondern erfüllten seinen Wunsch. Ob sie ihn dabei ganz ernst nahmen, oder ihn eher als Kuriosität behandelten, wird dabei nicht deutlich. Omais Anliegen lag aber klar in der Steigerung seines Prestige durch Imitation europäischer Kultur. Dazu nutzte er alle Möglichkeiten aus, wobei das Ergebnis nur teilweise das Gewollte hervorbrachte. Omais Mischung der verschiedenen Prestigevorstellungen funktionierte, als er nach Tahiti zurückkehrte, nur in Bezug auf den tahitianischen Anteil. Die europäischen Möglichkeiten des Prestigegewinns führten für ihn in Tahiti allerdings zu keinem Erfolg.

b. Das Schweinefleisch des Moguls

Indien wurde seit dem 16. Jahrhundert von den Moguln regiert. Diese waren von ihrer Religion her Moslems, während ein großer Teil ihrer Bevölkerung dem hinduistischen Glauben anhingen. Für das folgende

---

599 Beaglehole, 3rd Voyage, Bd.1, 221, zit. nach Newell, Nature, 123.

Beispiel ist dabei vor allem bedeutend, dass den Moslems der Verzehr von Schweinefleisch verboten ist. Daher sorgt das Folgende dann doch für einige Verwirrung. Der Mogul war zu erstaunlichen Zugeständnissen bereit, wie der englische Gesandte Roe feststellte, als es um das Fleisch von Schweinen ging. Roe erkannte etwa innerhalb der Armee des Moguls, „some valiant, good souldiers, drinking wine, eating hogges-flesh, but woorshiping the figure of a beast“[600], eine Tatsache, die weniger auf Moslems, wie Roe kurz vorher vermutet[601], als auf Hindus schließen lässt, die den Propheten Mohammed in ihr Götterpantheon aufgenommen hatten. Daraus lässt sich jedoch der Schluss ziehen, dass auch in Indien der Verzehr von Schweinefleisch üblich war. Diese Parallele zur europäischen Kultur sorgt für die Möglichkeit des Austausches von diplomatischen Geschenken, denn der Mogul versprach Roe „hee had some fat wild Hogges sent him from Goa, and, if I would eate any, at his returne he would send me some“[602]. Das Geschenk selber ist dann für Roe eine wirkliche Überraschung, wenn er schreibt, dass „a fat Hogge, the fattest I euer saw, sent vp by Mochreb Chan, that came from Goa, which at midnight was brought home by a Haddy with this message: since it came to the King it had eaten nothing but Sugar and Butter“[603]

Der islamische Herrscher Indiens hielt sich Schweine, die er nur mit Zucker und Butter füttern ließ, was darauf hinweist, dass diese voluminösen Schweine ausschließlich für den Verzehr gedacht waren. Dieser Umstand scheint auf den ersten Blick aus den oben genannten Gründen ungewöhnlich. In Indien aber könnte von einer Anpassung an die dort üblichen Bräuche ausgegangen werden, um die Fremdherrschaft in der Hindubevölkerung akzeptabel zu machen. Das setzt voraus, dass der Verzehr von Schweinefleisch in Indien ein Kulturgut war. Dies ist aber nur bedingt richtig. Das indische Kastensystem unterscheidet zwischen hohen und niedrigen Kasten. Innerhalb dieser Tradition waren bis heute die hochstehenden Brahmanen Vegetarier, während die niedrigeren Kas-

600 Roe, Embassy, 312.
601 Vgl.: Ebenda,
602 Ebenda, 414.
603 Ebenda, 416.

ten durchaus auf Fleisch zurückgriffen[604]. Es ist recht unwahrscheinlich, dass der Mogul, um niedrigeren Kasten zu gefallen, ein religiöses Gebot des Islams brach.

Wahrscheinlicher ist hier wohl doch der europäische Einfluss[605]. Da die Europäer spätestens seit dem 15. Jahrhundert regelmäßig Indien besuchten und dort Handelsniederlassungen gründeten, vor allem in Goa, von wo die Schweine des Moguls gebracht wurden, ist deren Einfluss nicht zu unterschätzen. So ist die Zucht der Schweine in Indien das Produkt einer kulturellen Differenzierung, welches dort verfeinert wurde und als diplomatisches Geschenk weitergereicht wurde. Der islamische Herrscher kann ohne Probleme seinen eigenen kulturellen Kontext in Bezug auf Schweine außen vor lassen und sich einen fremden Brauch für den eigenen Zweck nutzbar machen.

c. Das Rind als Mittel der Mission

Der außergewöhnliche Umgang der ost- und südafrikanischen Bevölkerung mit ihren Rindern war den Europäern schon früh ins Auge gesprungen. Der Wert, der den Tieren beigemessen wurde, war vielen europäischen Händlern, die sich auf den Export der Tiere aus Afrika spezialisiert hatten, sicherlich ein Dorn im Auge. Andere Europäer aber, die sich eher um das Seelenheil der Afrikaner sorgten als um deren diesseitiges Leben, erkannten in den Rindern eine großartige Chance. Der Ursprung für dieses Erkennen fremder kultureller Eigenschaften war aber keinesfalls die bloße Neugierde auf fremde Kulturen, sondern des Zwecks, einen Teil der eigenen europäischen Kultur zu übertragen. Das mag Dreh- und Angelpunkt des Kulturbegriffs des 18. Jahrhunderts gewesen sein, hat aber in mindestens einem Punkt wesentlich ältere Ursprünge. Die Missionierung zum christlichen Glauben ist seit dem Entstehen des Christentums ein Akt, der es bedingt, sich fremden Kulturen so zu nähern, dass der dort herrschende Glaube sukzessive durch den christlichen Glauben abgelöst werden kann. Niemand anders als Papst Gregor der Große liefert dafür ein Beispiel, wenn er an den die Angelsachsen missionierenden Augustinus schreibt, er möge das vom ur-

604 Vgl.: Jolly, Food, 64.

605 Vgl.:Risi/Zürrer, Vegetarisch, 106.

sprünglichen Glauben bestehen lassen, was den wahren Kern der christlichen Religion nicht trifft[606]. Dieser Weisung folgten unzählige Missionare aller christlichen Konfessionen auch zur Zeit der europäischen Expansion.

Gerade in Bezug auf Tiere kann das zu interkulturellen Problemen führen. Der christliche Glaube ist durchzogen mit tierischen Metaphern aus der Region des Nahen Ostens. In anderen Regionen, in denen die Tiere dieses Gebiets gar nicht existierten oder ihnen auch eine ganz andere Bedeutung zuteil wurde, kann das zu einem Problem werden. Bereits im ersten Teil ist auf die Bedeutung der Rinder für Afrika hingewiesen worden. Der niederländische Missionar J. J. Kicherer war vermutlich einer der ersten, der sie für christliche Bekehrungsversuche nutze[607]. So kann Lichtenstein von einem von Kicherer 1799 gegründeten christlichen Institut berichten, das vor allem auf einer großen Zahl von Rindern beruhte, die er mitgebracht hatte. Dieser Umstand sorgte tatsächlich dafür, dass viele junge Einheimische sich dem Institut anschlossen. Lichtenstein, der mit Kicherer äußerst kritisch ins Gericht geht, erzählt weiter, dass Kicherer auf jegliche Form von Erziehung verzichtete und auch den Gottesdienst lediglich in englischer Sprache hielt, so dass die Einheimischen nicht folgen konnten. Als es in der Folge dieser Art von Umgang miteinander auch zu Misswirtschaft kam, an der die Rinder eingingen, verschwanden viele der zunächst dort lebenden Afrikaner wieder. Kicherer, der nach Lichtenstein auf enorme finanzielle Ressourcen zurückgreifen konnte, ließ neue Rinder nach Südafrika bringen. Die zuvor bei Kicherer lebenden Afrikaner jedoch, „fanden [...] es bequemer, [das Vieh] dem Institut zu stehlen und damit in die Wildnis zu fliehen, als es sich durch die geringe Mühe des Predigthöhrens und Betens zu verdienen, und aus den Lehrlingen des Instituts wurden nun seine furchtbarsten Feinde“[608].

Hier zeigt sich das Misslingen eines anfänglichen Versuchs von inter-

606 Vgl.: Beda, Historia, I, 30.

607 Für eine ausführliche Darstellung zu Kicherers Mission vgl.: Schoemann, Kicherer.

608 Lichtenstein, Africa, 301; für die vorangegangene Zusammenfassung vgl.: ebenda, 299-301.

kultureller Kommunikation durch das Rind, der jedoch, weil weitere Bedingungen etwa im Bereich von Sprache und Erziehung nicht erfüllt werden, auf Dauer nicht funktioniert. Das Rind wird als Einstieg benutzt, um Interesse zu wecken, ein Fortschritt in die gewünschte Richtung jedoch war nicht festzustellen. Dabei ist vor allem wichtig nicht auf den Europäer Kicherer zu achten, der zwar Wertvorstellungen der Südafrikaner imitierte, sie aber nicht tiefgründig genug nutzte. Diese bemerkten die Scharade Kicherers und nutzten den zweiten Missionierungsversuch, um sich der Rinder zu bemächtigen.

Deutlicher wird eine solche Abgrenzung aber auf der Insel Madagaskar, bei der dort wenige Jahre später ab 1818 einsetzenden Missionierung[609]. Die Rinder dort waren von besonderem Aussehen, wie bereits Jon Olafasson beschrieb, denn „between the shoulders they have a hump that looks like a horn but in is not a horn. It is covvered with hair and there is nothing under the skin and it gets smaller down the back. The meat is lean“[610]. Diese besondere Züchtung zeigt bereits, dass die Bedeutung der Tiere für die Menschen Madagaskars sehr speziell gewesen sein muss. Sie zeigt sich jedoch auch in transzendentalen Zusammenhängen. Dort geschah es nämlich, dass

> „after a generation of proclaming Jesus as the Lamb of God who sits on the right hand of His Throne and whose blood alone can save from sin, the old chief of a tribe which has resisted the Christian message revealed the reason for his people's indifference. We are a cattle-raising people; we despise sheep. Our clans asked the early missionaries whether there was a place on God's throne for a cow as well as for a sheep an when they were told „no“ they closed their hearts to the Christian Gospel“[611].

Die Vorstellung auf ein so bedeutendes aus der Region des Nahen Ostens nach Europa gekommenes Symbol wie das Opferlamm zu verzichten und es durch ein Kalb zu ersetzen, war für den europäischen Missio-

609 Vgl.: Ellis, Madagascar, Vol.I, iii.
610 Olafsson, Voyage, 35.
611 Davis, Missionary, 407f.

nar unmöglich umsetzbar, so dass er die Chance zur Missionierung eines ganzen Volkes verspielte. Deutlicher kann eine interkulturelle Fehlleistung kaum Ausdruck finden, als in diesem Beispiel, in dem sich sowohl die Missionare als auch das genannte Volk durch eine unüberbrückbare Differenz voneinander abgrenzten. Die Missionierung der einheimischen Bevölkerung war nach Meinung der europäischen Missionare nur in einer hundertprozentigen Übertragung der christlichen Kultur möglich. Aus diesem Umstand war klar ersichtlich, dass nur das Lamm als Zeichen für Christus gelten konnte.

d. Rinder und Vorstellungen in Südafrika

Die aus dem problematischen Verhältnis zwischen Buren und der südafrikanischen indigenen Bevölkerung entstandenen Schwierigkeiten zeigten sich nicht nur in Kriegszeiten, sondern auch im Frieden. Neben der Abgrenzung durch Hunde und Pferde wird dies am Handel und Tausch deutlich, der gerade bei Expeditionen auch für die Europäer wichtig war. Ein Beispiel dafür findet sich im Tagebuch des Sebastiaan Reenen, der 1793 festhalten kann:

> „Der andere Stamm versprach uns, des anderen Tages Rinder und Schafe zu bringen und dieselben an uns zu vertauschen, wo sie nichts weiter mitbrachten und nichts taten als betteln, und auf alles, was man sie auch fragte, mochten sie keine Antwort geben. Wir ließen ihnen sagen, daß wir als Freunde kämen, und warum sie nicht mit uns sprechen wollten, aber alles half nichts. Ich gab dem Kapitän einige Geschenke und sagte ihm, ich würde ihm fernerhin selbige nicht geben, wenn sie uns nicht Tragochsen und Schlachtvieh brächten [...]. Nachdem sie noch einige Zeit gegessen hatten, standen sie auf und gingen davon“[612].

Der hier erwähnte Stamm gehörte zu den Nama. Das diese nach ihren Erfahrungen mit den Niederländern, die sie dazu brachten nach Westen auszuweichen, über den Besuch derselben in der Walfischbai Namibias, also im ursprünglichen Ausweichgebiet der Nama, wenig Interesse zei-

612 Reenen, Tagebuch, in: Moritz, Reisen, 85.

gen und lediglich Ablehnung für den Buren übrig hatten, kann nicht verwundern. Der vergebliche Versuch der Schiffsmannschaft von diesen pastoral lebenden Menschen Rinder zu bekommen, zeigt deutlich, dass von den Europäern wenig gehalten wurde. Das von den Nama als Fehlverhalten wahrgenommene Gebären der Europäer sorgte bei ihnen für eine generelle Ablehnung, die sich im beschrieben Moment durch einen nicht stattfinden Handel ausdrückt, der von den Europäern selber als Betrugsversuch gedeutet wurde. Die Erklärung dieser Situation hat vor allem mit der bereits beschriebenen Bedeutung des Rindes in Ost- und Südafrika zu tun, über die sich gerade von indigener Seite den Europäern gegenüber häufig abgegrenzt wurde.

Während also die Nama die Rinder zur Abgrenzung durch die Europäer nutzten, die sie nicht leiden konnten, probieren verschiedene Europäer durch das Begreifen der afrikanischen Kultur sich zu integrieren. Dabei vergessen sie jedoch, dass es verschiedene afrikanische Kulturen gibt. Der bereits erwähnte John Barrow bietet im Jahre 1787 ein Beispiel für diesen Fehler, als er sein angelerntes Wissen über die südafrikanischen Völker auch auf ein ganz anderes Volk übertrug, als er das Hinterland des Kaps bereiste und bis nach Namibia vordrang. In seiner Beschreibung ist Bedauern gegenüber den Damara spürbar. So erkennt er zwar an, dass „sie ein Künstlervolk und mit Metallbearbeitung bekannt sind", sie jedoch „nach allen Berichten die ärmsten Menschen auf der Erde" seien. Die Begründung hierfür folgt auf dem Fuße, denn „sie halten keine Art Vieh, ihr Land ist nämlich so gänzlich unfruchtbar und sandig, daß kein Vieh darin leben kann"[613].

Diese Bewertung und die angebotene Begründung sind interessant, denn die Tatsache, dass das Volk der Damara augenscheinlich im Kunsthandwerk geschickt ist, müsste in europäischen Augen im Normalfall eher dazu führen, sie als weniger unzivilisiert zu betrachten. Der Tatsache, dass sie bereits in der Lage sind Metall zu verarbeiten, wird hier hingegen wenig Beachtung geschenkt. Damit verschiebt sich der Fokus Barrows. Nicht mehr die europäische Kultur ist Ausgangspunkt seiner Beobachtungen, sondern vielmehr werden die Vorstellungen anderer süd-

613 Alle Zitate dieser Passage stammen aus: Barrow, Schilderung, in: Moritz, Reisen 1760 – 1842, 94.

und ostafrikanischen Völker zum Ausgangspunkt von Barrows Kulturbegriff. Mit den Augen einer solchen Kultur, deren Status einzig über Rinder definiert wird, müssen die wenigen Rinder und die recht schmutzige Arbeit der Metallverarbeitung tatsächlich ärmlich aussehen. Die von Barrow hier an den Tag gelegte Vorstellung ist erstaunlich. Er verlässt den eigenen Denkhorizont, imitiert das Denkmuster des Volkes der Massai oder der Xhosa, was interkulturelle Fähigkeiten voraussetzt, aber mit diesem Wissen leistet er sich eine Fehleinschätzung des geographisch zwar nahe, aber kulturell ganz anders liegenden Volkes der Damara.

4. Der Geschmack der Tiere: Fleisch und andere tierische Produkte

Menschen essen Tiere. Dass es auch viele Kulturen gibt, in denen der Vegetarismus hoch gehalten wird, ändert an dieser Tatsache wenig. Ob Menschen für eine gesunde und reichhaltige Ernährung Tiere essen müssen, ist Teil einer Diskussion, für die hier nicht der Raum ist. Dass es aber eine lange Tradition gibt, aus der das Essen von Tieren hervorgeht, ist unbestritten. Einzig die Folge aus dieser Tradition wird diskutiert. Das Essen von Tieren hat dabei sowohl etwas mit Kultur als auch mit Natur zu tun. Der auf eine bestimmte Art zubereitete Braten oder das Tabu von Fleisch eines speziellen Tieres berühren den ersten Punkt, der Wille zum bloßen Überleben bestimmt den anderen. Gerade in der Zeit der europäischen Expansion kann aber der letzte Aspekt den ersten Aspekt übertrumpfen, wie das erste Beispiel des folgenden Unterkapitels zeigt. Im zweiten Beispiel dieses Kapitels wird aus einer ungewöhnlichen Kultur übergreifenden Handlung schließlich eine Überlegung, die Europa helfen sollte, wenn sie durchgeführt worden wäre. In weiteres Beispiel führt vor Augen, inwieweit eine Transfer eines Tieres in der frühen Neuzeit auch heutige kulinarische Angewohnheiten verändern konnte.

a. Hunde und Katzen essen in Notsituationen

Im vorherigen Teil wurde bereits darauf hingewiesen, dass das Essen von Hunden in Amerika nichts Ungewöhnliches war. In Europa aber hatte sich eine solche Tradition nicht ergeben. Umso interessanter ist es, zu beobachten, was passiert, wenn die Europäer entgegen ihrer eigenen Tradition handeln und sich zum Verzehr eines Hundes durchringen. Im Folgenden werden mehrere Beispiele genannt. Während in den ersten dreien der Verzehr tatsächlich aus einer Notlage heraus entsteht, ist der letzte mehr als ein diplomatisch-interkulturelles Experiment zu betrachten.

Als die Europäer in Amerika ankommen, gilt es zunächst einmal sich den Bedingungen dort anzupassen. So beschriebt der Franziskaner Diego de Landa in Yucatan etwa die folgende Szene:

> „[...] kurze Zeit darauf ging ein Ordensbruder zusammen mit den Indios dorthin, um [den Alligator] zu töten; und hierfür nahmen sie einen nicht allzu großen Hund und stießen ihm einen harten, mit Spitzen versehenen Stock durch das Maul bis in den After, und an den Gedärmen des Hundes banden sie einen sehr starken Strick fest [...]“[614]

Die Benutzung des Hundes in dieser Form zeigt deutlich, dass in Yucatán der Hund nicht als Jagdbegleiter genutzt wurde, sondern selber als Nutzvieh zur Verfügung stand. Daher waren die einheimischen Hunde Yucatáns für die Jagd wohl unbrauchbar. So ist die Aussage von de Landa ein Beleg dafür, dass auch die Spanier im Umgang mit den Maya nicht bloß ihre Vorstellungen transportieren, sondern durchaus deren Praxis übernahmen, indem sie den Hund hier als Köder für den Alligator benutzten.

Eine Anpassung der Europäer an lebensfeindliche Umweltverhältnisse in Amerika zeigt sich im 17. Jahrhundert. Weiter oben wurde bereits darauf hingedeutet, dass in Amerika keine Katzen domestiziert worden waren, wenn auch die wild lebenden Verwandten, wie etwa der Jaguar in einigen Kulturen große Verehrung erfuhren. Keiner der untersuchten Reiseberichte gibt einen Hinweis darauf, wann Katzen tatsächlich in Amerika eingeführt wurden. Auf europäischen Schiffen jedoch kamen zahlreiche Katzen in die neue Welt. So finden sich in den Berichten Spuren, die die Rolle der Katzen deutlich machen. Der deutsche Soldat Aldenburgk erzählt davon, dass bei seinem Aufenthalt in Brasilien ein Verbot von einem seiner Vorgesetzten ausgeben wurde:

> „[B]ey hoher Leibstraff“ [sollte niemand] Katzen mehr [...] schiessen, und [vmbringen], denn grosser mangel an victualien, sonderlich an Fleisch vorfiel, welcher causiert,

614 Landa, Yucatán,191.

daß man Pferd, Hund vnd Katzen in der Stadt verzehrte, endlichen die legobanen angienge. Dieweil sich aber eine grosse Noht von grossen vnd kleinen Meussen in der Stadt ereignete […]"[615].

Damit ist auch bereits der Grund genannt, warum die Katze mitgebracht wurde. Als Schiffskatze, die sich um die Mäuse und Ratten an Bord kümmern sollte, wurde sie eingeführt, wobei ihre Gegner, eben jene Nagetiere, auch mit importiert wurden. Das gute Klima sorgte dann aber dafür, dass diese sich besonders schnell vermehrten. Das von Aldenburgk erwähnte Problem nahm zu einem anderen Zeitpunkt noch größere Ausmaße an. Richshoffer kann berichten, dass

> „[v]on dem 21. biß auff den Letsten sein von vnserem Volck zu dem Feind viel hinüber geloffen, die Ursach ware, daß wir gar wenig Proviant gehabt, vnd öffters in acht Tagen nicht so viel Brodt odere Speisen bekommen, als einer gar wohl in zween Tagen verzehren können, derowegen die Hunde, Katzen vnd Ratten haben müssen herhalten"[616].

Die Versorgung mit Nahrung war in Südamerika diesen beiden von einander unabhängigen Berichten zufolge ein stetiges Problem. Die Abwesenheit von heimische Schlachtvieh ließ die Europäer darben, so dass die Katze auch zur Nahrung wurde. Dieser den beiden Autoren sichtbar als nicht konventionell erscheinende Weg der Nahrungsbeschaffung kann sich nur durch die völlige europäische Ignoranz der einheimischen Gruppen und Völkern erklären lassen. Ohne deren Wissen über essbare Tiere und Pflanzen sowie Jagdpraktiken griffen die Europäer auf Hunde und Katzen zurück.

Auch zu späteren Zeiten taucht dieses Phänomen weiter auf. In seiner *Histoire de Royaume de Quito* erzählt der Jesuit Juan de Valasco eine Geschichte in der ein Spanier einen großen Goldnugget findet, und zurück zu seinen Leuten geht, als „lorsqu'il vit passer un petit chien indien; il jeta aussitôt l'or pour courir après le chien, et pendant ce temps il roula

615 Aldenburgk, Reise, 57.
616 Richshoffer, Reise, 60.

dans la rivière d'où il venait de le retirer, mais il aima mieux perdre son or que d'abandonner sa chasse“[617].

Ein weiteres Beispiel für eine temporäre Übernahme indigener Bräuche zeigt sich auf der ersten Reise James Cooks, auf der die Europäer sehr bemüht waren, keinerlei negative Wertung im Umgang mit den Polynesiern in Bezug auf den Verzehr von Hunden zu äußern, sich sogar daran zu beteiligen. Schon auf der ersten Reise konnte Banks in sein Journal schreiben, dass

> „[t]his morn early Oborea and Co came to the tents bringing a large quantity of provisions as a present, among the rest a very fat dog. We had lately learnt that these animals were eat by the Indians and esteemed more delicate food than Pork, now therefore was our oportunity of trying the experiment. He was immediately given over to Tupia [one of the Tahitians] who finding that it was a food that we were not acustomd to undertook to stand butcher and cook both. He killd him by stopping his breath, holding his hands fast over his mouth and nose, an operation which took up above a quarter of an hour; he then proceeded to dress him much in the same manner as we would do a pig, singing him over the fire which was lighted to roast him and scraping him clean with a shell. He then opend him with the same instrument and taking out his entrails pluck &c. sent them to the sea where they were most carefully washd, and then put into Cocoa nut shells with what blood he had found in him. The stones were now laid and the dog well coverd with leaves laid upon them. In about two hours he was dressd and in another quarter of an hour compleatly eat. A most excellent dish he made for us who were not much prejudicd against any species of food; I cannot however promise that an European dog would eat as well, as these scarce in their lives touch animal food, Cocoa nut kernel, Bread fruit, yams &c, being what their masters can best afford to give them and what indeed from custom I suppose they preferr to any kind

617 Valasco, Histoire, 215.

of food“[618].

Banks beschreibt hier, wie auf der ersten Reise Cooks auf Tahiti den Gästen ein Hund geschlachtet, ausgenommen und serviert, wurde und wie die Europäer diesen Hund aßen. Mindestens zwei Möglichkeiten gibt es zur Interpretation dieser Passage. Die erste bedient die Rezeption. Banks war sich bewusst, dass seine Aufzeichnungen publiziert werden würden. Ein Moment des Schocks für das Publikum war demnach wohl eingeplant und wird durch die Zuspitzung „a most excellent dish“ noch meisterhaft in Szene gesetzt. Die zweite Möglichkeit ist die der kulturellen Differenzierung. Getrieben durch wissenschaftliche Neugier und den Reiz des Exotischen biss Banks beherzt zu und schaffte so eine Jahrhunderte alte europäische Tradition temporär beiseite. Wenn man bedenkt, dass Banks selber zwei Jagdhunde mit auf diese Reise genommen hatte, ist seine Aktion besonders bemerkenswert. Gleichzeitig wechselt Banks in seinem Eintrag gar nicht gänzlich auf die fremde Seite, sondern bemerkt kurz, er glaube kaum, dass europäischer Hund ähnlich schmecken würde. Ein Hinweis darauf, dass er die Barriere gar nicht einbricht, die zwischen den Kulturen besteht, sondern sie lediglich übersprungen hat. Er möchte keinesfalls dazu auffordern, in Europa Hunde zu essen. Sein Sinn ging eher dahin, dem europäischen Publikum eine tahitianische Tradition zu erklären, indem diese selbst temporär übernahm..

Das sah Johann Reinhold Forster, der an Cooks zweiter Reise teilnahm, ganz anders. So schreibt er in seinem Journal vom 10. Juni 1773:

> „It is really a pity, that in Europe there are such terrible prejudices among mankind, as to think cats, dogs, horse & other Animals (we are mot used to eat by custom) to be unclean & an Object of abomination. I do not doubt, but education, custom & the reminder of Judaism have much contributed to prejudices against this food. Many poor Man cannot keep a Cow, a Sheep, Goat or Pig, but there is hardly a Cottage without a Dog & a Cat: their numerous brood is commonly drowned, because we do not know what to do with: but were it general to eat these domestic Animals who afford

618 http://southseas.nla.gov.au/journals/banks/17690620.html (06. Juni 2012).

both a wholesome & palatable food, many poor a poor Man could now & then feast upon flesh, which he but too often must obtain from, because it is not in his power to procure it for his family by his earnings. Providence seems to have this & many other Animal destined for a food to mankind, because we see they have so many young ones at a time, & they would absolutly become a nuisance was it not for the cruel custom to drown the poor creatures when they scarce born. We complain therefore often too unjustly against the scarcity of food, when there are many suicidanea, which prejudice caused us to neglect & detest. Many a Lady & Gentleman fond their Lap-Dogs & favorite Cats will be displeased with this doctrine, but true Philosophy & common sense seems to be on my Side & self interest & prejudice on theirs[619]".

Die Lösung des Problems der Hungerkrisen in Europa war beiden Forsters ein großes Anliegen. Während der Sohn Georg dafür vor allem auf die Brotfrucht[620] setzte, interessierte sich sein Vater vor allem für die Ernährung mit Fleisch. So löblich die Überlegungen auch sein mögen, ist sein Gedankenexperiment, das ganz im Sinne eines Transfers von Kultur steht, aus der ökonomischen Perspektive zum Scheitern verurteilt. Denn ähnlich, wie auch das tahitianische Nutztier Hund ein Zeichen von Wohlstand ist, so führte die Umsetzung von Forsters Idee zu einer ähnlichen Aufwertung des Hundes und der anderen Haustiere in Europa, was die Ausgangsvoraussetzungen („there is hardly a Cottage without a Dog & a Cat") ändern würde. So ist Forsters Versuch einer kulturellen Übertragung von Tahiti nach Europa zum Scheitern verurteilt, weil er weder die Umstände, in denen Hunde in Tahiti gegessen werden, noch die wirtschaftlichen Bedingungen Europas bedenkt.

Waren die bisherigen Beispiele zum Hundeverzehr im 18. Jahrhundert in Polynesien noch der wissenschaftlichen Neugier und dem Erkenntnisgewinn geschuldet, so zeigt sich auf der dritten Reise Cooks ein ganz anderer Grund. In Bezug auf das Hundeessen findet sich eine weitere

---

619 Forster, Journal.303f.

620 Forster, Brodbaum.

Idee von Kulturmischung, wie Alexander Home berichtet, der an dieser Reise, auf der Neuseeland erneut angesteuert wurde, teilnahm:

> „When we were in New Zealand, Neddy Rhio, one of my messmates had got hold of a New Zealand dog, as savage a devil as the savages from whom he got it, and this same dog he intended to bring home to present to thc Marchioness of Townsend, his patroness. But one day, when Neddy was on shore on duty, a court-martial was held on the dog, and it was agreed nem. con. that, as the dog was one of the cannibal origin, and was completely a cannibal itself, having bit every one of us, and shewn every inclination to eat us alive if he could, that he should be doomed to death, and eat in his turn, we being short of fresh provisions at the time. The sentence was immediately executed, the dog cooked, dressed, and eat, for we could have eat a horse behind the saddle, we were all so confoundedly hungry; but, considering that Neddy had the best right to share, we put past his portion in a wooden bowl, and by way of having some sport, we cut a hole in the dog's skin, and as Neddy came up the side, popped his own dog's skin over his head with the tail hanging down behind, and the paws before. He looked the grin horried, told us we were all a set of d---d cannibals, as bad as the New Zealanders we were amongst, and dived down below quite in the sulks. I had locked up his share, and went down after him to see if hunger would overcome his delicacy, and sure enough, after growling and grumbling and swearing a reasonable time, he looks at me very woefully and says, 'D---n you, did you not even leave me a share?' 'That I did' says I, "Neddy, my boy, and here it is for you.' So poor Rhio munched up his dog, cursing all the while as heartily as we were laughing at him"[621]

Der sich hier abzeichnende Kulturtransfer ist anders als die vorherigen. Das Motiv für das Hundeessen besteht vordergründig einzig darin, sich

621 Salmon, Trail, 1.

an dem neuseeländischen Hund für etwas zu rächen, dass die Neuseeländer zu verantworten haben. Tatsächlich aber zeigt sich hier sehr wohl ein pures Vergnügen der Seeleute, einen Schabernack mit ihrem Kameraden zu treiben. Sie essen den Hund aus keinem anderen Grund. So etwa ist keine Notsituation gegeben, auch wenn im Text von „confoundedly hungry“ die Rede ist. Da das Schiff vor der Küste Neuseelands lag, war es ohne Probleme möglich, an Nahrungsmittel zu gelangen. Der hier angedeutete Hunger bezieht sich daher wohl vor allem auf das Fehlen von Fleisch, was nicht ohne Probleme zu bekommen ist, da man sich nicht im direkten Umgang mit Einheimischen befand.

Die hier von einzelnen Europäern gezeigte Imitation war niemals eine vollständig ihre Kultur verändernde. Die Überlegungen Reinhold Forsters zum Hundeessen haben sich nicht durchgesetzt, die von Home wiedergegebene Szene ist lediglich dem temporären Aufenthalt der Schiffsmannschaft auf Neuseeland geschuldet und Banks hat gar nicht die Absicht, das Hundeessen in Europa zu etablieren. So bleiben die Imitationen situationsabhängig und kurzfristig. Das hat vor allem mit dem Motiv dieser Imitationen zu tun. Forster bezieht sich klar auf eine in Europa vorhandene Notsituation, Home erzählt zwar eine kuriose Geschichte, was ihm ein gewisses Interesse sichert, aber kaum dauerhaftes Prestige, auf das er es auch nicht abgesehen hatte und Banks Motivlage ist bei der Niederschrift seiner Erfahrungen auf Ähnliches aus wie Home, in der konkreten Situation jedoch ist es nicht das Prestige, das ihn reizte, vielmehr scheint es ein davon losgelöstes Dazugehören und Erleben zu sein, das für ihn ausschlaggebend war.

Auf der Seite der Polynesier zeigte sich in Bezug auf die Hunde nach allen, was wir wissen, wohl kein großes Interesse an der der Übernahme europäischer Vorstellung in Bezug auf den Hund. Obwohl auf Cooks erster Reise zwei Windhunde mit Banks reisten, die er zur Jagd auf Kängurus nutzte, diese aber „easily beat my grey hound, who tho he was fairly started at several killd only one and that quite a young one“[622], scheint es auf Seiten der Polynesier kein Bedürfnis gegeben zu haben, sich diesen in einer Art zu nähern, die ein Missverstehen ausgelöst hät-

622 http://southseas.nla.gov.au/journals/banks_remarks/268.html (22. April 2013).

ten, etwa im dem man probiert hätte, sie Banks abzukaufen, um sie zu essen.

b. Die japanische Delikatesse aus Kobe

Im vorangegangenen Teil hatte ich bereits angeführt, dass in Japan der Verzehr von Rindfleisch alles andere als beliebt war. Dem heutigen Gourmet mag das recht seltsam vorkommen, gilt doch das Fleisch des japanischen Kobe-Rinds als eines der besten der Welt. Es ist durchaus möglich, dass hier eine Imitation auf Seiten der Japaner stattfand, die durch die Europäer beeinflusst wurde. Jedoch wird dieser Einfluss erst für das ausgehende 19. Jahrhundert mit dem Ende der Abschottung Japans historisch fassbar[623], die Umstellung auf Rindfleisch als Nahrungsquelle sogar erst mit dem Ende des 2. Weltkriegs[624] und ist somit nicht Teil des hier zu betrachtenden Zeitraums.

Dennoch beginnt die Geschichte des Kobe-Rinds bereits früher. Die zunehmende Metallverarbeitung im 16. Jahrhundert in der Region Chugoku sorgte für die Zucht starker Bullen als Arbeitstiere, die heute gerne als Vorfahren des Rindes angesehen werden. So heißt es etwa auf der Homepage des amerikanischen Marktführers für Kobefleisch:

> „From 1635 to 1868, the cowherd in Japan was officially closed by mandate of the Shogun. Except for a short period during the Meiji Restoration in the late 1800's, the national herd has remained closed to this day“[625]

Dass diese Abschottung keineswegs eine durchgehende war, ist bekannt. Die niederländische VOC war durchaus in der Lage, vereinzelt nach Japan zu gelangen und dort Handel zu treiben. Die Vermutung liegt nahe, dass diese VOC auch Rinder nach Japan verschiffte, zumal wenn die Nachfrage in bestimmten Regionen stieg.

Aus systematischer Sicht weichen die Kobe-Rinder von der Aufstellung zur weltweiten Verteilung der Rinder ab. Im Gegensatz zum normalerweise in Südostasien verbreiteten *Bos indicus* handelt es sich beim

623 Vgl.: Mukai et al., Cattle, 254.
624 Vgl.: Longworth, Beef, 8.
625 http://www.kobe-beef.com/Wagyu-History/default.aspx (16. Mai 2012).

Kobe-Rind um einen *Bos taurus*, wie er für Nordostasien typisch ist. Obwohl bereits vor 4000 bis 5000 Jahren domestiziert, wurden diese Tiere erst im ersten Jahrhundert n. Chr. über Korea nach Japan importiert[626].

Die Besonderheit dieses Rinds liegt vor allem in seiner genetischen Reinheit begründet, die sich durch die Abwesenheit europäischer Einflüsse auszeichnet, anders als dies bei den restlichen Rinderarten Asiens der Fall ist[627]. Auch in Japan wurden diese Kreuzungen mit der Öffnung des Landes nach 1880, mit dem Ziel, die aufkommende Nachfrage nach Fleisch und Milch durch größere Rinder und mehr Milchproduktion zu befriedigen, durchgeführt. Bereits Anfang des 20. Jahrhundert wurde jedoch bemerkt, dass die eingekreuzten europäischen Rinder einen größeren Futterverbrauch verursachten und die nachkommenden Rinder ihrer ursprünglichen Aufgabe als Zugtier nicht mehr im ausreichenden Maße nachkamen. Daraufhin wurde der Entschluss gefasst, auf die europäischen Rinder zu verzichten und durch gezielte Züchtung ihren genetischen Einfluss wieder rückgängig zu machen[628].

Interessanter Weise wurde aufgrund genetischer Untersuchungen herausgefunden, dass das japanische Rind dennoch viel näher mit dem europäischen Rind verwandt ist, als mit anderen Rindern der Familie[629]. Während die Genetiker davon ausgehen, dass diese Verwandtschaft entweder durch das Einkreuzen der europäischen Rinder ab 1880 zurückzuführen ist, was sie für unwahrscheinlich halten, oder aber auf Handelsbeziehungen während der Mongolenherrschaft im 13. Jahrhundert, deren Reich bis in den Nahen Osten reichte, zurückgeht[630], soll in dieser Arbeit ein anderes Szenario vorgeschlagen werden.

Ausgehend von der erhöhten Nachfrage der Japaner nach starken Zugtieren im 17. Jahrhundert und der stattgefundenen Verbreitung europäischer Rinder durch die VOC vor und in der Zeit der japanischen Abschottung, ist es durchaus möglich, dass der genetisch belegbare Einfluss europäischer Rinder vor allem in der frühneuzeitlichen Expansion statt-

626 Vgl.: Mannen, et al., Cattle, 1169.
627 Vgl.: Ebenda.
628 Vgl.: Mukai et al.: Cattle, 254f.
629 Vgl.: Mannen et al.: Cattle, 1172.
630 Vgl.: Ebenda, 1172 – 1174.

gefunden hat. Das zeigte sich auch durch die zugrunde liegenden Gensätze, die von Mannen genutzt wurden. Drei der Vergleichssätze stammen von den bekannten friesischen Rindern[631], die von den Niederländern nachweislich nach Amerika verschifft wurden[632]. Eine Verbreitung nach Japan ist daher absolut möglich.

In dieser Zeit war ein gezieltes Zuchtprogramm für Rinder in Europa erst im Entstehen begriffen[633]. Daher waren die für die späteren japanischen Züchter inakzeptablen Begleiterscheinungen, die mit Züchtungen einhergehen können, auch noch nicht vorhanden bzw. in solch störender Weise ausgeprägt, dass eine mehr oder weniger zufällige Vermischung der vorhandenen japanischen Rinder mit importierten Rindern wahrscheinlich ist.

Aus kultureller Sicht ist der hier angedeutete und wahrscheinliche Handel eine Übereinkunft zwischen zwei gleichgestellten Verhandlungspartnern, an deren Ende der erfolgreiche Verkauf der europäischen Rinder auf Seiten der Niederländer zu vermelden war, auf der Seite der Japaner der erfolgreiche Ausbau ihrer Metallverarbeitung.

c. Die Heiligkeit der Kuh

Die Heiligkeit der Kühe in Indien stellte Europäer, die Rindfleisch essen wollten, vor ein großes Problem. Zwar waren der Verehrung der Tiere durchaus Grenzen gesetzt, wie Roe herausstellt, wenn er erzählt, dass

> „[a]t night I went toward the Court, but the King, vpon newes of a Lion that had killed some Horses, was gone to hunt ; so that I had leisure to seeke some water. For we were brought to a hill with a multitude of people (so great is the foresight, and so good the Policie) where was no water, that men and Cattle were like to perish. That little that was in Pooles some great men possessed, and kept by force. I

631 Vgl.: Datenbank GenBank: http://www.ncbi.nlm.nih.gov/nuccore/L27718, http://www.ncbi.nlm.nih.gov/nuccore/L27719 und http://www.ncbi.nlm.nih.gov/nuccore/U51818 (alle am 17. Mai 2012). Nicht verschwiegen werden darf, dass auch andere europäische Rindergensätze in den Vergleich einbezogen wurden.

632 Vgl.: Benecke, Haustiere, 279.

633 Vgl.: Ebenda.

> could get none ; the poore forsooke the Citie, and by Proclamation many were commanded away, all Horses and Cattel forbid, and so those who were now in hope to rest were forced to seeke new Dwellings, who departed some two, three and foure Course off, to the extreame trouble of all men, and the terrible rising of prouisions“[634].

Doch stellt Wasserknappheit sicherlich eine Problem dar, dessen Tragweite weiter geht als die Verehrung einer Kuh – zumal hier nicht irgendwer eine Entscheidung trifft, sondern der Mogul. Für die Europäer hingegen galten andere Regeln im täglichen Miteinander mit der einheimischen Bevölkerung.

Da das Rind vor dem religiösen Hintergrund der Europäer keine besondere Bedeutung hat, stoßen auch sie auf ein Problem in Indien, das allerdings gelöst werden kann. Während in der hinduistischen Religion die Schlachtung der heiligen Kuh aus der Unterart der *Bos indicus* ein Sakrileg wäre, ist es die Schlachtung von *Bos taurus* oder Mischformen aus beiden nicht[635]. Dieser Umstand führte dazu, dass in der Zeit der indischen Handelskompanien europäische Kühe als Schlachtvieh nach Indien verschifft wurden. Diesem Import widmete sich auch die Kunst der Zeit, etwa des Goldenen Zeitalters der Niederländer[636]. Das Gemälde *Landung eines Dreimasters an einer südlichen Küste* von Boneventura Peeters aus dem Jahr 1633 ist dabei besonders aufschlussreich[637]. Das Bild zeigt die Entladung eines niederländischen Handelsschiffs. Während nahe am Schiff selber einige wenige Figuren dabei sind, Gegenstände in die Boote einzulassen, ist auf einem anderen Boot diese Arbeit bereits erledigt und es fährt auf die Küste zu. In diesem Boot befindet sich eine aufrecht stehende Kuh. Die außereuropäische Verortung der Landschaft wird neben den nur leicht bekleideten Einwohnern auch durch einen Elefanten bestätigt, der am Ufer wartet und auf dessen Schultern ein Reiter sitzt – ein Zeichen für die Regionen Indien und In-

634 Roe, Embassy, Bd. II, 372.

635 Vgl.: Jaeggi, Kuh, 9.

636 Vgl.: Stukenbrock, Wirtschaft, 126ff.

637 Vgl.: Ebenda, 146.

dochina, in denen Elefanten einzig für diese Aufgaben dressiert wurden.

Die Heiligkeit der Kuh führte dazu, dass die Europäer ihre eigenen Kühe nach Indien brachten. Eine Übertragung der eigenen kulturellen Vorstellungen auf die indische Kuh war eine Unmöglichkeit. Die indische Bevölkerung ihrerseits unterließ eine Übertragung der Heiligkeit auf eine Kuh, die nicht zu ihrem natürlichen Raum gehörte. So findet sich hier erneut eine Differenzierung auf mentaler und dadurch beeinflusst auf praktischer Ebene, die das Miteinander beider Kulturen vereinfachte.

5. Das Denken von den Tieren: Mentalitäten im Wandel

Das folgende Kapitel ist dreigeteilt und enthält pro Unterkapitel mehrere Beispiele, die allesamt ähnliche Änderungen in Vorstellung und Verhalten bedingt durch verschiedene Kontaktsituationen aufzeigen sollen. So geht es im ersten Unterkapitel ganz wie in den übrigen bisher gezeigten Beispielen um Änderungen, die es in der außereuropäischen Welt durch die Einfuhr europäischer Haustiere gab. Im Gegensatz dazu zeigt das zweite Unterkapitel inwiefern sich europäische Vorstellungen in einer fremden Umwelt anpassen können. Das dritte Kapitel schließlich weißt daraufhin, dass der Kontakt zur Welt außerhalb Europas auch Einfluss darauf hatte, wie man in Europa selber Dinge anpasste.

Als Beispiele sind dafür ganz praktische Vorstellungen in Bezug auf Transport und Jagd neben religiösen und begrifflichen Vorstellung aneinander gestellt worden, während in Europa vor allem das Kuriose am Fremden zu einer Übernahme führte, wenn sich im Fall von Blumenbach auch ein praktischer Aspekt daraus ergab.

a. Hasen und Bienen – Europäische Vorstellungen beeinflussen Einheimische

Hasen und Bienen gehören in Nordamerika, wie an anderer Stelle erwähnt, zum festen Bestandteil der endemischen Fauna. Der Umgang mit dem Tier ist dabei ganz unterschiedlich, wie die drei folgenden Beispiele zeigen. Auf den Aleuten wurden Hasen gejagt bzw. das Fell abgezogen, denn „they handed the fur Jacket which was hoisted on the Pole to him in return, these Jackets were made of white Hare Skins“[638].

Anders stellt sich die Sache im Osten des Kontinents da. Die Inuit in Grönland waren in Bezug auf die Hasenjagd weniger zu begeistern, auch wenn es Hasen dort, wie es Hans Egede berichtet, „im Überfluß [gibt]; sie haben Sommer wie Winter schönes, weißes Fell“[639]. Trotz der großen Zahl der Tiere gibt Egede keinerlei Hinweis darauf, dass diese Tiere von den Grönländern gejagt würden. Die einzigen, die diese Tiere jagen, sind die europäischen Missionare selber, wie Egede schreibt: „Um für das Weihnachtsfest frisches Fleisch zu haben, schickte ich einige Leute aufs Festland, um Hasen und Hühner zu jagen“[640].

Die Versorgung der Kolonie mit Fleisch war in den Anfangszeiten auf die Jagd beschränkt. Zunächst versuchten sich die Europäer darin, auch auf die „Renntiere [sic]“ Grönlands Jagd zu machen, da diese „aber sehr scheu“ waren, „so daß wir nicht zum Schuß kamen“[641], begnügen sich die Europäer mit der leichteren Beute der Hasen. Der Versuch der Übersetzung der Kulturtechnik der Jagd auf die Rentiere scheitert, so dass in die europäische Tradition der Hasenjagd übergegangen wird. Ein Versuch, diese Art der Jagd den Grönländern nahe zu bringen bzw. der Besitz dieser Kulturtechnik auf Seiten der Grönländer wird nirgendwo erwähnt.

Im ersten Fall auf den Aleuten gibt es klar einen Kontakt zwischen beiden Kulturen, der aber weder zu Mischung noch zu Übernahme einer besonderen Technik führt, weil beide mit der Hasenjagd vertraut sind. Der Kontakt in Grönland hingegen hat das selbe Ergebnis, geht aber auf eine Abgrenzung zurück, die von den Inuit ausgeht.

Im völligen Kontrast dazu steht das folgende Beispiel, das klar zeigt, wie Europäer Vorstellungen verändern konnten. Dazu muss kurz in Erinnerung gerufen werden, welche Rolle der Hase in einigen Kulturen spielte. Dieser war bei vielen Völkern im Gebiet der heutigen USA ein heiliges, sogar göttliches Tier. Durch das Vordringen der Europäer änderte sich der Status des Hasen jedoch. Für die Europäer in Nordamerika wa-

---

638 Beaglehole, 3rd Voyage, 2, 1115.
639 Egede, Grönland, 73.
640 Ebenda, 24.
641 Ebenda, 23.

ren die Hasen in erster Linie Wild, das nach überlieferter Sitte gejagt werden konnte. Dies zeigt sich auch in einer der Beschreibungen, die William Clark liefert, als ein Hase gefangen wurde: „Shields Killed a *Hare* weighing 6½ lb: verry pore, the head narrow and its ears 3 Inches wide and 6 long, from the fore to the end of the hind foot; is 2 feet 11 Inch. hite 1 foot 1¾ its tail long & thick white, clearly the mountain Hare of Europe“[642]. Vor allem in der Schlussfolgerung Lewis' zeigt sich das Denken der Europäer. Der Hase, der auf keinen Fall ein europäischer Berghase sein kann[643], ähnelt zwar seinen eurasischen Verwandten, entspricht ihm aber nicht. Diese Ähnlichkeit sorgte jedoch dafür, dass die europäischen Siedler die Hasen Amerikas einzig aus ihrem tradiertem Kontext heraus betrachteten und ihn so wortwörtlich zum Abschuss freigaben, ohne dem mythologischen Kontext der Amerikaner Beachtung zu schenken. So ist es nicht auszuschließen, dass die Begegnung mit den Europäern auch bei den Ureinwohnern Spuren hinterließ. Die effektiveren Jagdmethoden der Europäer wurden von den Einheimischen imitiert. Diese zunächst praktische Nachahmung europäischer Methoden führte zu einer Umdeutung der Vorstellung des Hasen. So ist in den neueren Geschichten der Völker Amerikas weniger von einer Gottheit die Rede, dafür aber mehr von einem Narr, der beim Überstrapazieren seiner immer noch göttlichen Fähigkeiten scheitert und der Lächerlichkeit preisgegeben wird[644]. Das Verhalten der Europäer änderte die Vorstellung vom Hasen dahingehend, dass dieser plötzlich nicht mehr nur verehrt, sondern auch verspottet wurde. Kritisch muss hier natürlich angemerkt werden, dass die Einwohner Alaskas bereits vor dem Eintreffen Cooks durch russische Einflüsse die göttliche Vorstellung schon eingebüßt haben könnten bzw. sie ihn dennoch jagten, wie dies auch in vielen Fällen weiter südlich der Fall war.

Während im Fall des Hasen immerhin über eine Imitation europäischer Vorstellungen spekuliert werden kann, zeigt das Beispiel der Biene eine

642 http://lewisandclarkjournals.unl.edu/read/?_xmlsrc=1804-09-14&_xslsrc=LCstyles.xsl (12. August 2012).

643 Nowaks Auflistung der natürlichen Verbreitung der Hasentiere zeigt dies eindeutig, vgl. Nowak, Walker's, Bd. 1, 556. Eine Einführung durch Europäer ist möglich, lässt sich aber an keiner Stelle belegen.

644 Vgl.: Gehrisch, Hase. 30ff.

klare begriffliche Abgrenzung zu den Europäern. Die Tatsache, dass die Bienen der Neuen Welt nicht zu der in Europa bekannten Art *apis mellifica* gehörten, sorgte 1638 für eine Einfuhr der Tiere nach Neuengland[645]. Mit einem solchen Import verband sich die Hoffnung, die Tiere dort zu züchten und so dauerhaft an Honig zu gelangen. Die Verbreitung und die Haltung der Bienen jedoch war schwer, so dass diese aufgeben wurde und die Siedler wieder auf Wildhonig zurückgriffen. So verwilderten die Bienenvölker und verbreiteten sich in Nordamerika recht stark. Sie wurden als Tiere erkannt, die europäischer Abstammung waren, wie Paul Dudley 1720 berichtet: „The Aborigines (the Indians) have no word in their Language for a Bee, [...], and therefore for many Years called a Bee by the name of English Man's Fly“[646].

Mit Beginn des 18. Jahrhunderts machten sich europäische Siedler erneut auf, die Bienenvölker zu halten und nicht bloß auf den Wildhonig zurückzugreifen, wie es Dudley beschreibt[647]. Dieses Konzept scheint sich bewährt zu haben, da Mittelberger 1750 über Pennsylvania berichten konnte: „Sie haben […] viele Bienen“[648].

Die durch die bloße Bezeichnung geschaffene Distanz zwischen den Völkern Nordamerikas und den Europäern ist deutlich als kulturpuristisch anzusehen. Das von den Europäern eingeführte Insekt wurde von Einheimischen erkannt und nicht verwendet. Sie nehmen keine sprachliche Eingliederung vor und übernehmen keine mit dem Tier verbundene Kultur. Sie verweigern sich der Imitation der Bienenhaltung und grenzen sich so sprachlich und praktisch von den Europäern ab.

b. Das seltsame Verhalten von Europäern außerhalb Europas

Die Haltung von Bienen in Amerika durch die europäischen Siedler zeigte bereits, dass außerhalb Europas für die nunmehr ehemaligen Europäer andere Konventionen galten als in Europa. Diese Änderung führte etwa zur Aufgabe der Bienenzucht. Auf der anderen Seite aber wurden andere Konzepte erweitert und von den einheimischen über-

645 Vgl.: Benecke, Haustiere, 416.
646 Dudley, Honey, 150.
647 Vgl. Ebenda, 148-150.
648 Mittelberger, Pennsylvanien, 124.

nommen. So kam in Amerika in Bezug auf die Nutzung des Hundes die Idee hinzu, ihn als Transporttier einzusetzen. Der französische Jesuit Louis Nicolas zeichnete in seiner *Naturgeschichte der neuen Welt* diese Nutzung des Hundes sogar[649].

Allerdings existieren Hinweise darauf, dass diese Entwicklung nicht unter allen Umständen hätte sein müssen. Andere Bräuche wurden nicht, oder wie oben erwähnt, möglicherweise nur in Notzeiten übernommen. So beschreibt Nicolas sehr genau, dass die Hunde, die von den Einwohnern Kanadas genutzt wurden, für die Jagd hervorragend geeignet waren, um dann in einem nächsten Paragraph darauf hinzuweisen, dass „[t]he dogs tastes exquisite, for that reason they are always fed on vension or fish“[650]. Damit ist aber keineswegs eine lediglich kulinarische Rolle des Hundes angedacht, denn „[w]henever the Indians want to go to war, they fatten up the dogs for feasts and sacrifices“[651], so dass hier auch eine religiöse Funktion auf Seiten der indigenen Bevölkerung erkennbar ist. Dieser Umgang mit Hunden in Kanada belegt, dass Hunde sowohl im Alltag als auch zu besonderen Zeiten eine wichtige Rolle in der indigenen Kultur einnahmen. Der besondere Wert des Hundes jedoch sorgte für eine Grundlage, die ihn als Objekt gegenseitiger Wertschätzung gelten ließ. Auf dieser Grundlage änderte sich die ursprüngliche Bedeutung des Hundes aus europäischer Sicht. So kann man dem Text Nicolas' einen Kommunikationsprozess entnehmen, auch wenn er ihn als solchen gar nicht beschreibt. So stellt er ohne vorhergehenden Kommentar fest, dass „in particular, one sees the big [dogs] that are thaught to pull great burdens over snow and ice. Our Frenchmen use them as cart horses“[652]. Dass dieses Verhalten der Franzosen in Kanada nicht genuin europäisch war, kann man bereits an der Verwendung des Begriffs „chevaux de voiture“[653], sehen, der klar stellt, dass es für die von den Hunden ausgeübte Funktion in der französischen Sprache keinen Begriff gab, so dass auf

649 Vgl.: Gagnon, Codex , 135; diese Zeichnung ist unter http://www.collectionscanada.gc.ca/obj/026014/f1/4726.7.019-v5.jpg (21. 04. 2013) abrufbar.

650 Gagnon, Codex, 317.

651 Ebenda.

652 Ebenda.

653 Ebenda, 446.

eine vertraute Phrase zurückgegriffen wurde, die dem Leser die Funktion deutlich vor Augen führt, selbst wenn dafür ein anderes Tier erwähnt werden musste.

Dennoch schreibt Nicolas mit keinem Wort, wie die Franzosen dieser Vorstellung der Hundenutzung entwickelten. Seine bereits angeführte Zeichnung eines schlittenziehenden Hundes sowie der Verweis darauf, dass das Heulen der kanadischen Hunde „sont comme ceux des loups“[654], lässt auf einen Vorläufer der heute als Huskies bekannten Hunde schließen, wie etwa den Alaskan Malamute, die für den Transport eingesetzt wurden und werden[655]. Der Kanadier bezeichnete den Hund als Mittel des Transports, was dem europäischen Denken widersprach. Den Nutzen jedoch vor Augen geführt, ahmten die Europäer dennoch nach.

Ein ähnliches Verhalten von Europäern findet sich auch in Sibirien wieder. Vitus Bering und auch Carl Heinrich Merck übernehmen, ohne es zu beschreiben, von der dortigen Bevölkerung die Schlittenfahrt mit dem Hund. Darin zeigen sich Parallelen zum Verhalten der von Nicolas beschriebenen Kanadier. Dabei ist die Haltung der Hunde in Sibirien, die als Zugtiere genutzt werden, für europäische Augen eher als eigenartig einzustufen. Die Beschreibung von Merck beschreibt sehr genau das Verhalten, das die Einheimischen Sibiriens in Bezug auf ihre Hunde an den Tag legen. Die Einwohner Sibirens bereiten ihren Hunden Hundefutter zu: „Uiki [eine Fischart] (5-6 Zoll lang) kommen zu weilen im Juny ser häuffig nächst den Strand. Kommen sie in die Wade, so werden sie auf der Erde ausgebreitet zu Hundefutter getrocknet“[656].

Dieser Umstand ist für den Europäer Merck erstaunlich, denn eine Zubereitung von Hundefutter ist in Europa noch nicht üblich. Wenn man davon ausgeht, dass solch merklich Ungewöhnliches aufgeschrieben und oftmals wiederholt wurde, so verwundert es, dass Merck zwar die Zubereitung von Futter beschreibt, nicht aber eine Schlittenfahrt mit einem Hund. Diesen Umstand damit erklären zu wollen, dass Mercks Reise bereits am Ende des 18. Jahrhunderts stattfand und er somit vorhandenes

654 Ebenda.
655 Vgl.: Hegewald-Kawich, Hunderassen, 33.
656 Ebenda, 141.

Wissen voraussetzen kann, greift zu kurz. Schon in den Aufzeichnungen Gmelins, die dieser auf der Zweiten Kamschatkaexpedition Berings verfasst und in vier Bänden Anfang der 1750er Jahre publiziert hatte[657], findet sich keine Erwähnung einer Fahrt mit dem Hund. Dabei schreibt er durchaus detailliert Bräuche auf, die ihm merkwürdig erscheinen. So berichtet er lediglich von einem für ihn seltsam anmutenden Schwurbrauch, bei dem

> „ein Feuer angemacht [wird], und bei demselben ein Hund vor den Kopf geschlagen, daß er davon todt zur Erde niederfällt. Dieser Hund wird auf das Holz gelegt, davon das Feuer brennt; aber an dem Orte, da derselbe hingelegt wird, muß doch das Feuer brennen. Der Hund wird so fort in die Gurgel geschnitten, und ein Gefäß darunter gesetzt, daß das Blut darein auslaufe. Unterdessen thut der Beschuldigte, um seine Unschuld zu zeigen, einen Schritt über das Feuer und säuft gleich darauf ein paar Schlücke von dem ausgelaufenen Geblüt aus, das übrige Blut wird in das Feuer gegossen, und zu gleicher Zeit der Hund auf ein Gerüst bei der Jurte in die freie Luft gelegt, und der Schwörende spricht: so wie dieses in das Feuer gegossene Blut brennt, so wünsche ich daß das jenige, was ich hinunter getrunken habe, in mir brenne; und wie dieser auf dem Gerüst liegende Hund mit der Zeit zusammen schmoren wird, so will auch ich zusammen schmoren, wann ich an diesem oder jenem Schuld habe“[658].

Der Grund für eine fehlende Beschreibung einer Schlittenfahrt liegt in einer Übernahme der einheimischen Tradition, die sich auf der Expedition zugetragen hatte. Die schiere Dauer der Reise und der Umstand, dass auch erfahrene Sibirienreisende dabei waren[659], mag dafür gesorgt haben, dass sich die Fahrt mit den Hunden zu einer Angelegenheit etablierte, die als selbstverständlich und nicht berichtenswert betrachtet

657 Vgl.: Dahlmann, Einleitung, 18ff.

658 Gmelin, Expedition, 209.

659 Vgl.: Ebenda, 92.

wurde. Dazu kommt wohl der Umstand, dass sie ohne Probleme funktionierte. Im Gegensatz dazu zählt Gmelin oft genug auf, dass das Reisen zu Pferd Probleme machte, angefangen mit dem Nichtvorhandensein der Tiere[660] über das Problem des Sattelauflegens[661] bis hin zur ihrer völligen Erschöpfung[662]. Die Verwendung von Hunden als Zugtieren wird von Merck, Gmelin und anderen Sibirienreisenden imitiert, so dass sich für sie deren Nutzung als Selbstverständlichkeit erweist.

Neben dem Transport von Dingen, zu denen sicherlich auch Jagdbeute gehörte, sind in unvertrauten Umgebungen die Übernahmen von Jagdpraktiken der indigenen Bevölkerung oftmals lebenswichtig, gerade dann, wenn vertraute Haustiere (noch) nicht vorhanden waren. Ein besonderes Beispiel dafür ist sicherlich die Jagd der nordamerikanischen Plainindianer auf Bisons, die auf die Europäer durchaus ambivalent wirkte, wie die folgenden Aussagen zeigen. Während Zebulon Pike die ersten, die er zwischen 1805 und 1807 besuchte, als „the most independent Indians in the world“ bezeichnet, die

> „follow the buffalo as chance directs, clothing themselves with the skins, and making their lodges, bridles, and saddles of the same materials, the flesh of the animal furnishing their food. Possessing innumerable herds of horses, they are here this day, 500 miles off ten days hence, and find themselves equally at home in either place, moving with a rapidity scarcely to be imagined by the inhabitants of the civilized world“[663],

sieht sechzig Jahre später John McDougall die zweiten in einem anderen Licht und macht sie zu den

> „most dependent among men. Moccasins, mittens, leggings, shirts and robes all buffalo. With the sinews of the buffalo they stitched and sewed these. Their lariats, bridle lines, stirrup-straps, girths and saddles were manufactured

---

660 Vgl.: Ebenda, 103.
661 Vgl.: Ebenda, 252.
662 Vgl.: Ebenda, 307.
663 Pike, Expeditions, 345.

out of buffalo hide. Their women made scrapers out of the leg-bone for fleshing hides. The men fashioned knife-handles out of the bones, and the children made toboggans of the same. The horns served for spoons and powder flasks. In short, they lived and had their physical being in the buffalo“[664].

Beide Zitate machen das Ungewöhnliche deutlich, dass mit der Lebensweise der nomadischen Ureinwohner einhergeht. Pike feiert die Unabhängigkeit der Sioux von jeglicher Art von Zivilisation und reiht sich damit klar in die Ideen der amerikanischen Romantik ein. McDougall hingegen missbilligt die Abhängigkeit der Schwarzfüße von den Bisons, die hier als *pars pro toto* für die Natur als solches stehen. Bei aller Verschiedenheit der Bewertung drückt sich dennoch die gemeinsame Wahrnehmung des Fremden als nichteuropäisch auf. Auf ihre unterschiedliche Art zeigen beide Zitate, wie sehr Umweltvorstellungen vom jeweiligen kulturellen Hintergrund abhängig sind und so lediglich eine europäische Sicht präsentieren ohne die fremde Sicht der ursprünglichen Bevölkerung darzustellen.

Damit ist die Frage nach der Wechselwirkung in Bezug auf die Bisons, die sich zwischen Europäern und Indianern auftaten, gestellt. Während man in Europa Rinder züchtete und hielt, lies man in Amerika den Bison wild und jagte sie im Bedarfsfall. An dieser Stelle sei kurz auf das Verwandtschaftsverhältnis dieser Tiere hingewiesen, das klar zeigt, dass man beide miteinander vergleichen kann. Innerhalb der zoologischen Systematik gehört die Familie der *bovidae* zur Ordnung der *Artiodactyla*, den Paarhufern. Für diese Arbeit ist dabei vor allem die Unterfamilie der *bovinae* interessant, zu der neben Rindern auch Bisons gehören. Neben der Zucht der Rinder gehörte in Europa auch die Jagd auf deren ursprüngliche Form zu Tradition des Umgangs mit diesen Tieren. Dabei agierten sie bei der Jagd die Auerochsen, so erfolgreich, dass das letzte Exemplar in Europa 1627 starb[665].

Zwei Traditionen im Umgang mit Rindern finden sich demnach in

664 McDougall, Pioneering, 261.

665 Vgl.: Vuure, Aurochs, 71.

Europa. Beide finden sich sich auch im Bezug auf Bisons wieder. So berichtet Robert Beverley von französische Auswanderer, die seit 1699 „were advised to Seat on a piece of very rich Land, about twenty Miles above the Falls of James River, on the South side of the River; which Land was formerly the Seat of a Great and Warlike Nation of Indians, call'd the Monacàns“[666] und dort großzügige Gratifikationen erhielten

> „till they could sufficiently supply themselves with Necessaries, which now they do indifferently well, and begin to have Stocks of Cattle, which are said to give abundantly more Milk, than any other in the Country. I have heard that these People are upon a design, of getting into the breed of Buffaloes, to which end they lie in wait for their Calves, that they may tame, and raise a Stock of them. In which if they succeed, 'twill in all probability be greatly for their Advantage; for these are much larger than other Cattle, and have the benefit of being natural to the Climate“[667].

Der hier zu beobachtende Versuch einer Domestizierung der Bisons, der höchstens von temporärem Erfolg war, entspricht dem europäischen Modell der Sesshaftwerdung des Menschen, der durch Domestizierung in die Natur eingreift und sie sich so unterstellt, gleichzeitig dadurch aber den oben erwähnten Zivilisationsprozess einleitet. Die Umweltbedingungen jedoch zwangen dazu, das europäische Konzept, in Bezug auf die Bisons, aufzugeben, wie das weitere Vorgehen der Europäer zeigt.

Als die Pazifikexpedition der beiden Entdecker Merriwether Lewis und William Clark in den Plains ankam, verwundert es daher kaum, dass sich beide hier kurz skizzierten Traditionen ohne Probleme ergänzten, denn der Gruppe um die beiden Anführer fielen die Bisonherden auf, die in großer Zahl das bezeichnete Gebiet durchquerten. Da Lewis und Clark nicht nur mit US-Amerikanern sondern auch mit Mitgliedern indigener Stämme unterwegs waren, die ihnen den Weg wiesen, begannen sie die Jagd auf die Tiere in Verbindung mit den einheimischen Völkern. So kann Joseph Whitehouse für den 2. Dezember 1804 notieren, dass

---

666 Beverley, Virginia 75.

667 Ebenda, 76.

„the Big white a Chief of the mandans Came to Our fort in the Morning to Inform Us that the Buffelow was Close to us a Comeing in Captn Lewis and 15 Men turnd. Out to Shoot them the[y] killd 10, And the Indians Killd. 50 the two Captains Lewis & Clark took it in turn day about with a party Each day to goe a hunting And had Great Success until the 15th Inst. that the Buffelow got neerly twenty miles off Captn Clark and his party Returned On the Morning of the 16t“[668].

Die hier beschriebene Zusammenarbeit widerspricht der oft gehörten Meinung, die weißen Europäer hätten quasi im Alleingang die Bisons ausgerottet. Offensichtlich hatte auch die Urbevölkerung ihren Anteil daran[669]. Die Zusammenarbeit mit den europäischen Siedlern Amerikas verstärkte dieses nur, bis die Siedler schließlich auch ohne die Einheimi-

---

668 http://lewisandclarkjournals.unl.edu/read/?_xmlsrc=1804-12-02&_xslsrc=LCstyles.xsl (20. Juli 2012).

669 Für eine genaue Einordnung dieses Anteils ist hier nicht der Ort. Es sei nur darauf hingewiesen, dass das Umherziehen in großen Gruppen für Bisons eher untypisch ist und es sich um eine Folge von Futterknappheit handelt, die viele kleinere Herden zu einem großen Trupp zusammen schließt. Dabei werden hunderte von Kilometern zurück gelegt, um neue Futter- und Wasserstellen aufzutun. Das Wegziehen vieler kleiner Herden in ganz andere Gebiete stellte für die sie jagenden Indianer ein großes Problem dar, weil man den Herden entweder hinterher ziehen musste, was bei großen Stämmen logistisch zu einer zeitlichen Diskrepanz zwischen den Bisonherden und den Völkern führen konnte, oder es bestand die Gefahr, dass die Nahrungsquelle verschwand, wenn man sich dem Zug der Bisons nicht anschloss. Die Wanderung der Tiere brachte sie zudem auch in den Teil der Plains, der wenig Niederschlag zu verzeichnen hatte. Diese Region war zu Fuß kaum ohne Mangel zu durchqueren. Die Wanderungsbewegungen der Bisons waren nun zu Pferd wesentlich leichter zu verfolgen, das Vordringen in die wasserarmen Regionen der Plains war mit weniger Gefahren verbunden, weil die enorme Geschwindigkeit der Pferde für eine schnelle Heimkehr sorgte. Durch die Einfuhr des Pferdes war es den Indianern schließlich möglich sich komplett auf die Bisons einzustellen und ihnen ohne Probleme zu folgen und dies das ganze Jahr über, was vorher ein Problem darstellte, vgl: Isenberg, Bison, 41-44; für das Verhalten der Bisons vgl.: Novak, Walker's, Bd. 2, 1432.

schen jagten:

> „Thursday January 3d [1805:] This morning some Buffalo came near our fort, the officers sent out 9 Men to hunt them, they returned but had killed none, One of the hunters killed a beautiful white hare, which is common in this Country.[670]“

Obwohl eine europäische Tradition der Rinderjagd besteht, ist es in der Phase der Expedition der Einfluss der Einheimischen, der die Europäer dazu bringt, ihr Verhalten in Umgang mit Bisons zu ändern. Der Zuchtversuch der Franzosen, der so kurios ist, das er beschrieben werden muss, stellt eine Ausnahme dar, die nicht von Dauer ist. Die Kontaktsituation in der Phase der Expedition sorgt für eine Verhaltensänderung bei den Europäern und damit für einen anderen Umgang mit den natürlichen Verhältnissen in Amerika.

Eine negative Entwicklung von Verhaltensänderung zeigte sich bei der spanischen Eroberung Mittelamerikas. Hier lernte man nicht von der indigenen Bevölkerung, wie man einheimische Tiere jagt, man jagte die Bevölkerung. Dafür nutzte man Hunde. Bekannt ist das Beispiel, das Bartolomäus de Las Casas gibt:

> „Da die verruchten Spanier die Indios, die Frauen wie die Männer, mit scharfen Hunden aufspürten und hetzten, nahm eine kranke Indiofrau, als sie sah, daß sie den Hunden nicht entfliehen konnte, einen Strick, damit die Tiere sie nicht wie die übrigen Indios zerrissen, und band sich ihr einjähriges Kind an den Fuß, und sie erhängte sich an einem Balken, und kaum hatte sie das getan, da kamen auch schon die Hunde und zerfleischten das Kind, wobei es allerdings, noch bevor es ganz gestorben war, von einem Mönch getauft wurde“[671].

Diese Darstellung als Tatsache aufzuführen hieße, dem Autor, der ein politisches Programm verfolgt, zu sehr zu trauen. Las Casas' Absicht, die

---

670 http://lewisandclarkjournals.unl.edu/read/?_xmlsrc=1805-01-03&_xslsrc=LCstyles.xsl (20. Juli 2012).

671 Las Casas, Bericht, 89.

Indios Neuspaniens zu schützen, zwingt ihn zu anschaulichen Bildern des Grauens. Der Wahrheitsgehalt des Textes aber ist auch nur von sekundärer Bedeutung. Es zählt allein, dass Las Casas darauf spekuliert, dass man in Spanien durchaus davon ausgeht, dass das Beschriebene möglich sei.

Damit dieser Anspruch bestehen kann, ist davon auszugehen, dass die Spanier in der Neuen Welt wirklich Hunde besaßen, die sie für die Jagd nutzten, wobei zunächst davon ausgegangen werden muss, dass die Tiere nicht für die Jagd auf die einheimische Bevölkerung eingesetzt wurden, sondern für die Fortsetzung des europäischen Modells auf Wild Verwendung fanden. Las Casas selber bestätigt dies, wenn er schreibt, dass „[i]n diesem Königreich oder in einer Provinz Neuspaniens [...] ein gewisser Spanier mit seinen Hunden oft auf Hirsch- und Kaninchenjagd“[672] ging. Las Casas, der seinen Landsleuten alle Übel dieser Welt im Umgang mit den Einwohnern attestiert, gesteht den Spaniern an dieser Stelle zu, dass sie zunächst eine normale Jagd unternahmen, bevor sie zu Menschen übergingen.

Die obigen Auszüge stammen aus Las Casas' Beschreibung der Halbinsel Yucatán. Das Kaninchen ist dort nicht heimisch, muss also von den Spaniern selbst dort eingeführt worden sein. Hirsche hingegen existierten, wie bereits erwähnt, durchaus auf natürlichem Wege. Da sowohl heimische wie auch importierte Tiere gejagt wurden, ist die Frage berechtigt, woher denn die Hunde kamen, die die Spanier zur Jagd in Amerika nutzten. Da die Hunde Yucatans aufgrund ihres Volumens zur Jagd nicht geeignet waren[673], liegt die Vermutung nahe, dass die Hunde der Spanier tatsächlich aus Spanien importiert wurden und nicht etwa die Hunde der Einheimischen benutzt worden sind. Der Umgang mit den Einwohnern Yucatans sorgte jedoch dafür, dass sich hier europäische Jagdtradition und das Überlegensheitsgefühl der Spanier gegenüber der einheimischen Bevölkerung unter Berücksichtigung der Tradition des Hundeessens zu einer neuen Form der Jagd ausgeweitet hatte.

Auch wenn Las Casas übertreibt, und die Hunde nicht auf die einheimische Bevölkerung gehetzt wurden, deutet sich in seiner Schilderung

672 Ebenda.

673 Vgl.: Gesner, Thier-Buch, 226.

jedoch an, dass für die Spanier die Hunde etwas besonderes waren, mithin über den Uramerikanern standen. Für die Maya, die Hunde eher verzehrten[674], tritt durch den Import der spanischen Hunde und deren Bedeutung für die spanischen Eroberer eine völlig neue Konstellation auf. Sie selber, die sich eventuell damit abgefunden hätten, unter den durch Waffen überlegenen Spaniern zu stehen, stellen fest, dass sie in den Augen der Spaniern noch unter etwas stehen, was normalerweise von ihnen gegessen wird. Damit grenzen sich die Spanier nicht nur praktisch durch die Veränderung ihres Beuteschemas ab, sie schaffen diese Grenze auch in der Vorstellungswelt der einheimischen Bevölkerung.

Der Hund wurde von den Spaniern als Zeichen eingesetzt, das klare Überlegenheit und kriegerische Handlungen ausdrücken sollte. Die Interpreten dieses Zeichens erkannten diese Bedeutung ohne Probleme, mussten sie sogar erkennen, um zumindest eine Chance zu haben, überleben zu können. Zusätzlich jedoch kam durch diesen Akt der Zeichensetzung der Spanier auf der Seite der Maya eine weitere Bedeutung hinzu. Sie interpretierten den Hund auch als Zeichen der Angst und Gefahr, was wiederum von den Spaniern genutzt wurde.

c. Göttinger Gelehrte und englische Händler, oder: Wie die Welt nach Europa kam

Der von Tahiti stammende, weiter oben erwähnte *taunga*, der zum Aufhängen von Fleisch und zum Schutz vor Ratten erfunden worden war, wurde als Original nach Europa gebracht und landete in der ethnologischen Sammlung der Universität Göttingen. Deren Kurator Johann Friedrich Blumenbach war von dessen Nutzen so begeistert, dass er sich diesen Fleischhaken originalgetreu von einem örtlichen Schreiner nachbauen ließ[675], so dass in diesem Fall wohl ohne Zweifel von einem Transfer die Rede sein darf, der sich in einem Wechsel im Verhalten ausdrückt. Der von Blumenbach verwendete *taunga* verdrängte die normale

674 Vgl.: Wagner, Haustiere, 364.

675 Das Stück befindet sich heute in der ethnologischen Sammlung Göttingen und wurde bis zu Beginn des 21. Jahrhunderts noch als Original angesehen, bis eine Untersuchung des Holzes einen europäischen Ursprung bestätigte, vgl.: Krüger, *taunga*, 128-130.

Fleischhalterung, so dass auf individueller Ebene ein Wechsel stattfand.

Die hier stattfindende Imitationen im europäischen Raum war zwar lediglich eine individuelle und damit wenig repräsentativ für die Überlegungen, dass auch außereuropäische Völker, die dem normativen Kulturbegriff der Europäer zufolge unter ihnen standen, als imitierenswert angesehen wurden. Für den Fall Blumebach gilt in Bezug auf die Imitation innerhalb Europas vor allem, dass er diesen Kulturbegriff wohl nicht absolut setzte, sondern durchaus in der Lage war, auf Augenhöhe von anderen Kulturen zu übernehmen. Zudem kann man die Überlegung anstellen, dass auch in seinem Fall nicht die Bedeutung der Kultur entscheidend war, aus der der *taunga* stammte, sondern vor allem der Nutzen, der von dem Gerät ausging. In seinem Fall wurde der *taunga* schlicht als eine Möglichkeit gesehen, sich effektiv gegen Ratten durchzusetzen.

Ein anderes Beispiel zeigt das genaue Gegenteil eines solchen Kontakts. War der *taunga* ein nützliches Instrument, das durch seinen praktischen Nutzen alles Recht hatte auch in Europa imitiert zu werden, war der von Forster so gewünschte Verzehr von Hundefleisch, mit der er alle Hungeroprobleme Europas lösen wollte, eine Praxis, die sich in Europa nicht durchzusetzen vermochte. Der Verzehr von Hundefleisch, der in China ja unter bestimmten Umständen üblich war, blieb der europäischen Seite oftmals unverständlich. Dabei galten und gelten bis heute Hunde in China und auch Korea als Delikatesse. Vor allem der Chow Chow ist, wie erwähnt, in China sehr begehrt. Dieser Umstand machte ihn für die Augen des naturwissenschaftlich interessierten Pfarrers Gilbert White bemerkenswert, so dass er ihn in seine Naturbeschreibung von Selborne mit aufnahm:

> „My near neighbour, a young gentleman in the service of the East India Company, has brought home a dog and a bitch of the Chinese breed from Canton; such as are fattened in the country for the purpose of being eaten: they are about the size of a moderate spaniel; of a pale yellow colour, with coarse bristling hairs on their backs; sharp upright ears, and peaked heads, which give them a very fox-like appearance. Their hind legs are unusually straight, without any bend at the hock or ham, to such a degree as to give

them an awkward gait when they trot. When they are in motion their tails are curved high over their backs like those of some hounds, and have a bare place each on the outside from the tip midway, that does not seem to be matter of accident, but somewhat singular. Their eyes are jet black, small, and piercing; the insides of their lips and mouths of the same colour, and their tongues blue“[676].

Gilberts Aussage macht deutlich, wie Europäer auf diese besondere Art der Nutzung der Hunde in China reagierten. Die Mischung wird im Akt der Eingliederung des chinesischen Hundes in das europäische System deutlich. Obwohl die dem Hund zugedachte Bedeutung für die Chinesen eindeutig war und den Europäern sogar bekannt, wurde die eigene Bedeutung auf den fremden Hund übertragen. Das wird besonders ersichtlich, wenn White weiter ausführt, dass „[w]hen taken out into a field the bitch showed some disposition for hunting“[677]. Dem Europäer gelingt es nicht, sich von seiner ihm eigenen Kultur zu trennen. Der Nutzen, der einzig für den Verzehr gezüchteten und gehaltenen Hunde, wird nicht übernommen, sondern eine ihm ursprünglich nicht zugedachte Aufgabe zugeteilt, für die es in China ganz andere Hunde gab.

6. Das Umfeld der Tiere: Wechselwirkungen zwischen Kultur und Umwelt

Die Einfuhr europäischer Haustiere hatte nicht nur Einfluss auf menschliche Kulturen, sie veränderte auch die natürliche Umwelt in den Regionen, in die die Tiere importiert wurden. Diese Veränderungen hatten oftmals mit den Wünschen der Europäer nach bekannten Lebensweisen zu tun, waren demnach bewusste Entscheidungen. Gravierender und interessanter sind hingegen jene Veränderungen, die unbewusst entstanden. Innerhalb dieser Umwelten leben die Menschen, was wiederum dazu führt, dass sich ihre Kultur durch Umweltbedingungen verändert.

Zu den letzten beiden Möglichkeiten werden im folgenden Kapitel Beispiele aufgeführt. Während man in Pennsylvania von einer veränderten

676 Vgl.: White, Selborne, 390.
677 Ebenda.

Kultur der europäischen Siedler durch Umwelteinflüsse sprechen kann, zeigen die anderen drei Unterkapitel Beispiele für die unbewusste Veränderung, die in Amerika und Polynesien durch Katzen sowie in Australien durch Kaninchen entstand. Abgeschlossen wird das Kapitel mit einem Blick nach Europa, wo eine neue Rattenart aus Asien den Blick auf die Katze zu Beginn der Neuzeit veränderte.

a. Pennsylvania

Die Ostküste der heutigen USA war in der Frühen Neuzeit ein Sammelbecken für ganz verschiedene Personen, Organisationen und Ideen. Ob englische Puritaner, niederländische Kaufleute, französische Trapper oder deutsche Quäker, wer sich verfolgt fühlte oder es wurde, neue Möglichkeiten für sein persönliches Glück suchte oder als Staat zu den großen Kolonialmächten Spanien und Portugal aufschließen wollte, der probierte es in den dortigen Kolonien. Die Menschen, die dort siedelten hatten oftmals neue Ideen und Konzepte im Kopf, brachten aber dennoch große Teile ihrer alten Kultur mit. Aus den Bedingungen, die sie in der neuen Welt vorfanden, ihren unkonventionellen Ideen und ihren alten Konzepten ergaben sich bunte und vielfältige Mischungen von Kulturen, die sich im Verlauf der Zeit manifestierten. Wie solche aussehen können, zeigt der Bericht Gottlieb Mittelbergers aus dem 18. Jahrhundert über die Kolonie Pennsylvanien, der einen Einblick über das Leben der Siedler und ihren Umgang mit Tieren gibt. Er hält über den Handel mit Tieren in Philadelphia fest:

> „Die Handlung dieser Stadt und des Landes nach anderen Ländern und Kolonien vermehrt sich jährlich merklich und besteht mehrenteils in Früchten, Mehl, Welschkorn, Tabak, Honig, vielerlei Wildhäuten, mancherlei kostbaren Pelzwerk, Flachs und sonderheitlich sehr vielen Flachs- oder Leinsamen, auch fein geschnittenem Holz, Pferden, allerhand zahmen und wildem Vieh. Dagegen bringen die von ferne kommenden Schiffe allerhand Güter ein, als: allerlei Weine, spanischen, portugisischen, deutschen, wovon die Maß des besten einen Reichstaler, und des geringsten einen Gulden kostet. Ferner Gewürz, Zucker, Tee, Kaffee, Reis, Rum, das ist ein Branntwein aus Zucker gebrannt, Mallafis;

> fein porcellanene Gefässe, holländisch und englische Tücher, Leder, Leinwand, Zeuge, Seidenwaren, Damast, Sammet und dergleichen“[678].

Ersichtlich wird aus diesen Zeilen, dass die Siedler autark agieren konnten und weder auf die meist recht luxuriösen Importgüter Europas, noch auf die Hilfe bzw. den Umgang mit der indigenen Bevölkerung angewiesen waren. Mittelberger kann zudem feststellen, dass ein solcher Umgang zu Beginn nicht üblich war.

> „Daß es auch den Anfängern in diesem neuen und wilden Lande sehr hart ergangen, ist wohl zu glauben, denn diese kleine Herde mußte wegen der damaligen vielen umschwebenden Indianer oder Wilden noch in großer Furcht schweben, sehr vieles, ja fast alle Hantierungen haben ihnen gemangelt; die Saat-Früchte mußten sie alle einhacken wegen Ermangelung der Pferde und des Viehs“[679].

Dem aufmerksamen Beobachter Mittelberger entgeht auch nicht, dass es in Pennsylvania zwei Arten gibt, mit Vieh und Pferden umzugehen. Zum einen beschreibt er so äußerst detailliert die Grenzziehung zum Schutz der Schafe, wohl zur Absicherung vor Wildtieren[680]:

> „Solche Waldungen werden hernach durch diese Umkehrung zu Äckern und Wiesen angelegt. Aus dem besten abgehauenen Holz macht man Finzen oder Zäune um die neuen Felder, denn darin werden alle Wiesen, Gras- und Obstgärten und Fruchtfelder mit übereinander gesetzten Planken umgeben und eingemacht, worin man das Rindvieh, Pferde und Schafe auf der Weide eingeschlossen hält“[681].

Auf der anderen Seite jedoch scheinen viele Waldgebiete schon so von Wildtieren und anderen Gefahren befreit zu sein, dass man in Pennsylva-

678 Mittelberger, Pennsylvania, 104f.
679 Ebenda, 165.
680 DeJohn Anderson, Creatures, 147.
681 Mittelberger, Pennsylvanien, 86.

nia etwa auf Hirten verzichten konnte: „Man bedarf auch deswegen in dieser ganzen Provinz keines Schafs- noch Viehhirten, darum, weil man alles Vieh teils in den eingemachten Feldern, teils in Wäldern gehen lässt, wo es Futter genug findet, und an manchen Orten überdies noch vieles verdirbt“[682]. Beide Zitate machen vor allem deutlich, dass ein Kontakt mit den Einheimischen nicht gewünscht wurde, wie im Fall der Zäune, die eben nicht nur Wildtiere, sondern auch etwaige Übergriffe menschlicher Angreifer abhalten sollten. Darüber hinaus wird klar, dass dieser Kontakt gar nicht mehr möglich war, weil die Einheimischen vertrieben wurden oder aus eigenem Antrieb, wenn auch notgedrungen, weggezogen waren.

Dennoch ist es in der neuen Welt zu einer Änderung gekommen. Im Bericht Mittelbergers fällt auf, dass das Kleinvieh vor allem zum Verzehr genutzt wurde. Das mag im Fall der Ziege nicht überraschen, bei der vielfältigen Nutzung der Schafe in der europäischen Tradition jedoch durchaus. Auch für die findet sich bei Mittelberger eine Beschreibung. Denn abgesehen von der Vielzahl der Schafe, die in früheren Zeiten genutzt wurden, kann er zudem bemerken, dass „[d]ie Schafe, die größer als die deutschen sind, […] jährlich mehrenteils zwei Lämmer [haben]“[683].

Größere Schafe deuten darauf hin, dass die Tiere entweder gezielt auf einen höheren Fleischgehalt hin gezüchtet wurden oder aber, dass die Witterungsbedingungen die größeren und robusteren Tiere überleben ließen, denn „zur Winterszeit ist vielmals eine solche penetrante Kälte, und zwar so schnell, daß Menschen und Vieh, auch die Vögel in der Luft erfrieren möchten“[684], schreibt Mittelberger. Beide Möglichkeiten, die einander nicht ausschließen, führen in letzter Konsequenz jedoch vor allem zu einem Nutztier, das zum Verzehr viel eher geeignet ist, als zum Produzieren von Wolle, die durch die ausgezeichneten klimatischen Bedingungen in Amerika an den Bäumen wächst[685] und daher das Schaf in diesem Bereich abgelöst hatte.

682 Ebenda, 129.
683 Ebenda, 124.
684 Ebenda, 161.
685 Vgl.: Crosby, Exchange, 66.

In diesem Beispiel stellt sich die Frage, von wem sich die europäischen Siedler abgrenzen. Augenscheinlich sind es zunächst die einheimischen amerikanischen Völker, zu denen eine Grenze gezogen wird. Der deutliche Wandel der Nutztierhaltung jedoch offenbart eine weitere Abgrenzung, die sich in den britischen Kolonien des 18. Jahrhunderts etabliert hat. Die von Mittelberger aufgezeigten Änderungen im Verhalten der Siedler machen deutlich, dass es nicht unbedingt der Umgang mit einer fremden Kultur sein muss, der zu diesen Verhaltensänderungen führt. Vielmehr ist es in den gezeigten Beispielen aus Nordamerika die Umwelt, die dafür sorgt.

Das Zusammenspiel von Umweltbedingungen und die erfolgte Anpassung an dieselben sorgt für eine eigenständige Kultur der Siedler, die sich nicht nur von den Einheimischen abgrenzt sondern auch von der Kultur Europas. Dieser Umstand, der sich etwa in der unterschiedlichen Bedeutung der Schafhaltung zeigt, darf Mitte des 18. Jahrhunderts nicht außen vor gelassen werden, bedenkt man das Selbstverständnis der späteren US-Amerikaner. Diese gezogene Abgrenzung der Siedler von den europäischen Traditionen stellte zwar einen Bruch mit überlieferten Konventionen dar, war aber nur bedingt auf Kontakt mit der indigenen Bevölkerung zurückzuführen, sondern ein Produkt einer veränderten Umwelt.

b. Katzenplagen in Polynesien

Georg Forsters Reisebericht aus der Südsee beinhaltete auch den Bericht über das Verhalten der Bordkatze, die – wie weiter oben erwähnt – ganz ungestört auf Vogeljagd gehen konnte, da die Vögel den ausländischen Prädatoren nicht als solchen erkannten und so nicht flohen. Es ist daher wenig erstaunlich, dass die Katzen, von so leichter Beute umgeben, nicht auf die Schiffe zurückkehrten, sondern auf den Inseln blieben und dort verwilderten. Diese Tatsache führt zu einem kuriosen Umstand, der in späterer Zeit, durch die ersten europäischen Siedler bemerkt wurde. Die erste Flotte, die dorthin entsandt wurde, reiste unter dem Kommando von Arthur Phillip. Dabei fielen ihm und seinen Begleitern diese Tiere auf, die nun, wenige Jahre später, bereits einen Platz in der Kultur der Einheimischen und innerhalb der Fauna der Inseln eingenommen hatten.

Ihre Rolle war dabei keineswegs überall so katastrophal wie im ökologischen System von Stephans Island, einer kleinen Insel nahe Neuseeland, wo gegen Ende des 19. Jahrhunderts die Katze des Leuchturmswärters im Alleingang die dort endemisch lebende Zaunkönigunterart ausgerottet haben soll[686]. Obwohl es zahlreiche Versuche gab, der Katze diese Schuld abzusprechen[687] und sie den Vogelsammlern und der Abholzung von Wald zu geben, konnten doch zwei voneinander unabhängige Studien belegen, dass es doch die Katzen waren, die die Vogelfauna der Insel dauerhaft dezimierten. Dabei ist der Plural zu beachten. Nicht eine Katze war der Täter, mehrere Katzen, deren Zahl innerhalb von wenigen Jahren in die Hunderte ging, was zu einer gezielten Tötungsaktion der Tiere führte[688].

Erste Anzeichen für ein solches Verhalten der Katzen fanden sich jedoch schon recht früh. Auch die Schiffskatzen auf Cooks Reisen hatten ja bereits Einfluss auf die Fauna der jeweiligen Inseln. Dieser Umstand sorgte schon früh dafür, dass europäische Beobachter Ende des 18. Jahrhunderts nicht mehr merkten, dass es sich um ursprünglich europäische und domestizierte Tiere handelte, denn „[i]n addition to the animals of [the isle of Tinian[689]], they found wild cats“[690]. Zwar ist man verwundert diese Tiere anzutreffen, wie die Einleitung „in addition“ verrät, doch eine Verbindung zu ursprünglichen Anreisenden wird nicht nur nicht hergestellt, sondern auch durch das Adjektiv „wild“ negiert.

Aber nicht alle Katzen, die auf den Reisen der ersten Europäer in der Südsee von den Schiffen geflohen waren, verwilderten. Einige blieben bei den Menschen und vermehrten sich auch dort. Über ihre Funktion als solche ist nichts bekannt. Es scheint jedoch so zu sein, dass sie innerhalb der Tausch- und Gabenkultur der Polynesier einen Platz einnahmen. Aus dem Bericht, der auf der Reise von Arthur Phillip entstanden ist, geht hervor, dass „some of [the natives of Tahiti] brought cats and offer them in barter“[691].

686 Vgl.: Galbreath/Brown, Cat, 193.
687 Für eine Auflistung dieser Versuche, vgl.: Ebenda, 198.
688 Vgl, Ebenda, 198ff.; Medway, bird, 209f.
689 Nördlich von Neuguinea.
690 Phillip, Botany Bay, 355.
691 Ebenda, 342.

Zwei Möglichkeiten ergeben sich aus diesem Satz. Zum einen ist es möglich, dass die Katzen voll etabliert im Gabensystem benutzt wurden, wie es etwa auch Schweine oder rote Federn wären, zum anderen besteht aber auch die Möglichkeit, dass diese fremden Tiere einzig für den Tausch mit den Europäern genutzt wurden. Der erste Fall wäre ein kultureller Transfer, der eine Integration fremder Kulturelemente ermöglicht. Dieser müsste davon ausgehen, dass der Nutzen der Katzen auf der Insel erkannt wurde und die Tiere auch etwa für die Rattenjagd eingesetzt wurden. Das zweite wäre eine Transferleistung, die deswegen zwischen den Kulturen funktioniert, weil die Tahitianer in der Lage gewesen wären, den Nutzen der Tiere für die Schiffsmannschaft einzuschätzen, ohne selber einen Nutzen in den Tieren zu sehen. Da jedoch eine kulturelle Aufnahme der Katze, etwa als Spielzeug für Kinder, als Begleiter für den Menschen oder gar als Nahrung, in Polynesien keine Erwähnung findet, ist von letzterem auszugehen.

c. Die Kaninchen Australiens

Die Verbreitung von Kaninchen hatte bereits mit Beginn der europäischen Expansion begonnen. Obwohl die Flucht des Hasen und des Kaninchens innerhalb der Evolutionsgeschichte das Überleben sicherte, galten beide Tiere dem Europäer doch, wie erwähnt, als relativ leichte Beute. Das und die Tatsache der schnellen Fortpflanzung machte das domestizierte Kaninchen zum idealen Tier, um es auf unbewohnten Inseln auszusetzen, damit es Schiffsmannschaften und Schiffbrüchige als Nahrung dienen konnte[692]. Als 1418 die Insel Porto Santo, die zur Inselgruppe Madeiras gehört, wieder entdeckt wurde, verfolgte der Entdecker Bartolomeu Perestrelo genau dieses Ziel, als er ein trächtiges Kaninchen aussetzte, dessen Nachfahren kurze Zeit später den Siedlern zur Plage wurden[693]. Diese Plage äußerte sich nicht bloß in der Vermehrung der Tiere, sondern auch darin, dass die Tiere die Insel leer fraßen, so dass sie für Menschen unbewohnbar wurde.

Aus dieser ersten ökologischen Katastrophe im Kontext des Imports von Tieren hatten die europäischen Entdecker nichts gelernt, so dass

692 Vgl.: Zeuner, Haustiere, 347.

693 Vgl.: Ebenda.

auch später diese Tiere gerne verschifft wurden. Gemeinhin wird der Brite Thomas Austin für den Import der Kaninchen nach Australien verantwortlich gemacht, der 1859 vierundzwanzig dieser Tiere aus England einführen ließ, um sie jagen zu können. In der festen Überzeugung, dass nur wenig Schaden von den Tieren ausgehen könnte, ließ er sie frei und konnte bereits 1865 vermelden, dass er 20.000 der Tiere allein auf seinem Grund und Boden geschossen hatte[694].

Doch Austin war mitnichten der erste, der Kaninchen in Australien hielt. Bereits zu Beginn des 19. Jahrhunderts sind sie dort belegt. So schreibt Peter Cunningham 1827 in seinen Briefen aus New South Wales, dass „Rabbits are bred about houses, but we have yet no wild ones in enclosures, although there is a good scope of sandy country on the sea-coast between Port Jackson and Botany Bay fit for little else than goat pasture and rabbit warrens“[695]. Cunnighams Einlassungen machen deutlich, dass schon früh eine Verwilderung der Kaninchen angedacht war, wenn auch nicht klar war „in which ways it may be profitably made uses of“[696]. Darin lag scheinbar das Problem. Wenn die Schafzucht in Ozeanien einen größeren Zweck hatte, fehlte dieser für die eingeführten Kaninchen auf europäischer Seite vollkommen, auch wenn bereits mit der ersten Flotte von Siedlern wohl fünf Kaninchen mitgebracht wurden[697].

Wenn aber nicht einmal für die europäischen Siedler Australiens ein Verwendung für diese Tiere vorstellbar war, wie wäre sie für die Aborigines möglich gewesen sein? Eine wirkliche Verwendung auf Seiten der Aborginies hat sich so auch erst im 20. Jahrhundert etabliert. Die Anwesenheit der Tiere für über 150 Jahre sorgte dafür, dass sie als Teil des Kontinents begriffen wurden und als Nahrungsquelle für die indigenen Australier galten, so dass die Politik des europäischen Australiens, die auf das Dezimieren der Kaninchen setzte, mit den Interessen der Aborigines kollidierte, was den Problemen zwischen beiden Parteien einen

694 Vgl.: Lloyd, Species, 346.
695 Cunnigham, Letters, Bd. 1, 304.
696 Ebenda.
697 Parsonson, Ark, 142.

weiteren Impuls gab[698].

Die mit der Einfuhr von Kaninchen nach Australien verbundene ökologische Katastrophe wirkte sich innerhalb von 200 Jahren auch auf die Aboriginies aus. Dabei wurde das Tier ohne Zutun der Europäer in die eigene Kultur integriert. Bei den Europäern, die recht schnell die Auswirkungen der Kanincheneinfuhr bemerkten, wurde dieser Umstand jedoch nicht akzeptiert.

d. Katzen in Europa

Das letzte Beispiel für Umweltveränderungen durch menschlichen Import, der unbewusst passierte, führt zurück nach Europa. War die Katze das Mittelalter hindurch vor allem verteufelt worden, wenn auch zahlreiche Mönche auf Katzen als Begleiteter schworen, so änderte sich in Europa die Vorstellung von der Katze als Teil der Umwelt mit dem Beginn der Frühen Neuzeit. Die Katze konnte zu diesem Zeitpunkt gerade durch das ihr angestammte Gebiet, das sie dem Menschen näher gebracht hatte, den Schutz des Getreides, ihren Ruf verbessern. Darauf weißt Hengerer hin, wenn er erwähnt, dass die Katze schon durch Luther wegen dieser Aufgabe gelobt wurde[699]. Allerdings war auch eine symbolische Funktion mit der Katze erfüllt, die sich mit dem Beginn der Aufklärung etablierte. Der Freiheitsdrang der Katze entsprach den Ideen der Aufklärer, wenn es etwa heißt, dass „die Augen der Katze […] das Licht selber mit sich“[700] tragen.

Warum passierte dieser Wandel? Getreide schützte die Katze schon immer, doch erst mit der Frühen Neuzeit wurde das mittelalterliche Bild der Katze weit positiver konnotiert. Oeser kann dafür einen Grund ausmachen, der den Einfluss von überseeischen Handlungen auf Europa verdeutlicht. Er bringt die steigende Beliebtheit der Katze mit Krankheiten wie Pest, Typhus und Trichinose in Verbindung. Diese Krankheiten

698 Vgl.: Gill/Anderson, Improvement.

699 Vgl.: Hengerer, Katze, 86, über den Umweg des Nutzens schaffte es die Katze sogar zum Statussymbol zu werden, wenn auch nicht flächendeckend. So hielt sich der Sonnenkönig Ludwig XIV. von Frankreich etwa eine Katze, vgl.: ebenda, 59f.

700 Ebenda, 87f.

wurde durch die Ratte verbreitet[701]. Bereits im ausgehenden Mittelalter war dieses schon bekannt, denn „[f]olklore originating in a number of different parts of Europe during the great plague epidemics mentions cats and dogs, the hereditary enemies of rats and mice, as guardians against the plague“[702]. Allerdings bekam diese Schutzfunktion in der Neuzeit und gerade durch die europäische Expansion zunächst innerhalb des Mittelmeers, dann auch darüber hinaus, eine neue Qualität. Mit dem Beginn des 18. Jahrhunderts nämlich kam es zu einem Eindringen der asiatischen Wanderatte *Mus decumanus*, die wesentlich aggressiver als ihr bis dahin bekannter Verwandter war[703]. Die Ausbreitung dieser Ratte hatte auf der einen Seite natürliche Ursachen, wenn etwa „astraclianiam post terrae motum caspicae regionis e Cumano deserto advenerunt autumno 1727, ante biennalem pestem, Volgam magnis turmis tranantes“[704]. Auf der anderen Seite gibt es keinen Grund daran zu Zweifeln, dass auch die asiatische Wanderratte auf Schiffen von Asien aus nach Europa kam, wenn die europäische Ratte denselben Weg ging, um Amerika zu erreichen[705].

Diese Ratte vertrieb die einheimische *Mus rattus*, war gefräßiger als diese und verbreitete erneut Anfang des 18. Jahrhunderts die Pest in Europa[706]. Die Katze wurde nun mehr gebraucht denn je. Es ist so kein Wunder, dass man bereits auf den Schiffen Katzen einsetzte, die sich dem Nagetierproblem annehmen sollten[707].

Aus diesem plötzlich erstarkten Nutzen der Katze, ausgelöst durch eine unbewusste Einschleppung der Tiere, ergab sich für die Europäer nun auch eine neue symbolische Vorstellung von der Katze. Deutlich wird dieser Wandel an dem italienischen Reisenden Piedro della Valle. Während in der Zeit des 17. Jahrhunderts vornehmlich von Europa aus Tiere in die restliche Welt transportiert wurden, um zunächst den Europäern, dann den Einheimischen einen europäischen Lebensstandard zu garantie-

701 Oeser, Katze, 107f.
702 Zinsser, Rats, 192.
703 Zinsser, Rats, 200.
704 Pallas, Zoographia, 165.
705 Vgl.: Crosby, Exchange , 97.
706 Vgl.: Oeser, Katze, 107.
707 Vgl.: Tarbor, Katzen, 86ff.

ren, so ging della Valle den umgekehrten Weg. Die Schönheit der Perserkatzen brachte ihn dazu, diese aus Vaterlandsliebe nach Rom zu bringen, um sein Heimatland zu verschönern. Augenscheinlich wechselt della Valle die Perspektive. Die Konvention europäische Maßstäbe an die außereuropäische Welt zu legen und daraus dann die Zivilisation Europas zum Modell für die restliche Welt zu machen, funktioniert bei den Katzen Europas nicht. Das Europäische Kurzhaar, die wohl die verbreitetste Form der Katze im Frühneuzeitlichen Europa war[708], entsprach keinesfalls den ästhetischen Ansprüchen des Italieners, so dass er den Import der Perserkatzen betrieb, von denen er gleich „quattro copie di maschi e di femmine“[709] nach Rom bringen wollte, um so ein Zuchtprogramm zu begründen.

Aus diesem Umstand, so wie der Tatsache, dass die Zucht von Katzen innerhalb Europas, anders als bei Hunden oder auch Rindern tatsächlich erst im 19. und 20. Jahrhundert begann[710], ist abzulesen, dass auch der Status der Katze in Europa ein ganz anderer war, als dies der Fall bei Hund, Rind oder Schwein gewesen ist. Während sich der Status dieser Tiere aus ihrem Nutzen ableitet, ist dieser bei den Katzen zwar bekannt, steht aber in keinem hohen Kurs. Erst in der Frühen Neuzeit bessert sich das Verhältnis zwischen Mensch und Katze[711]. Dafür spricht nicht nur das Verhalten della Valles sondern auch ein weiterer Vermerk in dessen Reisebericht. Er beschreibt nämlich, auf welche Weise er die Katzen nach Rom bringen möchte und will „deniro a gabbie, nella guisa che ne hanno pur di qua condotti alcuni Portoghesi infin nell' India“[712]. Damit bringt er zum Ausdruck, dass auch die Portugiesen vom ästhetischen Eindruck der Katzen aus Persien so beeindruckt waren, dass sie diese nach Indien transportiert haben, vermutlich, um mit ihnen Handel zu treiben.

Die Rolle der Katze änderte sich auch durch den Kontakt der Europäer mit der Welt außerhalb Europas, vor allem durch den Kontakt mit dem

708 Vgl.: Fogle, Katzen, 150.

709 Valle, Pellegrino, Bd. 2, 121.

710 Vgl.: Fogle, Katzen, 86-89, 92-94, 96-123, 128-137, 140f., 144-149; 154-159, 162-181, 186-197.

711 Vgl.: Oeser, Katze, 107.

712 Valle, Pellegrino, Bd. 2, 121.

Fernen und dem Nahen Osten. Die Imitation auf Seiten der Europäer wird durch die in ihren Augen gleichwertigen Kulturen Asien durchaus begünstigt worden sein und führte in Verbindung mit der neuen Rattenplage zu einer Statuserhöhung der Katze.

7. Die Haltung der Tiere: Landwirtschaft

Die Landwirtschaft, das Kultivieren von Pflanzen und Tieren, damit sie dem Menschen als Nahrung dienen können, steht am Anfang der menschlichen Kultur. Darüber darf kein Zweifel bestehen. Dennoch wird sie hier an vorletzter Stelle behandelt, ist dafür aber auch das längste Kapitel dieses Teils. Der Grund für beides liegt darin begründet, dass zahlreiche Beispiele, die bereits vorher behandelt wurden auch unter den Aspekt Landwirtschaft fallen könnten. Ihnen ist aber immer auch ein weiteres wichtigeres Attribut zu eigen gewesen. Daher sind in diesen letzten drei Unterkapitel acht Beispiele angeführt, die vor allem (auch hier wieder nicht ausschließlich) mit Landwirtschaft zu tun haben.

Dennoch macht dieses Kapitel deutlich, dass gerade im Bereich der Landwirtschaft Kulturkontakte möglich sind und im wahrsten Sinne des Wortes fruchtbar sein können. Konnte im vorherigen Kapitel auf vor allem unbewusste Umwelteinflüsse Bezug genommen werden, geht es nun tatsächlich hauptsächlich darum, wie europäischen Haustiere in der Agrarkultur außerhalb Europas neue Bedeutung zukommt.

Den Anfang macht dabei die Frage nach der Neuen Welt. Drei Beispiele aus Südamerika zeigen, wie europäische Haustiere in die eigene Vorstellungswelt integriert wurden. Dabei geht es nicht um die bloße Übernahme der Tiere nach europäischem Muster, vielmehr entsteht durch die Integration der Tiere in eigene Begriffs- und Handlungsmuster etwas Eigenes. Ihnen folgen erneut drei Beispiele, in denen es um Übernahmen europäischer Muster in Bezug auf die Tierhaltung geht. Zum Schluss folgen noch zwei weitere Beispiele aus Ozeanien, die zeigen, wie unterschiedlich Europäer mit der indigenen Bevölkerung umgehen, was sie von ihr (nicht) erwarten und welche Ergebnisse entstehen können.

a. Südamerika: europäische Tiere – anders genutzt und bezeichnet

Als erster Kontinent, der von den Europäern in der Frühen Neuzeit entdeckt wurde, bot Amerika ein Experimentierfeld für Ideen und Versuche. Zahlreiche dieser Experimente gingen auf Kosten der indigenen Bevölkerung. In Bezug auf den Kulturkontakt war die Vielfalt der Völker und ihrer Kulturen ein Phänomen, das zahlreiche Verbindungen und Möglichkeiten schuf. Die drei vorliegenden Beispiele zeigen Möglichkeiten der Kulturmischung auf. Den Anfang machen dabei die Tupinamba Brasiliens, die europäische Hühner sprachlich in ein bestehendes System der Geflügelhaltung integrierten. Der Genfer Missionar Jean de Léry, der sich im Jahre 1557 in Brasilien aufhielt, berichtet davon.

Zu seinen sehr genauen Beobachtungen der dort lebenden Tupinamba gehört auch die Auflistung der von ihnen gejagten Tiere. Dabei unterscheidet er sehr genau zwischen den wilden Tieren des brasilianischen Urwalds und den Haustieren der Tupinamba, von denen er bereits zu Anfang seiner Tierbeschreibung zu berichten weiß, dass diese „im übrigen [...] nur selten Haustiere" halten[713]. Er beschreibt weiter,

> „daß die Wilden über sehr viele Hennen verfügen, die bei uns Truthennen und bei ihnen „*Arignanussu*" [Arignanoussou] bezeichnet werden. Seitdem die Portugiesen häufiger ins Land kommen, haben sie ihnen auch die Aufzucht normaler kleinerer Hühner beigebracht. Diese nennen sie „*Arignanmiri*" [Arignan-miri]. Sie waren ihnen bisher unbekannt"[714].

Leŕy tritt hier vermeintlich als Zeuge für eine recht einseitige Übertragung auf. Die Portugiesen vermitteln den Tupinamba eine klassische europäische Kulturtechnik, die bis dahin unbekannt war. Lediglich zwei Hinweise im Text zeigen, dass an dieser Darstellung etwas nicht recht stimmig sein will. Zunächst muss das Verb *verfügen* (im französischen Original steht *ont*) betrachtet werden. Im vorherigen Kapitel Lérys wurde oftmals lediglich von Wild („*sauvagines*") gesprochen und damit eine Einschränkung, dass diese Tiere gejagt werden müssen, vorgenommen. Eine Besitzstandzuweisung wie bei der Truthenne fand nicht statt. Es ist daher durchaus plausibel, dass die Tupinamba ohne portugiesische Hilfe

713 Léry, Menschenfresser, 199, für die kommenden Stellen des französischen Originals: Léry, Voyage, cap. Xff.

714 Ebenda, 210; cap. XI.

bereits eine Domestizierung der Trüthühner vorgenommen hatten, ihnen Geflügelzucht daher nicht unbekannt war. Die Vermutung wird durch Léry bestätigt, so macht er im Verlauf des Textes nicht nur deutlich, dass die Tupinamba eine Entenzucht besitzen[715], sondern strukturiert das Kapitel über die Vögel auch so, dass er sprachlich einen Einschnitt macht, wenn er sich den Wildvöglen zuwendet, „*Quant aux oyseaux sauvages*[716]“.

Auch die Namen, die den neuen Tieren gegeben wurden, weisen darauf hin, dass hier eine bereits vorhandene Kulturtechnik von den Tupinamba auf ein europäisches Tier übertragen wurde. Léry selber weißt darauf hin, dass das Suffix *uassu* (*Ouassou*) *groß* bzw. *dick* bedeutet[717], während *miri* mit *klein* übersetzt wird[718]. Somit wurden im Sprachgebrauch der Tupinamba Hühner und Truthühner demselben Tier zugeordnet, wobei letztere als große Tiere (*Arignan-oussou*) und die Hühner als kleinere Tiere (*Arignan-miri*) angesehen wurden. Von der gleichen sprachlichen Verwendung zum gleichen Nutzen innerhalb der Landwirtschaft scheint es nur ein kleiner Schritt.

Verstärkt wird diese Vermutung zudem durch ein weiteres Verhalten der Tupinamba, das sie auf beide Vögel abwandten. So gingen sie davon aus, dass die Eier beider Vögel giftig seien und verwunderten sich über das Verhalten der Europäer, die die Eier aßen[719]. Interessanterweise wurden diese Eier daher nicht für den eigenen Gebrauch gezüchtet, sondern dienten den bereits erwähnten Enten als Nahrung. Nur die Federn der weißen Hühner waren sehr begehrt, um diese rot zu färben und als Schmuck zu benutzen[720].

So ist der zunächst von Léry beschriebene einseitige Transfer einer europäischen Tradition durch die Portugiesen bei genauerem Hinsehen eine semantische Abgrenzung auf Seiten der Tupinamba, die das neue Tier Huhn in ihre Tradition aufnehmen können, und es sowohl sprachlich als auch landwirtschaftlich in ihre bisherige Tradition integrieren.

---

715 Ebenda, 211; cap. XI.

716 Ebenda.

717 Ebenda, 225; cap. XII.

718 Ebenda, 226; cap. XII.

719 Ebenda, 210f.,cap. XI.

720 Ebenda, 2010; cap. XI.

Sie imitieren die Hühnerhaltung, grenzen sich aber sprachlich von den Europäern ab, in dem sie deren Begriffe nicht übernehmen.

Auf Dauer war aber die landwirtschaftliche Integration langlebiger als die rein sprachliche Abgrenzung. Die Tupinamba lernten, dass es sinnvoll ist, diese europäischen Hühner zu halten und sie den immer wieder neu ankommenden Europäern zum Handel anzubieten, was im Zuge der oben erwähnten Probleme mit frischer Nahrung ein gutes Geschäft versprach. Diese Beziehung ist durch den Aufenthalt des deutschen Soldaten Richshoffer belegt, der schildert, wie „ein Cano mit 8. Indianern an vnser Schiff“[721] kam. Die Besucher „brachten allerhand schöne Früchte zu vertauschen, als Anasses, Papunes, Benantes, Betates vnd etliche Hüner, dafür wir ihnen allerhand schlechte Wahren gegeben“[722]. An anderer Stelle wird er genauer und berichtet davon, dass die Einheimischen „brachten also mit vns an das Schiff 20 Hühner“[723].

Während die Tupinamba zunächst eine sprachliche Integration vornehmen, wird an anderen Stellen in Südamerika eine Mischung von europäischen Nutzvieh und eigenen Vorstellungen von deren Nutzung deutlich. Lery konnte in seiner präzisen Beschreibung Brasiliens kaum domestizierte Tiere in Südamerika ausmachen[724], dem Deutschen Caspar Schmalkalden, der im Dienst der Niederländer stand, fallen rund neunzig Jahre später ab 1642, sehr wohl Tiere auf, die im Dienst der Indios stehen:

> „Es gibt zweierlei Zuckermühlen, nämlich Wasser- und Ochsenmühlen: Die Wassermühlen sind am bequemsten, wenn nur Gelegenheit ist, dieselben zu bauen. Sie mahlen viel geschwinder und mehr Zuckerrohr als die Ochsenmühlen. Letztere hingegen kosten nicht viel und können überall hingebracht werden, es müssen aber allzeit etliche Ochsen dabei gehalten werden“[725].

721 Richshoffer, Reise, 106.
722 Ebenda.
723 Ebenda, 109.
724 Vgl.: Lery, Menschenfressern, 199.
725 Schmalkalden, Reisen, 76.

Innerhalb des genannten Zeitraums hat sich die Lebensweise der Brasilianer, selbst wenn man beachtet, dass Schmalkalden hier nicht von den Tupinamba Lerys spricht, geändert. Der Einfluss der europäischen Siedler und Eroberer ist deutlich geworden. In diesem Zeitrahmen ist nicht nur das Rind erfolgreich nach Amerika übergesiedelt worden, auch wurde es von der indigenen Bevölkerung in die eigene Kultur integriert. Das ist besonders erstaunlich, da die Brasilianer der Provinz Paraiba die siedelnden Portugiesen, in den Worten Schmalkaldens, „über alle Maßen“[726] hassen und von diesen „wiederum gehasst“ werden „als treulose, undankbare und leichtfertige Leute“[727]. Das Verhältnis war wohl, selbst wenn Schmalkalden übertreibt, durchaus spannungsreich, was jedoch dennoch dazu führte, dass der Kulturträger Rind nach Brasilien eingeführt und als Arbeitstier in einem europäischen Sinne genutzt wurde.

Schmalkaldens Bericht lässt dabei an einer Stelle besonders aufhorchen. Obwohl die Ochsen zunächst angeschafft und im Anschluss daran gefüttert werden müssen, stellen die von ihnen betriebenen Mühlen die günstigere Variante dar. Es muss daher davon ausgegangen werden, dass sowohl die Anschaffung der Rinder als auch deren Versorgung relativ preiswert ausfällt. Da die Nachfrage nach Zucker hoch war und die Möglichkeiten der Wassermühlen vom Standort abhing, musste daher eine hohe Nachfrage nach Mühlen und Ochsen bestanden haben. Es darf also vermutet werden, dass das Angebot von Ochsen und auch von Heu so reichhaltig war, dass „etliche Ochsen“[728] ohne finanzielle Probleme gehalten werden konnten[729]. Dieser Umstand hatte sowohl mit dem Klima als auch der Landschaft Brasiliens zu tun, die ideal für Viehhaltung geeignet ist.

Die Einwohner Brasiliens hatten erkannt, dass die Rinderhaltung für sie

726 Ebenda, 54.

727 Ebenda.

728 Ebenda, 76.

729 Dabei ist die Frage nach den Aufwandskosten im Unterschied zu den Betriebskosten unerheblich. Beide Faktoren müssen für eine dauerhaftes Geschäft günstig sein. Das die Betriebskosten je nach Preis für das Futter der Tiere steigen oder fallen können, sind diese variabel. Die Ochsen selber gehören jedoch zu den Aufwandskosten und scheinen daher durchaus einen günstigen Preis gehabt zu haben.

nützlich sein könnte, gerade auch im Umgang mit den für sie fremden Europäern. Wenn allerdings auch die Arbeitskraft der Tiere geschätzt wurde, als Nahrung dienten die Tiere nur wenigen Stämmen Brasiliens. Schmalkalden verzeichnet einzig, dass in der Provinz Rio Grande Rindfleisch verzehrt wurde[730], in anderen Gebieten jedoch Vieh zwar gehalten, nicht aber gegessen wurde. In Brasilien ernährten sich die Menschen nämlich von „allerhand Wildbret, Fischen, Krabben, wohl auch etlichen Schlangen“[731].

Diese rasante Entwicklung der Rinderhaltung kann Schmalkalden auch in Chile festmachen, wenn ihm auch vieles noch nicht bewusst ist. Dort nämlich wurden die niederländischen Seefahrer und Söldner von den Anführern der Stämme mit „etlichen Stück Vieh“[732] beschenkt. Das zeigt, dass auch hier bereits eine große Anzahl von Rindern existieren musste, die dennoch als Geschenke einen Wert hatten. Der natürliche Umgang mit diesen Tieren, freilich auch mit anderen importierten, führt für Schmalkalden zu einer paradoxen Situation. Dieses durch Imitation der Kultur Geschaffene wirkt für ihn so natürlich, dass er seine Beschreibung Chiles mit den Worten schließt:

> „Es gibt auch allerhand zahmes Vieh darinnen wie in Europa, so Pferde, Kühe, Schweine, Ziegen, zweierlei Schafe, Hunde und Katzen. Anfangs, als die Spanier dieses Land eingenommen, sollen weder von solchen Früchten [gemeint sind europäische, die er vorher erwähnt] noch dergleichen Vieh darin gewesen sein, sondern alles ist von Zeiten zu Zeiten aus Spanien hineingebracht und dort fortgepflanzt worden“[733].

Die Verwendung des Modalverbs *sollen* deutet auf einen gewissen Unglauben Schmalkaldens hin. Da er dennoch im Indikativ schreibt, weiß er wohl um den Umstand des Imports, glauben mag er es aber kaum. Die Art der Imitation ist auch hier nicht vorrangig vom Prestigedenken ge-

730 Vgl.: Ebenda, 56.
731 Ebenda. 43.
732 Ebenda, 67.
733 Ebenda, 69.

lenkt, sondern erneut durch einen praktischen Nutzen, der sich aus der Haltung der Rinder ergibt. Bei aller Gewalt, die gemeinhin mit den spanischen Eroberungszügen in Süd- und Mittelamerika in Verbindung gebracht wird, ist von einer gewaltsamen Auseinandersetzung bei der Einfuhr der Rinder nicht auszugehen. Vielmehr scheint es, dass hier der Kontakt und der Handel zu einem Wechsel in der Kultur der südamerikansichen Bevölkerung geführt haben.

Die in Südamerika von Schmalkalden beschriebene Wandlung der Rinderhaltung zum Zweck des Betriebs von Zuckermühlen zeigt im Gegensatz dazu eine massive Veränderung im Kommunikationsprozess. Das hatte vor allem auch mit den Umweltbedigungen zu tun, die die Rinderhaltung optimieren. Jean-Francoise La Pérouse schreibt, die Landschaft sei „fruchtbarer als jeder andere auf der Welt“[734]. Die Produkte Amerikas waren in erster Linie nicht für die einheimische Bevölkerung gemacht, sondern dienten als Tausch- und Handelsobjekte der Europäer, wobei die Einheimischen eher störend wirkten. So erlebte Johann Gregor Altenburgk wie ein Tauschgeschäft nicht in den richtigen Bahnen verlief. Die Kompanie, der Altenburgk angehörte, nahm daraufhin den Handel selbst in die Hand, denn „[w]ir fielen mit Macht ans Land, brachten Ochsen auff die Schiff, setzten die Moren ans Land, lichteten die Ancker wider nach der Bahje zu segeln“[735].

Dass sich dabei als Nebenprodukt auch die Lebensumstände der Einheimischen änderten, wurde erst später erkannt, wie erneut Lapérouse vermerkt, denn „[s]o hat die Einführung europäischer Haustierrassen auf die Stämme zwischen Santiago und der Magellanstraße den nachhaltigsten Einfluß ausgeübt. Sie haben ihre alten Bräuche aufgeben [… und …] haben heute mehr Ähnlichkeit mit den Tataren […][736]“.

Die einheimische Bevölkerung hatte sich in beiden Fällen stark verändert. Während demnach ein Teil seine Lebensumstände unabhängig von dem Einfluss der europäischen Kultur änderte, passte sich ein anderer Teil nach dem zitierten Bericht Schmalkaldens deutlich den europäischen Ideen an.

---

734 Lapérouse, Weltreise, 38.
735 Aldenburgk, Reise, 49.
736 Ebenda, 43f.

Wer bei der gerade beschriebenen Nutzung der Rinder noch nicht an eine indigene Neubenutzung der Tiere glauben mag, liegt sicherlich richtig. Die Nutzung von Rindern als Zugtier ist auch in Europa nicht unbekannt gewesen und so lässt sich ein europäischer Einfluss auf die Zuckermühlennutzung sicherlich nicht negieren. Anders sieht dies jedoch bei der Nutzung von Schweinen aus, die in der Landwirtschaft der Anden zum Einsatz kamen. Diese wurden durch Francisco Pizzaro seit 1535 nach Peru gebracht[737]. Die sich daraus entwickelnde Haltung der Tiere unterschied sich von der im übrigen Südamerika deutlich. Dies hat zunächst vor allem mit den völlig anderen natürlichen Bedingungen zu tun. Der fehlende Maisanbau und das eher unwirtliche Klima hatten Einfluss auf die Nutzung des Schweins[738]. Daneben ist auch der menschliche Einfluss groß. Durch die Tatsache, dass „[d]e la China […] se han traído a este reino del Perú los puercos y perros que en aquella regiõn se crían“[739], kann nicht ausgeschlossen werden, dass diese asiatischen Schweine sich mit den aus Spanien gekommenen gekreuzt haben. Da „[s]on los puercos menores que los nuestros y engordan con tanto exceso, que apenas se puedan mover deun lugar, porque ley arrastra el vientrepor el suelo, y vienen a cebarse“[740], hat sich der Umgang mit diesen Schweinen verändert. Während in anderen Teilen Südamerikas die Schweine eingesperrt wurden, sperrte man sie in den Anden aus. Der Grund für dieses Verhalten lag in der Nützlichkeit der tierischen Allesfresser, die sich freilaufend um vergammelte Früchte und andere Produkte kümmerten[741]. Hierbei wurde die in Europa übliche Praxis angewandt, die Tiere in die Wälder zu schicken, um sie dort mit Tannenzapfen, Bucheckern und Kastanien zu füttern[742].

Dies jedoch führte zu einem Problem, da „hay siempre muchos hombres que no tienen otro trato que cebar puercos [...] para vender“[743], mit der Absicht sie zu schlachten, was zu gesundheitlichen Schäden für den

737 Crosby, Exchange, 79.
738 Vgl.: Gade, Pig, 40f.
739 Mateos, Cobo, Bd. 1, 421.
740 Ebenda.
741 Gade, Pig, 41.
742 Ebenda, 40.
743 Mateos, Cobo, 385.

Menschen führte, da die in den schlecht gewordenen Früchten lebenden Parasiten sich so vom Schwein auf die Menschen übertrugen[744].

Das fremde Tier wird durch Übertragung einer Kulturpraxis an die Umgebung der Menschen angepasst und findet so eine Nische, die es für die Menschen nützlich macht. Daraus resultierte eine Abgrenzung, die einer unterschiedlichen Bedeutung des Schweins geschuldet war, die das Ergebnis einer Verbindung von europäischer Praxis mit den Umweltbedingungen der Andenregion sowie den aus diesen Bedingungen resultierenden kulturellen Eigenschaften der einheimischen Bevölkerung war. Aus heutiger Sicht war diese Abgrenzung durchaus von Vorteil, da durch den Verzicht auf Imitation die europäische Praxis des Verzehrs von Schweinefleisch, aus der gesundheitliche Probleme resultierten, die vorher nicht aufgetreten waren und erst Ende des 20. Jahrhunderts aufgedeckt wurden, vermieden wurde.[745].

b. Von Schafen, Bienen und Pferden, oder: Wenn Nutztiere den Menschen ändern

Als die Europäer im Mittelalter nach Asien kamen, waren sie von der Zivilisation des Kaiserreichs China beeindruckt. Zahlreiche Berichte von Wundern spiegeln dieses Staunen wieder. Auch in der Frühen Neuzeit hielt diese Bewunderung noch an, wich aber nach und nach dem Gefühl, mit den asiatischen Kulturen gleich-, wenn nicht besser gestellt zu sein. Auf der asiatischen Seite führte das zu Abgrenzungstendenzen, die in der probierten völligen Abschottung Japans sicherlich ihr extremstes Beispiel fanden. Diese Bestrebungen führten aber nicht dazu, dass europäisches Verhalten nicht doch imitiert und auch komplett übernommen wurde. Das eindringlichste Beispiel für diese Art der Nachahmung hängt mit dem Import eines europäischen Nutztiers nach Asien zusammen, das dort vorher unbekannt gewesen war. Für Japan etwa ist die Herkunft des Schafs klar umrissen, wie Engelbert Kaempfer weiß:

> „Schafe und Ziegen sind vor Zeiten von den Europäern nach Firando gebracht, wo selbst man auch noch ihr Geschlecht unterhält. Sie würden im ganzen Reiche gute

744 Gade, Pig, 43f.

745 Vgl.: Gade, Iberian Pig, 44ff.

> Bergweide finden, und mit Nutzen können angezogen werden, wenn man die Wolle gebrauchte, oder das Fleisch genießen dürfte“[746].

Folgt man Kaempfers Einschätzung existierte in Japan keine eigenständige Schaf- und Ziegenzucht und tatsächlich existiert dort weder ein natürliches noch ein in prähistorischer Zeit importiertes Tier aus dieser Familie[747], so dass alle Tiere aus dem Import im Zeitraum der europäischen Expansion nach 1500 stammen müssen.

Der Grund für diese Einfuhr liegt auf der Hand. Ähnlich wie in anderen Teilen der Welt wird zunächst davon ausgegangen worden sein, dass Europäer zu versorgen sind. Diese Tradition etablierte sich vor allem auf portugiesischer Seite. Die ersten Entdeckungsfahrten unter der Ägide von Heinrich dem Seefahrer waren oftmals dazu ausgerüstet, spätere Fahrten zu erleichtern. Dazu gehörte auch das Aussetzen von Ziegen auf unbekannten Inseln, um Verpflegung für die späteren Mannschaften sicherzustellen[748].

Genau diese Portugiesen waren es auch, die als erste Europäer 1542 japanischen Boden betraten[749] und damit wohl später auch weitere Fahrten begründeten. Dass sich aus dieser Verpflegungsintention auch Tausch und Handel entwickelten, ist verständlich, zumal wenn man die Worte Kaempfers bedenkt, der die von ihm beschriebene Region als perfekt für Schaf- und Ziegenzucht beschreibt. Dieser Umstand war den Japanern selber nicht verborgen geblieben, so dass sie begannen die Tiere weiter zu züchten.

Die Japaner übernahmen die Schafhaltung sicherlich freiwillig von den Europäern. Auch andere Völker Asiens übernahmen die Haltung ihnen unbekannter Tiere, selbst wenn die Umstände andere waren, wie die Eroberung Sibiriens durch die Russen zeigt. Diese sorgte nicht nur für die Entstehung eines Landes von riesigen Ausmaßen, es führte auch zur Einfuhr der Honigbiene in diese Regionen. Die Einheimischen Sibiriens

746 Kaempfer, Japan, Bd. 1, 141.
747 Vgl.: Novak, Walker's, Bd. 2, 1475-1499.
748 Vgl.: Morus, Tiere, 148f.
749 Vgl.: Pohl, Japans, 46.

imitierten die Bienenzucht. Dabei ist entscheidend, dass in diesem Beispiel der Transfer und die ihm folgende Nachahmung genau wie in Japan durch die Einheimischen dieser Region gewollt wurde. Simon Pallas kann, als er in Baschkirien Halt macht, in seinen Berichten für den 16. Mai 1770 festhalten:

> „Man treibt hier starke Bienenzucht, so daß einige gegen vierhundert Stöcke im Walde zerstreut besitzen und jährlich vierzig oder mehr Pud Honig gewinnen. Ihre Art mit den Bienen umzugehen ist völlig die Baschkirische. Sie höhlen die Stämme von allerley Bäumen, am liebsten aber von solchen, welche hartes Holz haben, zu Bienenstöcken aus, und suchen dazu im Walde die stärksten und geradesten aus [...]. Unter den dem Bienengehäuse werden alle Zweige und Auswüchse sorgfältig weggehauen, um denen Bären das Hinaufklettern schwer zu machen. Dem ungeachtet geschieht durch diese in den ralischen Wäldern noch ziemlich häufige Thiere viel Schaden an den Bienenstöcken und man bedient sich deswegen allerley Mittel um selbige abzuhalten und zu zerstöhren [...]. Ein anderer Feind der Bienenstöcke ist der Schwarzspecht, welchen man durch allerley Dornen und Reisig, womit die Stöcke umwunden werden, so viel möglich abzuhalten sucht. Endlich so glauben die Tartaren auch, daß es Leute giebt, deren Anblick den Bienen schadet. Sie hängen deswegen, besonders an die Stöcke, welche sie bey ihren Häusern halten, einen Pferdekopf, oder Fuß oder anderen Knochen, damit das Auge zuerst auf diese Dinge falle, wodurch nach ihrer Meynung der schädliche Einfluß der zauberischen Anblicke abgeleitet wird“[750].

Pallas' Beschreibung macht deutlich, wie tief Bienen und Honig in der Kultur der Einheimischen verankert sind. Nicht nur im Wirtschaften mit den Tieren auch in der Abwehr der Fressfeinde bedienen sich die Baschkiren eines breiten Repertoires an Mitteln. Pallas letzte Information zeigt eine Verbindung der Bienen hin zu religiösen Vorstellungen. Es ist daher

---

750 Pallas, Reise, 18ff.

verwunderlich, dass er bei seinen weiteren Reisen durch die Regionen des südlichen russischen Reichs bemerken kann:

> „Ich sahe hier zum letzenmale einige Anlagen zur Bienenzucht, welche auch die tschebarkulskischen Kasaken nicht versäumen. Weiter ostlich und durch ganz Sibirien findet man dergleichen, auch unter den Baschkiren, nicht mehr, obwohl die Bienen unter dieser Breite und in denen südlicheren Gegenden Sibiriens recht wohl fortkommen könnten, wie denn dergleichen in dem viel nordlicher und ostlicher gelegenen Tobolsk von einigen Liebhabern gehalten zu werden anfangen“[751].

Die Tatsache, dass auch die vorher als sehr an ihrem Honig und an ihren Bienen hängenden Baschkiren in diesen Regionen, in denen Bienen nicht auf natürliche Weise vorkommen[752], keine Bienenhaltung betreiben, zeigt, dass die Verwurzelung gar nicht so tief ist, wie vermutet. Eher scheint es sich hier um eine Einfuhr dieser Tradition zu handeln[753], so dass hier eine Imitation kultureller Vorstellungen stattfand, die jedoch noch nicht in die Regionen vorgedrungen war, deren Beschreibung und Erforschung letztlich Pallas Anliegen war. Der Transport der Bienen in das Gebiet jenseits des Urals galt den einheimischen Völkern, so dass das Beispiel eine Imitation durch Kulturmischung zeigt, die zunächst von der zu imitierenden Kultur forciert und dann von den Einheimischen Sibiriens übernommen wurde.

Während die Japaner die Schafszucht der Europäer imitierten, ist ein solches Modell der Imitation in Nordamerika bei der Nutzung des Pferdes zunächst ein Problem, denn während die Spanier in Südamerika zweifellos als Vorbild für die Pferdehaltung und deren Nutzung fungierten, kam es in Nordamerika nicht durch europäischen Einfluss dazu, was allerdings von Haines schon bezweifelt wurde[754]. Da sich in der Kultur der nordamerikanischen Ureinwohner das Pferd vor allem in seiner

751 Ebenda, 99.
752 Vgl.: Crane, Bee, 366.
753 Vgl.: Ebenda.
754 Vgl.: Haines, Horses, 112–117.

Funktion als Reittier abzeichnet, muss die Frage gestellt werden, inwiefern diese Nutzung tatsächlich auf einer Imitation beruhen kann. So kann Meriwether Lewis im August 1805 sein erstes Aufeinandertreffen mit einem Mitglied aus dem Volk der Shoshonen wie folgt beschreiben:

> „I discovered an Indian on horse back about two miles distance coming down the plain toward us. With [sic] my glass I discovered from his dress that he was of a different nation from any that we had yet seen, and was satisfyed of his being a Sosone; his arms were a bow and quiver of arrows, and was mounted on an eligant horse without a saddle, and a small string which was attatched to the underjaw of the horse which answered as a bridle“[755].

Im Weiteren beschreibt Lewis sein vergebliches Bemühen mit diesem in Kontakt zu treten, da er auf keines seiner Zeichen, die sich Lewis von anderen Stämmen der Rocky Mountains angeschaut hatte, reagierte[756]. Den Shoshonen waren die Europäer bis zu diesem Zeitpunkt kaum bekannt gewesen, war doch erst im Jahr 1742 Pierre Gaultier de Varennes, Sieur de La Vérendrye zu ihnen vorgedrungen[757]. Dennoch beherrschten sie die Kunst des Reitens und dies sogar unter Zuhilfenahme einer Peitsche[758]. Diese kulturelle Entwicklung im Umgang mit dem Pferd wirkt in Anbetracht der Tatsache des nicht vorhandenen Kontakts seltsam und bedarf der Erklärung.

Die These, dass für die Domestizierung der Pferde in Nordamerika nicht direkt Europäer verantwortlich sind, sondern dieses auch durch die Initative der indigenen Völker selber geschah, kann etwa Joseph François Lafitau für die Ureinwohner Nordamerikas verdeutlichen. In seinen *Moeurs des Sauvages Amériquains* berichtet er davon, dass die Ureinwohner, die nahe französischen Städten wohnen, „sich seit einiger Zeit

---

755 http://lewisandclarkjournals.unl.edu/read/?_xmlsrc=1805-08-11.xml&_xslsrc=LCstyles.xsl (21. April 2012).

756 Vgl.: Ebenda.

757 Vgl.: Wissler, Horse, 6.

758 Vgl.: http://lewisandclarkjournals.unl.edu/read/?_xmlsrc=1805-08-11.xml&_xslsrc=LCstyles.xsl (21. April 2012).

Pferde zugelegt“[759] haben, um Brennholz zu transportieren. Lafitau stellt fest, dass „die jungen Leute, denen es recht angenehm ist, mit Pferden umzugehen“[760], diese Arbeit gerne machen. Die ursprünglich mit einer Aufgabe betrauten Mitglieder einer Gemeinschaft, im Beispiel Lafitaus sind es die Frauen, die mit der Beschaffung des Brennholzes beauftragt sind, werden durch eine jüngere Generation, die sich mit den Bräuchen der nicht einheimischen Franzosen angefreundet hat, abgelöst, die das Tradierte durch eine scheinbare Verbesserung ersetzen will. Jedoch weist Lafitau auch darauf hin, welche Probleme es mit den neuen Methoden gibt, wenn er in seinem Bericht mitteilt:

> „[W]eil sie keine Stallung für [die Pferde] haben, so besteht alles, was sie thun mögen, darinnen, dass sie selbige in elende Plätze einsperren, wodurch sie sich aber gar leicht einen Weg zu machen wissen. Wenn sie nun [...] nicht genug Futter in diesen Behältnissen antreffen; so sind sie von selbst geneigt, sich nach den türkischen Weizenfeldern umzusehen, den sie lieber als Haber fressen“[761].

Eine europäische Einwirkung ist hier nicht leugbar, wenn es sich auch um eine indirekte handelte. Eindeutig lag hier die Initiative bei den Amerikanern nichteuropäischer Herkunft, denen die Nützlichkeit des Pferdes bewusst wurde, nachdem sie ihnen durch den europäischen Gebrauch vor Augen geführt wurde. Der dadurch in Bewegung gesetzte Transfer war von den Ureinwohnern gewollt.

Diese Voraussetzung ist hilfreich, um sich der Frage nach der Pferdehaltung der Shoshonen zu widmen. Augenscheinlich müssen auch diese den Transfer von Pferd und Reitkunst gewollt und eigenständig eingeführt haben. Da aber kein Kontakt zu Europäern bis zu Beginn des 19. Jahrhunderts bestand, müssen deren Verbreitungswege andere gewesen sein als bisher erläutert.

Ähnlich wie Sprachen besitzen auch Kulturen einen gewissen Radius,

---

759 Lafitau, Sitten, 328.
760 Ebenda.
761 Ebenda.

in dem sie existieren[762]. An den Peripherien dieser Kulturen kommt es zu Überlappungen und zum Transfer von Sprachen und einzelnen Kulturgütern. Die Einfuhr der Pferde nach Südamerika, in die Karibik und nach Florida durch die Spanier, so wie das recht frühe Auftreten der Engländer in Nordamerika sorgte in diesem Zusammenhang dafür, dass bereits einzelne Ethnien der indigenen Bevölkerung Amerikas mit dem Pferd in Kontakt kamen. So etwa als Don Francisco Vásquez de Coronado Mitte des 16. Jahrhunderts von Mexiko aus in die Region der Plains zog und dabei Pferde mitbrachte. Der Kontakt zwischen der spanischen Expedition und den dort lebenden Ureinwohnern, die das Auftreten der Europäer wenig duldeten und probierten, sie von sich fernzuhalten, beinhaltete auch Kontakt zu Pferden, denn „[w]hile they were talking, some men acted as if they would cross the lines, and one of the natives lost control of himself and struck a horse a blow on the cheek of the bridle with his club“[763]. Diese anfängliche eher negative Begegnung mit dem Pferd mag sich wenige Zeit später anders zugetragen haben, da einige Pferde ohne Spanier durch die Plains zogen, heißt es doch an anderer Stelle, denn „there was not a horse that did not break away, except two or three which the negroes protected by holding large sea nets over them“[764]. Damit ist eine von der indigenen Bevölkerung ausgehende Bestrebung, diese Tiere zu halten und zu nutzen nicht ausgeschlossen.

Von der Peripherie aus fand durch die nomadische Lebensweise vieler Völker Nordamerikas eine Verbreitung durch verschiedenen Kulturräume der Ethnien statt, so dass auch die Schoshonen in den Vorzug der Pferdehaltung kamen, ohne Kontakt mit den Europäern gehabt haben zu müssen[765]. Der hier beschriebene Prozess bietet also durchaus eine Art der Imitation an. Dabei handelt es sich jedoch nur anfänglich um das

---

762 Bei Sprachen ist dieses relativ eindeutig, etwa im Bereich der Dialekte. Während das norddeutsche Niederdeutsch in seinen zahlreichen Variationen von Hamburg bis an die Grenzen des Rheinlands verstanden werden kann, wird es dem bayrischen Mundartsprecher schwer fallen den Hamburger zu verstehen, da die beiden Sprachregionen keine Überlappung aufweisen, vgl. etwa zur Benutzung des Pronomens „er“: König/Paul, Sprache, 164.

763 Winship, Journey, 34.

764 Ebenda, 69.

765 Vgl.: Wissler, Horse, 23ff.

Nachahmen der gänzlich fremden Kultur Europas. Vielmehr wird im Nachhinein die Imitation zwischen den miteinander agierenden Indianervölkern fortgeführt. Dass hierbei nicht bloß das Prestige, welches sich mit dem Pferd verband, im Vordergrund stand, sondern durchaus ein praktischer Nutzen, zeigt sich an der Bisonjagd. Denn die Domestizierung des Pferdes durch die Indianer sorgte für eine Optimierung dieser Jagd vom Pferderücken aus und damit einhergehend für eine Veränderung in den Beständen der Bisons.[766].

c. Gutes Wetter, prächtige Tiere: Tierhaltung in Ozeanien

Die Verbreitung von europäischen Haustieren mag zu Beginn der Frühen Neuzeit vor allem dem Leben der europäischen Siedler, Händler und Krieger gegolten haben, wurde aber im Verlauf des 18. Jahrhunderts zu einem Zivilisationsauftrag Europas an die Welt. Der französische Weltumsegler Laperouse stellte dann auch für das 18. Jahrhundert stolz fest:

> „Wir leben nicht mehr in einer Zeit, in der man unter dem Deckmantel der Religion Gewalt und Raublust freien Lauf ließ. Die modernen Seefahrer verfolgen, wenn sie die Sitten neuentdeckter Völker beschreiben, nur eine Absicht: Die Kenntnis der Menschheit und ihrer Geschichte zu vervollständigen. Ihre Weltreisen dienen dem Zweck, den Erdball vollends zu erforschen, und, die Kenntnisse, die sie verbreiten, zielen einzig und allein darauf ab, die Bewohner der von ihnen besuchten Inseln glücklicher zu machen und ihnen ihren Lebensunterhalt zu erleichtern“[767].

Dieser Anspruch zeigt sich an vielen Stellen bei der Verbreitung von Tieren im Südpazifik. Rinder, Schafe und Schweine sollten dazu beitragen, die Völker Ozeaniens zu zivilisieren. Dem aber musste zunächst eine Integration der Tiere im europäischen Sinn voraus gehen. Das aber gelang im Prinzip nicht. Eine Integration der Tiere in die Kultur Polynesiens fand trotzdem statt, wie die folgenden zwei Beispiele zeigen.

Die klimatischen Bedingungen im Südpazifik sorgten nicht nur für op-

---

766 Vgl.: Isenberg, Bison, 44.; Geist, Bison, 8 und besonders 37- 44.

767 Lapérouse, Weltreise, 75.

timale Lebensbedingungen bei den Tieren, sie bewirkten auch eine rasche Vermehrung. In Hawaii sind daher noch heute Abkömmlinge dort eingeführter Rinder anzutreffen[768]. Anderes gilt für Tahiti. Dort waren – wie erwähnt – Schafe und Ziegen unbekannt. Im steten Bestreben der Welt den Fortschritt zu bringen, wurde von europäischer Seite darauf geachtet, diese Tiere zu verteilen. Georg Forster gibt auch hierzu ein eindringliches Beispiel, dass jedoch wesentlich mehr Fragen aufwirft, als es erklärt:

> „[...] nunmehro aber wollten wir auch die Wildnisse mit Thieren zu bereichern suchen, die in der Folge den Eingeborenen und auch künftigen Seefahreren zum Nutzen gereichen könnten.[...] wir ließen es uns einen Bock und eine Ziege kosten,welche an einer öden stelle in Ost-Bay jetzt an Land gesetzt wurden. Man hatte diese Gegenden vor anderen hiezu ausgewählt, weil unsre neuen Colonisten [gemeint sind Bock und Ziege], dem Anschein nach, hier für den Einwohnern am sichersten seyn konnten, als welches die einzigen Feinde sind, vemuthen, daß die unwissenden Neu-Seeländer Überlegungen aus der ungestörten Vermehrung dieser nützlichen Thiere zuwachsen könnte“[769].

Der erste Blick auf diese Passage muss verwundern. Es werden Bock und Ziege ausgesetzt, die den Maori nützlich sein sollen. Weil man diesen aber nicht zutraut, eben diese Nützlichkeit zu erkennen, müssen die Tiere versteckt werden. Der Einwand, in erster Linie sei vielleicht an vorbeikommenden Seefahren gedacht worden, für die die Tiere nützlich sein könnten, wird durch das Wörtchen *auch* bei Forster nicht negiert, zeigt jedoch, dass daran nur sekundär gedacht wurde. Eine menschliche Kolonisierung Neuseelands ist hier auch nicht angedacht, für die Ziegen als Grundstock dienen könnten. Zunächst wird tatsächlich daran gedacht, den Nutzen der beiden Tiere für die Maori herauszustellen. Die Frage nach dem Verstecken der Tiere bleibt und lässt sich vor allem wohl mit der anthropologischen Diskussion der Zeit in Bezug bringen.

768 Vgl.: Newell, Nature, 116.

769 Forster, Reise, 214.

Den Europäern ist bewusst, dass Umweltfaktoren für die Menschwerdung eine entschiedene Rolle spielen. Anders lässt sich nicht erklären, warum man einen solchen logistischen Aufwand betreibt, um diese Tiere durch die Welt zu bringen, wobei diese Reisen auch für die Tiere oftmals durch Krankheit verschlimmert werden, wie Forster am Beispiel einiger Schafe anführt, die an Skorbut erkrankt sind[770]. Entscheidend aber ist ein anderer Umstand. Die Geschichte des Menschen wird als eine Geschichte des Fortschritts beschrieben. Der Europäer ist von dem Gedanken beseelt, dass jeder Mensch in der Lage ist, auf den zivilisatorischen Stand Europas aufzusteigen, sobald man den Völkern, die es bisher nicht geschafft haben, Hilfestellung, etwa in Form von unbekannten Tieren, gibt. Ist diese Hilfestellung jedoch gegeben, setzt sich ein natürlicher Prozess in Gang, der nicht mehr aufzuhalten ist und alle Menschen auf den Stand Europas bringen soll.

Das berücksichtigend ist weniger von einer kulturellen Übertragung als von einer naturellen zu sprechen, die hier in Gang gesetzt werden soll. Wenn Bock und Ziege genug Nachkommen gezeugt haben, dass sie sich vor den Maori gar nicht mehr verstecken können, muss diesen auffallen, wie nützlich dieses Tier ist und sie gehen einen weiteren Schritt in Richtung menschlicher Entwicklung.

Freilich ist bereits im ausgehenden 18. Jahrhundert zu beobachten, wie sehr diese Vorstellung scheitert. So berichtet der in der Populärkultur zu Unrecht als Dispot gescholtene William Bligh, der vor der auf seiner Bounty stattfindenden Meuterei auf Tahiti war:

> „Während dieser Fahrt erzählte mir Teinah [einer der Häuptlinge] umständlicher als bisher, was aus dem Hornvieh und den Schafen geworden sey, die ihm Kapitain Cook gegeben hatte. Fünf Jahre, sagte er, nach Kapitain Cook's Abreise […] vereinigten sich die Einwohner der Insel Eimeo mit denen in dem Taheitischen Bezirk Attahuru, und machten eine Landung auf Oparre. Nach einigen Widerstande, wobei viele Menschen um das Leben kamen, flohen Teinah und seine Leute in das Gebirge, und gaben ihre ganze Habe den Ueberwindern Preis, die fast alles vernichteten,

770 Vgl.: Forster, Reise, 153f.

> was sie nicht hinwegführen konnten. Sie schlachteten und aßen einige Stücke Vieh, nahmen aber die größere Anzahl mit nach Eimeo. Die Kühe hatten schon acht Kälber, und die Mutterschafe acht Lämmer geworfen. Die Enten, wozu er die Gänse rechnete, hatten sich sehr vermehrt; allein die Truthühner und Pfauen, was auch die Ursache seyn mochte, hatten gar nicht gebrütet. Teinah schien sehr erfreut, daß mich die Vernichtung so vieler nützlicher Thiere schmerzte; allein ich entdeckte bald, daß der Grund seiner Zufriedenheit keineswegs in der Hoffnung lag, daß ich ihm den Verlust ersetzen, sondern darin, daß ich gegen den Feind der ihn darum gebracht hatte, Rache ausüben würde: denn gegen den Verlust der Thiere schien er so gleichgültig und gefühllos, daß ich wirklich sehr böse auf ihn war“[771]

Die letzten beiden Sätze Blighs sind besonders bemerkenswert. Bligh ist „böse auf ihn“. Einem Offizier der Navy des 18. Jahrhunderts, den man vor allem deswegen kennt, weil sich auf seinem Schiff die berühmteste Meuterei der Geschichte zugetragen hat, eine besondere Tierliebe zu unterstellen, träfe sicher nicht ansatzweise, den Grund für Blighs Ärger über das Verhalten der Tahitianer. Vielmehr lässt sich vermuten, dass das tahitianische Unverständnis der Nützlichkeit dieser Tiere Ursprung der Bligh'schen Verstimmung ist. Der Gang der Welt, wie er sich im Bild der Europäer jener Zeit darstellt, will sich auf Tahiti nicht erfüllen. Die Nützlichkeit des Tieres wird nicht erkannt und somit kann auch nicht der nächste Schritt in die richtige Richtung der Zivilisation gegangen werden[772].

Obwohl auch dort die Bedingungen nahezu perfekt waren, um Rinder zu züchten oder wenigstens auf natürliche Art gedeihen zu lassen, fand dies nicht statt. Diese Tiere galten als Geschenke von den Führern der Schiffe an die Führer der Stämme. Newell betont, dass „[t]he size and rarity of cattle meant they were clear and impressive statements of the

771 Bligh, Reise, 77f.

772 Ob hier der Ärger des Kapitäns auch auf den Zusammenbruch seines Weltbildes zurückzuführen ist, muss Spekulation bleiben.

connection between a gift giver and receiver"[773]. Damit war ein Prozess in Gang gesetzt, der für die Etablierung der Tiere von Vorteil hätte sein können. Die von den Europäern importierten Rinder wurden als besonderes Zeichen von Wertschätzung gesehen, so dass sie nur den Oberen der Insel vorbehalten waren[774].

Erneut wurde aufgrund des Verständnisses der Zeit davon ausgegangen, dass die Tahitianer in der Lage wären, bei den Tieren ein Potenzial zu entdecken, das von den Europäern bzw. den Vorläufern Europas einmal in ihnen entdeckt wurde. Diese Hoffnung aber sollte sich nicht erfüllen, was tatsächlich mit dem kurzweiligen Aufenthalt der Europäer zu tun hatte. Ohne ein nachzuahmendes Beispiel, konnten die Tiere nicht, wie von den Europäern vermutet, so genutzt werden, wie in Europa üblich.

Neben den Engländern und den Franzosen waren auch spanische Entdecker an der Südsee interessiert. Dabei lieferten sie nicht bloß Hühner sondern auch Rinder. Domingo de Bonechea Andonaegui brachte ein paar Rinder nach Tahiti, wie der Kapitän des zweitens Schiffs der Expedition José de Andía y Varela notierte: „The animals that arrived alive were two bulls […]. Don Tomas Gayangos exchanged a cow that he had aboard the Frigate for one of the bulls, in the hope they might breed"[775]. Da die klimatischen Bedingungen gut waren, hätte einem praktischen Nutzen der Tiere nicht im Weg gestanden. In Tahiti aber kam es anders als in Hawaii zu einer Umdeutung der Tiere. Während die Europäer in den Tieren in erster Linie Zivilisationsbereiter sahen, nahmen die Tahitianer die Tiere als Prestigegeschenke auf, die dann bei den Angriffen auf Tahiti ein den Schafen ähnliches Schicksal erlitten.

Kapitän Bligh ist es auch, der sich um ganz andere Nutztiere als Schafe und Rinder kümmert. Die dortigen Schweine sorgten bei ihm für einen Fehler, der hier analysiert werden soll. Bligh war mit Cook zur See gefahren bevor er sein Kommando erhielt und bei Leibe kein Despot. Einen Fehler jedoch machte er mindestens, als er bei seinem Aufenthalt in Tahiti zu Schweinen aufschrieb,

---

773 Ebenda.
774 Vgl.: Ebenda, 118f.
775 Corney, Quest, 298.

> „daß die Europäische Race von Schweinen die O=Taheitische zu verdrängen scheint. Ursprünglich fand man auf diesen Inseln nur Schweine, wie die Chinesischen, von kurzleibiger Statur mit sehr dickem Halse; allein da unsere Europäischen Schweine so viel größer sind, so haben die Insulaner ihnen den Vorzug gegeben und die Zucht derselben stark getrieben“[776].

Daraus ergeben sich drei zu untersuchende Fragen. Die erste Frage ist recht schnell geklärt und geht der Herkunft der europäischen Schweine auf den Grund. Die letzten beiden Fragen sind schwieriger zu beantworten. Sie behandeln den Wahrheitsgehalt und die Ursache für Blighs Aussage.

Die Herkunft der europäischen Schweine auf Tahiti lässt sich auf den Spanier Boenechea und auch auf Cook zurückführen, die diese auf verschiedenen Reisen nach Tahiti gebracht hatten, die sich im Gegensatz zu anderen Tieren prächtig entwickelten[777].

Es gilt nun der zweiten und dritten Frage auf den Grund zu gehen: Blighs Vermutung leuchtet ein. Das europäische Schwein ist im Vergleich zum asiatischen größer und besitzt damit auch mehr Fleisch[778], das als Nahrung benutzt werden kann, zumal Banks davon sprach, dass das tahitianische Schwein nicht besonders schmecke[779]. Man kann sich also gut vorstellen, dass die Tahitinaer damit begannen, sich nur noch auf das europäische Schwein zu konzentrieren und das ihnen zugehörige langsam ausstarb, weil man ihm keinen Wert mehr einräumte. Eine solche Situation wäre eine einseitige kulturelle Übernahme durch das Schwein. Das durch die Europäer eingeführte verdrängte das einheimische Schwein. Die Vorstellung, dass dieses Prestigeobjekt, dessen Symbolik sich über Jahrhunderte entwickelt hat, durch ein anderes Schwein verdrängt werden soll, scheint aber abwegig.

---

776 Bligh, Reise, 77f.
777 Vgl.: Newell, Nature, 214.
778 Phillips/Hsu, Swine, 366.
779 Vgl.: http://southseas.nla.gov.au/journals/banks/17690620.html (12. Mai 2013).

Diese Annahme wird durch eine im Jahre 1999 durchgeführte Studie gestützt. Diese konnte durch eine genetische Analyse eine für die Genetiker weniger, für die hier behandelte Fragestellung jedoch sehr spannende Erkenntnis herausarbeiten. In ihrer Untersuchung, die den Ursprung des domestizierten Schweins genetisch herausfinden sollte, bezogen die schwedischen Agrarwissenschaftler um Elisabetta Giuffra auch ein einzelnes Schwein der in deutlicher Nähe zu den Gesellschaftsinseln bzw. Tahiti liegenden Cookinseln mit ein. Dabei fiel auf, dass dieses Schwein in gleicher Weise von europäischen wie chinesischen Schweinen abstammte[780].

Was heißt das nun für die hier behandelte Fragestellung? Der genetische Beleg zeigt, dass keinesfalls eine Verdrängung stattgefunden hat, wie Bligh sie versteht. Dieses wiederum muss bedeuten, dass es zur Kreuzungen zwischen den Tieren kam. Im großen Stil ist eine solche für die freie Wildbahn eher ausgeschlossen, und geschah daher vor allen Dingen, wenn beide Tierrassen miteinander im selben Gehege oder derselben Rotte gehalten wurden.

Diese Ausgangssituation widerspricht Blighs Aussage und zeigt etwas anderes auf. Im Gegensatz zur von Bligh getragenen europäischen Annahme, dass das europäische Schwein in jeder Art und Weise besser ist als das heimische, so dass es ersetzt werden müsse, haben die Tahitianer anders gehandelt. Eine Imitation auf Seiten der Tahitianer liegt so nicht vor. Sie ahmen eben kein europäisches Beispiel nach, wie es sich Bligh vorstellte, sondern integrieren das europäische Schwein einfach in ihre Tradition. Die Abgrenzung erfolgt so auf Seiten des Europäers Bligh. Dieser ist von dem normativen europäischen Kulturbegriff so überzeugt, dass er ihn auch im Schwein wieder erkennen möchte. So zieht er eine Grenze zwischen seiner eigenen Kultur und der Kultur der Tahitianer.

Der von Bligh begangene Verständnisfehler zeigt, dass die Interpreten die Rolle des Schweins unterschätzt hatten, da sie davon ausgingen, einzig der praktische Nutzen sei für die Tahitinaer wichtig, der beim europäischen Schwein in Bezug auf den Fleischgehalt größer als beim asiatischen war. Die Hoffnung, das europäische Schwein würde das asiatische Schwein in Polynesien verdrängen, erfüllte sich daher nicht.

780 Vgl.: Guiffra et al.,.: Pig, 1790f.

Im Falle Australiens war das Hauptziel nicht, die Aborigines zu zivilisieren, sondern den neu entdeckten Kontinent als Ersatz für das abgefallene Amerika neu zu besiedeln. Daher war die Einfuhr von Nutztieren hierbei in erster Linie auch den Siedlern geschuldet, nicht dem Anstoßen eines Zivilisierungsprozesses. Daher kam man auch bei der Besiedlung Australiens nicht ohne Rinder aus, denn „black cattle will doubtless succeed as well, and it will be easy in future to secure them from straying“[781]. Dennoch war man sich bewusst, dass zunächst Vorbereitungen getroffen werden mussten, da „there was not a doubt that this colony would be in a situation to support itself entirely without assistance, in less than four years: and with very little in the intermediate time. Even two years would be more than sufficient for this purpose, could a proper supply of black cattle be sent“[782].

Bereits die erste Flotte hatte Rinder mitgebracht, die jedoch flohen, kaum dass sie in Australien angekommen waren, und erst 1795 wieder entdeckt wurden[783]. Die Rinder, die australischen Boden betraten, waren ein Abbild der Regionen, die das britische Empire umfasste. Neben Tieren europäischer Herkunft, wenn auch aus Südafrika stammend, wurden auch Tiere aus anderen Regionen Afrikas und auch aus Indien nach Australien geliefert[784]. All dies scheint ohne besonderen Einfluss auf die Ureinwohner Australiens geblieben zu sein, zu deren Reaktionen in den Reiseberichten nichts zu finden ist.

Anders als auf Tahiti war zudem das Pferd in Australien durchaus von Nutzen. Dieser aber erstreckte sich vor allem auf die europäischen Siedler. Mit dem Plan der permanenten Besiedlung Australiens brachte Arthur Phillip 1787 auch Pferde mit, von denen zumindest ein paar, wenn nicht alle, den südlichen Kontinent erreicht haben müssen. Denn, so hieß es, „[t]he horses have not met with any accident“[785]. Diese Etablierung der Pferde in Australien war erfolgreich und die Verschiffung der Tiere wurde verbessert. So konnte die Anzahl der Pferde durch Zucht und Im-

781 Phillip, Botany Bay, 130.
782 Ebenda, 90.
783 Vgl.: Parsonson, Ark, 93.
784 Vgl.: Ebenda, 93f.
785 Phillip, Botany Bay, 130.

port in der Zeit von 1788 bis 1796 von sieben auf 57 Pferde erhöht werden[786].

Aus dem Aufgezählten ergibt sich nun die Frage, ob die Europäer ihren Anspruch auf Zivilisierung in Bezug auf den Südpazifik aufgegeben hatten, nachdem sie bemerkten, dass das Prinzip nach welchem sie bisher verfahren waren hier nicht fruchtete. Das ist fraglich. Bligh war, wenn er auch, wie sich im Nachhinein herausstellt, falsch lag, ja der Meinung, die europäischen Schweine würden das asiatische verdrängen. Anderseits ist er es, der erzürnt darüber ist, dass das Hornvieh nicht den gewünschten Prozess einleitet und anderen Zwecken zugeführt wurde.

Sicherlich ist im Fall der Besiedlung Australiens höchstens unbewusst davon aus auszugehen, dass hier die Erfahrung mit Polynesien dazu führten, nicht nur Tiere, sondern auch Europäer auf dem neuen Kontinent anzusiedeln. Wäre dies ein bewusster Vorgang gewesen, wäre der Versuch der Zivilisierung gescheitert, weil die Aborigines an den Tieren kein besonderes Interesse zeigten.

8. Wie man Fremdes missversteht: Von Menschen fressenden Schweinen und dem Hundeshogun

Am Schluss dieses Teils müssen noch zwei Beispiele genannt werden, die aufzeigen, wie Kulturkontakt zu Missverständnissen führt. Bis hierhin sollte klar geworden sein, dass die beschriebenen Kontaktsituationen immer ein gewisses Verständnis des Anderen aufweisen mussten. Damit ist vor allem die außereuropäischen Kulturen gemeint, die sich oftmals, unabhängig, ob im Krieg oder im Frieden, auf die Europäer einließen. Die Europäer hingegen verzweifelten eher an Kulturen, die sie ignorierten und zwangen sie später zu Übernahmen europäischer Kulturgüter.

Die beiden folgenden Beispiele zeigen in beiden Fällen Vermutungen zweier europäischer Reisender über zwei asiatische Kulturen, einmal die chinesische und einmal die japanische, die bei genauerer Betrachtung nicht haltbar sind. In beiden Fällen wird so durch den Kontakt ein Missverständnis ausgedrückt.

---

786 Vgl.: Parsonson, Ark, 120.

a. Die Menschen fressenden Schweine John Barrows

John Barrow, der bereits in Afrika einmal mit einem Missverständnis über die Kultur eines südafrikanischen Volkes aufgefallen ist, und so viele hilfreiche Hinweise auf Tierhaltung in Südafrika und Ostasien geben konnte, erzählt in seinem Reisebeschreibung Chinas eine beim Leser Abscheu erweckende Begebenheit, die sich in Peking zugetragen haben soll. Früh morgens wurden dort Karren ausgesandt, die Kinder einsammeln, die in der Nacht auf die Straße geworfen wurden, da man ihrer nicht benötigen würde. Dieses Verhalten wird in seinen Augen noch grausamer, „[w]enn ich erinnere, daß man in allen engen Straßen der Hauptstadt Hunde und Schweine frey herumlaufen läßt, so kann der Leser sich vorstellen, wie es diesen ausgesetzten Kindern mitunter nothwenigerweise gehen muß, ehe die Polizeiykarren dieselben aufsammeln können“[787].

Barrows Verweis auf das Vorstellungsvermögen seiner Leser zeigt, dass auch in Europa die Gefahr, die von den alles fressenden Schweinen ausgeht, noch immer bekannt war, auch wenn sie durch die Haltung der Tiere eingedämmt wurde. Freilich nutzt er einen Aspekt des kulturellen Gedächtnisses Europas, den er überträgt, um ihn auf die chinesischen Verhältnisse anzuwenden. Er arbeitet dabei jedoch nur mit einer Vermutung, da er selber das von ihm in den Köpfen seiner Leser gesetzte Bild, nicht in der Wirklichkeit verankern kann. Selbst wenn Barrow Recht hat, gehört das Schwein im chinesischen Kontext nicht auf die Seite der gefährlichen Tiere. Auch dort ist es in erster Linie Nutztier und aus den Kulturen Asiens genauso wenig wegzudenken, wie im vorhergehenden Teil erwähnt.

b. Engelbert Kaempfers Hundeshogun

Der Hund ist Teil des chinesischen Horoskops. Dieses verbreitete sich auch außerhalb Chinas, etwa in Japan. Engelbert Kaempfer, der reisende Arzt aus Lemgo, stellte in Bezug auf das Horoskop fest, dass der fünfte Shogun Japans, Tokugawa Tsunayoshi in diesem Zeichen geboren sei, was zu einer äußerst seltsamen Politik in Japan führte:

> „Hunde findet man bei des jetzigen Kaisers Regierung in

787 Barrow, Reise, Bd. 1, 176.

diesem Lande mehr als in jedem anderen. Sie liegen, zur großen Verhinderung der Vorbeigehenden, auf den Straßen umher, ohne einen Herren zu haben. Es müssen derselben eine gewisse Anzahl von den Bürgern jeder Gasse unterhalten und gespeistet werden, wenn sie krank sind, in einer auf jeder Gasse errichteten Hütte verpfelget, wenn sie gestorben, auf die Berge getragen, und gleich Menschen beerdigt werden. Sie dürfen bei Lebenstrafe von keinem Menschen mishandelt oder getötet werden, als blos von dem Büttel; wenn sie nemlich selbst etwas verbrochen, und den Tod verdienet haben. Es ist dieses so angeordnet wegen eines Aberglaubens und Befehls des jetzigen Kaisers, welcher wie der römische Kaiser Augustus vor dem Zeichen des Steinboks, vor dem Geschlecht der Hunde eine besondere Hochachtung hat, weil er im Jahr des Hundezeichens geboren worden“[788].

Diese Beobachtung Kaempfers gehört zu den häufigsten Zitaten, die im Bezug auf den damaligen Shogun zitiert werden. Besonders seine Erklärung für dieses Verhalten ist beliebt. Die Bedeutung der chinesischen Astrologie wird dabei jedoch häufig überschätzt[789], das Geburtsjahr des Shogun hatte mit dieser Gesetzgebung nichts zu tun.

Vielmehr handelte es sich um ein Gerücht, das Kaempfer aufschnappte und vermittelte. In ihrer Studie zum Hundeshogun konnte Bodart-Bailey eindrucksvoll die wirklichen Verhältnisse nachzeichnen, die zu dem von Kaempfer übermittelten Bild führten. Im Folgenden sollen ihre Ergebnisse kurz präsentiert werden[790].

Das Gerücht, es gäbe eine besondere Herzlichkeit auf Seiten des Shoguns, kann sie an zwei Umständen widerlegen. Erstens gibt es keinerlei Beleg dafür, dass der Shogun besonders Hunde liebend war. So besaß er keinerlei Haustiere oder Abbildungen von Hunden, einzig Pferden schien er so zugetan, dass er sie selber zeichnete. Zweitens war die Jagd mit

788 Kaempfer, Japan, Bd. 1, 142.
789 Vgl.: Coren, Hunde, 189 – 198.
790 Vgl.: Bodart-Bailey, Shogun, 144-160.

Falken auch im feudalistischen Japan ein den Adeligen besondere Freude bereitendes Freizeitvergnügen. Anders als in Europa jedoch gehörte in Japan das Füttern der Falken mit Hundefleisch zur üblichen Praxis, der auch der Shogun nachging.

Daher verweist Bodart-Bailey auf einen anderen Ursprung der Gesetze. Ähnlich dem spätmittelalterlichen und frühneuzeitlichen Europa[791] waren auch in Japan zwei langfristige Probleme mit Hunden zu bemerken. Zunächst war die Zahl der streunenden Hunde in den Städten Japans exorbitant hoch. Das führte immer öfter zu Angriffen hungriger Tiere. Diesem Problem jedoch entledigten sich die Japaner auf pragmatische Weise durch das Töten der Tiere, was jedoch zum Problem der Entsorgung der Kadaver führte, die oftmals einfach auf die Straße geworfen wurden. Da eine gängige Art der Tötung jedoch das Ertränken der Tiere war, ließ man die Kadaver zudem einfach im Fluss treiben. In beiden Fällen kam es zu hygienischen Problemen.

Tsunayoshi trat dem Problem entgegen, indem er mehrere Gesetze verabschiedete, die zunächst das Töten der Tiere verboten und dafür sorgten, dass Streuner gefüttert wurden. Die Umsetzung dieser Gesetze oblag den Samurai. Diesen jedoch lag das Gemeinwohl keineswegs am Herzen, vielmehr waren Teile der Gesetzgebung, etwa die Registrierung der Hunde, eine Aufgabe, der die Offiziellen, die selbst Hundebesitzer waren, gar nicht nachkommen wollten. Die mangelnde Umsetzung der neuen Regelungen verschärfte die Streitigkeiten zwischen Shogun und Adel – und führte zu einer Verschärfung der Gesetze. Bodart-Bailey stellt dazu fest, dass „[j]ust as today publicly burning a national flag is not merely considered an act of illegally lighting a fire but one of political subversion, so was killing a dog under the fifth shogun“[792]. Dieser Akt des politischen Ungehorsams führte schlussendlich dazu, dass die Tötung eines Hundes mit der Todesstrafe belangt wurde.

Kaempfers Besuch fand in der bereits eskalierten Situation statt. Ohne das präsentierte Hintergrundwissen, war es ihm unmöglich, das von ihm Gesehene richtig einzuordnen. Vor dem Hintergrund der europäischen Tradition, Hunderudel, die zu einem Problem wurden, einfach durch den

791 Vgl.: Wacha, Tiere, 240; Herborn, Hund, 406.

792 Bodart-Bailey: Shogun, 158.

Scharfrichter einfangen und umbringen zu lassen[793], war ihm das Verbot der Hundetötung in Japan unbegreiflich und er befand es für so kurios, dass er es in seine Beschreibungen aufnahm.

793 Vgl.: Wacha, Tiere, 240.

Zusammenfassung: Veränderten europäische Haustiere die Welt?

Am Ende des Buches gilt es einen Blick zurück zu werfen, auf das, was nun bekannter sein sollte als vorher. Was hat es gebracht, zu schauen, wie europäische Haustiere außerhalb Europas mit fremden Kulturen in Kontakt traten? Oder kurz gesagt: Was wissen wir jetzt mehr, was wir vorher nicht wussten? Vieles von dem, was in diesem Buch beschrieben wurde, war bereits bekannt und wurde hier nur zusammengetragen und kompiliert. Daran kann nicht die Erkenntnis liegen. Sie liegt vielmehr in den Verbindungen, die aufgezeigt wurden und den Parallelen, die man nun erkennt. Daher muss es in dieser abschließenden Zusammenfassung zu einer statistischen Auswertung kommen, die diese Verbindungen und Parallelen genauer beleuchten. Dazu gilt es insgesamt vier Punkte genauer zu untersuchen.

Erstens muss geschaut werden, in welchen der hier angeführten Beispiele es eigentlich zu einer Veränderung von Kulturen kam. Dafür ist es hilfreich zwischen vier festgestellten Arten von funktionierendem Kontakt zu unterscheiden. Dazu gehören die Differenzierung, die Abgrenzung, die Mischung und die Übernahme von kulturellen Vorstellungen in Bezug auf die Tiere. Dabei sind in meinen Augen vor allem Mischung und Übernahme von Bedeutung.

Zweitens muss innerhalb dieser beiden Kontaktarten zwischen den Tieren unterschieden werden, die diesen Kontakt auslösten. Hier ist dann nicht nur die Frage danach, welche Tierarten am meisten Kulturmischung und -übernahme bedingten, sondern auch, ob es erkennbare Muster gibt, die eine gesteigerte Häufigkeit oder deren Wegbleiben erklären.

Drittens ist es interessant herauszufinden, ob es räumliche Unterschiede gibt oder ob Räume und Kulturen eigentlich eine Rolle spielen. Aus der räumlichen Analyse ergeben sich Konsequenzen für weitere Muster.

Viertens ist die zeitliche Abfolge wichtig. Im ersten Teil dieser Arbeit konnten grob drei Zeitabschnitte ausgemacht werden, in denen Tiere eine besonderen Transport erfuhren. Für zahlreiche Nutztiere ist ein frühgeschichtlicher Transport auszumachen, der irgendwann vor 10.000 Jahren v. Chr. ansetzt und etwa um 2000 v. Chr. endet. Danach gibt es einen antiken-mittelalterlichen Verbreitunsgzeitraum und schließlich ab 1500 den Zeitraum der europäischen Expansion bis etwa 1800, der hier behandelt wurde. Für die hier behandelte Fragestellung ist dabei vor allem interessant, ob europäische Haustiere auch dort Veränderungen in Kulturen schaffen konnten, wo es schon seit der Frühgeschichte Austausch von Tieren gegeben hat oder ob in diesen Regionen nur wenig bis gar keine Veränderung zu finden ist.

a. Kulturveränderungen durch Tiere

Lässt man die beiden letzten Beispiele von Missverständnissen sowie die drei Beispiele für Umweltveränderungen beiseite, dann ergibt sich eine Menge von 32 Kulturkontakten. Diese stehen wie folgt in einem Verhältnis zu einander:

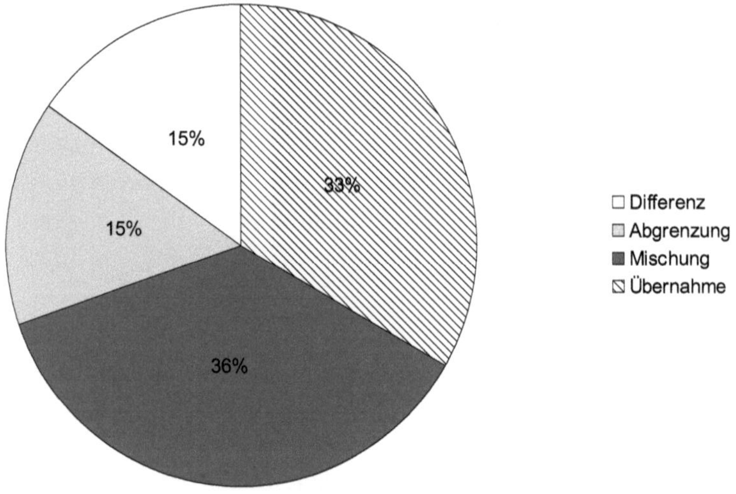

Was sich hier zeigt, ist recht klar. Durch den Kulturkontakt durch Tiere kommt es in fast 70 Prozent der Fälle zu Veränderungen in einer Kultur. Streng genommen müsste jedoch auch die Differenz als eine Veränderung angesehen werden, da in ihr zumindest der wirtschaftliche Aspekt der Kultur eine Veränderung unterliegt. Über die Frage, ob Abgrenzung nicht auch eine Veränderung ist, darf gerne gestritten werden, hier wird diese Frage negiert, um zu einem Ergebnis zu kommen, aus dem sich zumindest quantitativ die Frage, ob europäische Haustiere die Welt veränderten, eindeutig bestätigen lässt.

Aus diesen Werten ergeben sich zwei Fragen. Erstens ist zu klären, warum in zwei Drittel der Fälle Veränderungen auftreten und zweitens, warum in einem Drittel dies nicht der Fall ist. Die Veränderung kann aufgrund der Häufigkeit klar als Normalfall des Kulturkontakts durch Tiere angesehen werden. Was also passierte in den zehn Fällen, in denen dieser Normalfall nicht eintraf und welche Rückschlüsse lassen sich auf den Normalfall schließen?

Auffällig ist vor allem, dass in den meisten Ausnahmefällen der Differenz das Ziel des Kontakts der Europäer mit der einheimischen Bevölkerung nicht unbedingt die dauerhafte Besiedlung war. Hier hat man es vor allem mit Handelsposten zu tun, die dafür sorgen sollten, Handelsgüter nach Europa und andere Teile der Welt zu schaffen. In den Fällen der Abgrenzung ging dieser oftmals eine kriegerische Auseinandersetzung zwischen der indigenen Bevölkerung und den europäischen Siedlern voraus, so dass die europäische Absicht der dauerhaften Besiedlung sowie die Kriegsführung Grund für diese Abgrenzung sein kann. Darüber hinaus ist es oftmals die indigene Bevölkerung, die sich von den europäischen Siedlern abgrenzt, was zum Teil auch mit deren Abgrenzung zu tun hat.

Interessant ist eine weitere Beobachtung. In allen Ausnahmefällen handelt es sich auf europäischer Seite um Menschen, die dem protestantischen Bekenntnis angehören. Ob sich daraus eine Regel ableiten lässt, wird sich später zeigen.

Für den Regelfall, der später noch genauer betrachtet wird, lassen sich daher ein paar Vermutungen aufstellen: Der Kontakt muss intensiver sein als eine bloße Handelsbeziehung. Kriegerische Auseinandersetzungen sind ein Hemmnis für Veränderungen. Auf beiden Seiten muss ein Wille oder Zwang zur Verständigung gegeben sein. Das Tier muss für die übernehmende bzw. mischende Kultur einen neuen, wichtigen Nutzen aufweisen. Der Kontakt muss auf Seiten der Europäer von Katholiken aufgenommen werden.

b. Welche Tiere verändern Kulturen?

Aus dieser Aufschlüsselung ergibt sich, wie erwähnt, die nächste Untersuchung des Regelfalls von Kulturkontakten nach Tieren. Hierbei ist zu beachten, dass in machen der oben genannten Fälle, mehrere Tierarten eine Rolle spielten, so dass im einzelnen mehr Tiere aufgeführt werden, als oben Beispiele gezählt wurden. Eine Untersuchung, die nach

Tieren aufgeschlüsselt ist, ergibt dabei folgendes Bild:

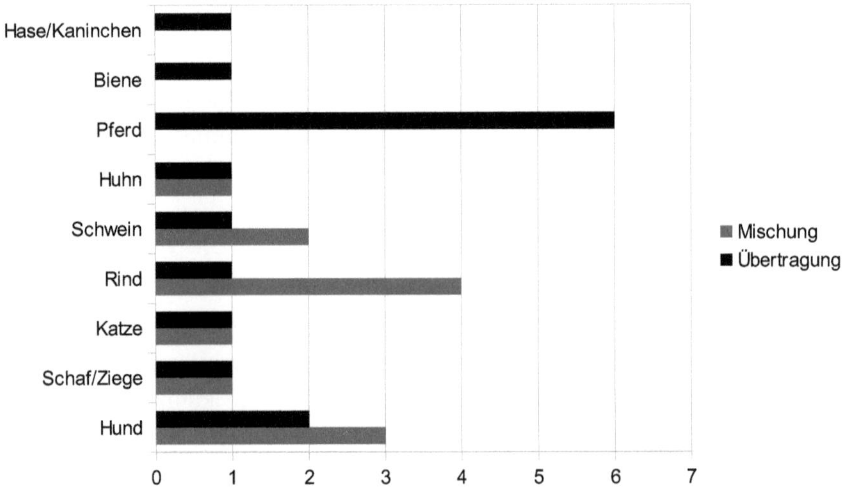

Daraus ergibt sich auf den ersten Blick, dass die beiden größten Tiere, Pferd und Rind, den meisten Einfluss auf Änderungen in einer Kultur haben. Das kann nicht verwundern, wenn man sich vor Augen führt, dass diese Tiere in Amerika und Ozeanien unbekannt waren. Ganz anders sieht dies jedoch beim Hund aus, der als ältestes Haustier den Menschen überall hin begleitet hat. Auch sein Einfluss auf kulturelle Veränderungen ist recht hoch. Der Grund dafür mag auch darin liegen, dass hier bei temporäre Übernahmen in Notsituationen oder indigenen Ritualen auf europäischer Seite mit eingeflossen sind, die sich aber nicht dauerhaft bei den Europäern als Kulturgut etablierten. Der Einfluss der anderen Tiere fällt dabei eher gering aus.

Hat die Größe der Tiere mit ihrem Erfolg zu tun? Zumindest indirekt ist beim Pferd ein Zusammenhang zu sehen. Als großes Tier war es als Transporttier und Kriegsinstrument in den Kulturen, in denen es eingeführt wurde, von Vorteil für alle Arten des Transports, der Kriegsführung und nicht zuletzt bei der Jagd. Eine Ausnahme bildet hier Tahiti, wo diese Übernahme einzig auf Omai zutrifft, nicht aber auf die Tahitianer selber. Auch beim Rind ist die Größe entscheidend. In Japan etwa, wo das Kobe-Rind später zu einer Delikatesse wurde, war es seine Kraft, die es zunächst für die Japaner interessant machte. Ähnliches gilt klar für Chile, wenn auch im restlichen Südamerika die Fleischgewinnung später eine wichtig(er)e Rolle spielte.

c. Regionen und Tiere

Das führt zum dritten Feld und der Frage, wo Tiere die weitreichendsten Veränderungen beeinflusst haben. Um die Grafik möglichst einfach zu halten und so die Komplexität nicht auszuweiten, wurden die einzelnen Regionen in die Bereiche Europa, Asien, Nordamerika, Südamerika, Afrika und Ozeanien eingeteilt. Diese sehr grobe Einteilung hat den Vorteil, dass kleinere Regionen, in denen es zu gar keiner Mischung kam, aber eigentlich aufgeführt werden müssten, dennoch erfasst werden, ohne ihnen den Wert 0 geben zu müssen. Zudem wurde auf die Einteilung *Mischung* oder *Übernahme* verzichtet, weil es hierbei einzig auf die Tatsache der Veränderung ankommt. So ergibt sich aus den vorliegenden Beispielen die folgende Grafik:

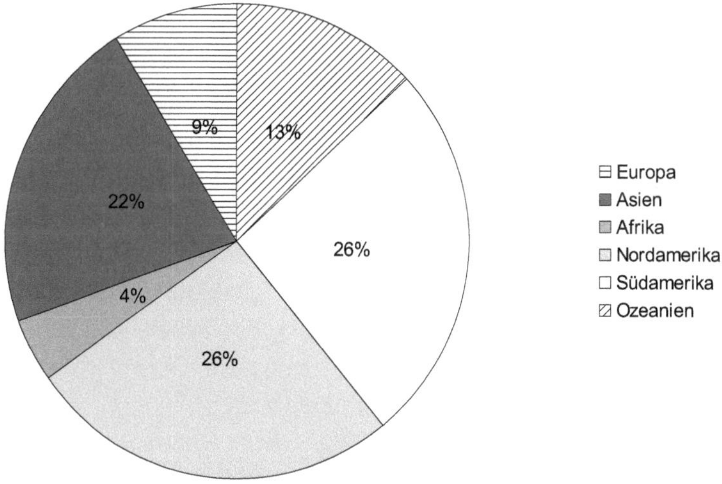

Aus dem Diagramm geht hervor, dass die größten Veränderungen, was nicht verwundern dürfte, in der Neuen Welt stattfanden. 52 % der Veränderungen traten in den Amerikas auf. Der zweite Platz gehört aber nicht etwa Ozeanien, das mit 13 % auf dem dritten Platz landet, sondern Asien mit 22 %. Dieser Umstand muss verwundern, wenn man bedenkt, dass Australien ebenso wie die Neue Welt durch europäische Importe beeinflusst wurde, während sich Asien zusammen mit Europa und den im Grenzgebiet zwischen beiden Kontinenten domestizierten Tieren entwickelt hat. Einen großen Einfluss hatte dabei natürlich der Import von Pferden nach Indien, China und Japan sowie die Einfuhr von Schafen und Rindern ebenfalls nach Nippon.

d. Verbreitung von Tieren in verschiedenen Zeiträumen

Haben *europäische* Haustiere die Welt verändert und wenn dies der Fall ist, geschah dies in der Zeit der europäischen Expansion? Um diese beiden zusammenhängenden Fragen zu klären, ist es nötig sich drei oben genannten Zeiträume vor Augen zu führen. Dazu soll ein Blick auf drei Weltkarten geworfen werden (siehe folgende Seiten).

Vor allem die erste Karte muss den Betrachter auf den ersten Blick verwirren. Die zahlreichen Linien, die sich aus dem Fruchtbaren Halbmond in alle Welt verbreiten, sich in Europa mit denen des Pferdes und in Asien mit denen des Huhns und des asiatischen Schweins kreuzen erwecken einen chaotischen Eindruck. Deutlich wird daran aber vor allem, dass die prähistorische Phase der Tierverbreitung wesentlich weiter ging, als die Phasen danach. Wenn man dann noch die zeitliche Dimension bedenkt, in der diese Tiere Einzug in die unterschiedlichen Kulturen fanden, ist diese Phase für den Umgang mit den Tieren wohl doch gravierender gewesen als die nachfolgenden. Bezieht man die zweite Karte der antiken und mittelalterlichen Verbreitung von Tieren noch mit ein, wirkt die dritte Karte für die europäische Expansion nahezu marginal. Die Änderungen, die durch sie eingetreten sind, können daher tatsächlich nur in den Regionen größeren Einfluss ausgeübt haben, die von der Zeit der Frühgeschichte sowie Antike und Mittelalter von den drei zusammenhängenden Kontinenten abgeschnitten waren.

So ist es nicht verwunderlich, dass diese Untersuchung genau das aufzeigt. Es gab Veränderungen durch europäische Haustiere, aber sie betrafen kaum die Welt, sondern vor allem die Amerikas und Ozeanien. Es gab auch Veränderungen durch Haustiere, diese aber als europäisch zu bezeichnen, wäre arg weit gegriffen, wenn die Verbreitung vor allem aus dem Nahen Osten und dem Schwarzmeerraum ausging.

Bleibt noch die Frage nach der Religion. Kann man anhand der hier aufgeführten Beispiele belegen, dass der katholische Einfluss größer war

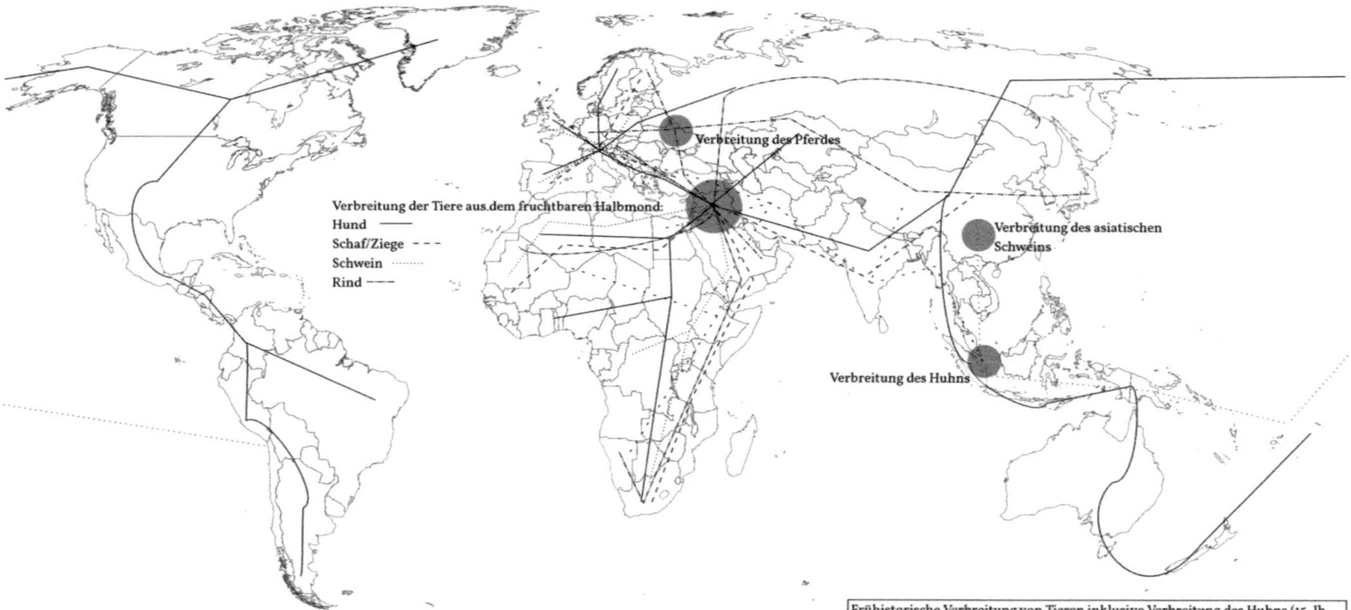

Frühistorische Verbreitung von Tieren inklusive Verbreitung des Huhns (15. Jh. nach Amerika)

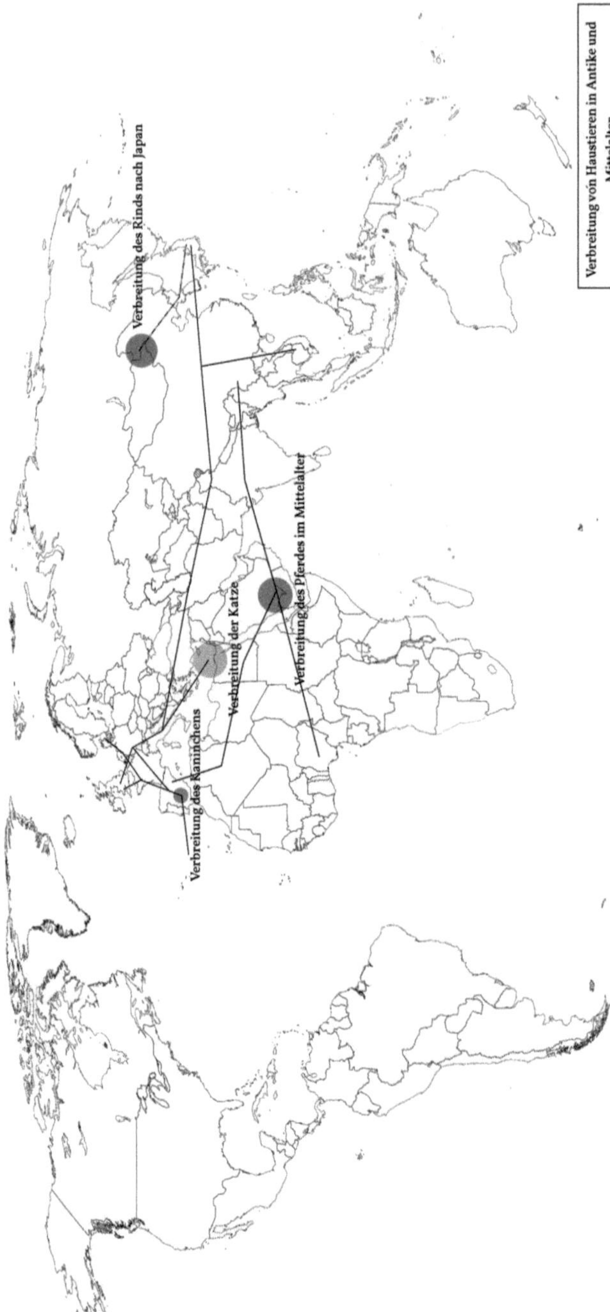

Verbreitung von Haustieren in Antike und Mittelalter

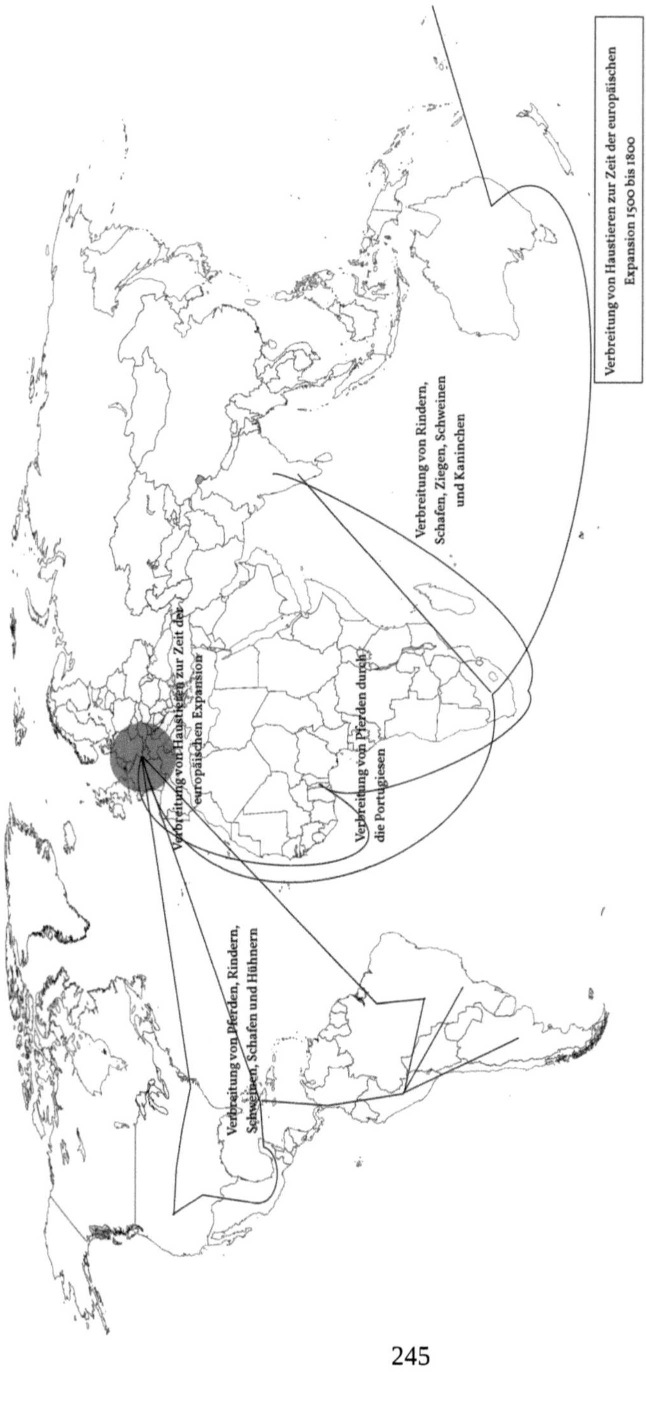

Verbreitung von Haustieren zur Zeit der europäischen Expansion 1500 bis 1800

als der protestantische? Tatsächlich lässt sich das nicht behaupten. Zwar ist der Anteil der katholischen Spanier und Portugiesen am Import von Haustieren nach Südamerika größer als der der protestantischen Niederländer und Briten, aber gerade für Asien sind es vor allem die Niederländer, für Ozeanien vor allem die Briten, die hier die Federführung übernommen haben. In Afrika ist der Einfluss der arabisch-muslimischen Händler schon vorher groß und wird durch portugiesisches Eindringen lediglich beschränkt. Daraus folgt eindeutig, dass die Konfession der Europäer keine Rolle spielte, wenn es um den Import von Tieren ging.

Was hat das nun mit der Frage nach dem Anthropozän zu tun, die in der Einleitung angegangen wurde. Zur Wiederholung: Die Vermutung zu Beginn dieser Arbeit war, dass das Anthropozän nicht mit der Phase der Moderne beginnt, wie angenommen, sondern schon früher. Hier wurde dabei die Vermutung geäußert, sie ginge zumindest mental einher mit dem Beginn der europäischen Expansion, weil erst dann von einem globalen Phänomen des Anthropozäns gesprochen werden könne, wenn überall auf der Welt auch tatsächlich Menschen wohnen, die in die Umwelt dauerhaft eingreifen können.

Wer sich die vorangegangenen Karten aber ansieht, der wird klar erkennen, dass schon die prähistorische Verbreitung von Tieren wesentliche Spuren hinterlassen hat, so dass schon hier von massiven Eingriffen in die natürliche Umwelt gesprochen werden kann, die auch dauerhafte Veränderungen hervorriefen. Der Punkt aber ist, dass hier davon ausgegangen wurde, dass das Anthropozän nicht nur Auswirkungen auf die natürliche Umwelt hat, sondern auch auf die kulturelle Umwelt der Menschen. Daraus folgt, dass Menschen auch in der Lage sind neben der Natur auch Menschen und vor allem ihre Kulturen dauerhaft zu verändern. Es geht also um das Gesamtpaket von Veränderungen der natürlichen und der kulturellen Umwelt. Während man ohne Zweifel davon sprechen kann, dass die Veränderungen – und zwar bereits weltweit – schon in prähistorischer Zeit, also etwa bis vor 3000 Jahren, wenn man den Pazifik mit einbezieht, gesetzt wurden, so ist von einer mentalen Beeinflussung menschlicher Kulturen, die dauerhaft und global stattfand, sicherlich erst mit dem Zeitalter der europäischen Expansion zu sprechen.

Das Anthropozän nimmt demnach seinen Anfang mit der europäischen Expansion, wird mit der Industrialisierung beschleunigt und erreicht in heutiger Zeit, in der der Mensch sogar in der Lage scheint, das Klima zu verändern, einen Höhepunkt. Wie diese Entwicklung weitergeht, wird die Zukunft zeigen.

Literaturverzeichnis

a. Quellen, Quelleneditionen und Belletristik

Acosta, José de: Historia natural y moral de las Indias, Bd. 1, Madrid 1894.

Aldenburgk, Johann Gregor: Reise nach Brasilien 1623 - 1626, in: Reisebeschreibungen von deutschen Beamten und Kriegsleuten im Dienste der niederländischen West- und Ost-Indischen Kompagnien, hrsg. von Samuel Pierre L'Honore Naber, Den Haag 1930.

Anonym: Íslendingabók. Kristni Saga. The Book Of The Icelanders. The Story Of The Conversion, übers. von Siân Grønlie, London 2006.

Apicius: De re coquinaria. Über die Kochkunst, hrsg. Und übers. Von Robert Maier, Stuttgart 1991.

Biblica Hebraica Stuttgartensia, hrsg. von Adrian Sckenker, Stuttgart 1997.

Das Gilgamesch-Epos, neu übers. und kommentiert von Stefan M. Maul, München 2008.

Die Edda. Götterdichtung, Spruchweisheiten und Heldengesänge der Germanen, München 2006.

Der Lorscher Bienensegen, in: Paefgen, Elisabeth K./Geist, Peter: Echtermeyer. Deutsche Gedichte. Von den Anfängen bis zur Gegenwart, Berlin 2010, 46f.

Der Rinderraub. Altirisches Epos, übers.von Thomas Kinsella und Susanne Schaub, München 1974.

Herzog Ernst, Mittelhochdeutsch. Neuhochdeutsch, hrsg. und übers. von Bernhard Sowinski, Stuttgart 2006.

Journal of Captain Cook's last Voyage to the Pacific Ocean, on Discovery, performed in the years 1776, 1777, 1778, 1779, London 1781.

Aristoteles: Tierkunde, hrsg. und übers. von Paul Gohlke, Paderborn 1957.

Augustinus: Opera Omnia, PL33, hrsg. von Jacques Paul Migne, Paris 1841.

Bancroft, Eduard: Naturgeschichte von Guiana in Südamerika, Frankfurt/Leipzig 1769.

Banks, Joseph: The Endeavour Journal 1768-1771, in:

http://southseas.nla.gov.au/index_voyaging.html (28. November 2012).

Barrow, John: An account of travels into the interior of Southern Africa in the years 1797 and 1798, 2. Bände, London 1804.

ders.: Reise durch China von Peking nach Canton, 2. Bde., übers. und hrsg. von Johann Chistian Hüttner, Wien 1805.

Beaglehole, John C. (Hg.): The Journals of Captian James Cook on his Voyages of Discovery, the Voyages of the Resolution and Discovery 1776-1780, 2. Bde., Cambridge 1967.

Beda Venerabilis, Historia Ecclesiastica Gentis Anglorum, hrsg. und übers. von Günter Spitzbart, Darmstadt 1982.

Bering, Vitus: Account of the Expedition, in: Golder, Frank A. (Hg.): Bering' s Voyages. An Account of the Efforts of the Russians to determine the Relation of Asia and America, New York 1922.

Beverley, Robert: The History and Present State of Virginia in Four Parts, London 1705, in: http://docsouth.unc.edu/southlit/beverley/beverley.html (11. Mai 2013).

Bligh, William: Reise in das Südmeer, übersetzt von Georg Forster, Berlin 1793.

Boswell, James: Das Leben Samuel Johnsons und Das Tagebuch einer Reise nach den Hebriden, übers. von Jutta Schlösser, München 1985.

Breasted, James Henry (Hg.): Ancient Records of Egypt. Historical documents from the earliest times to the Persian conquest, Vol. II., Chicago 1906.

Cardim, Fernão: Tratados da terra e gente do Brasil, São Paulo 1978.

M. Tullius Cicero: De natura deorum. Über das Wesen der Götter, übers. und hrsg. von Ursula Blank-Sangmeister, Stuttgart 1995.

Clutterbuck, Martin R.: The legend of Siamese cats, 1998.

Columbus, Christopher: Bordbuch. Aufzeichnungen seiner ersten Entdeckungsfahrt nach Amerika 1492-93, übers. von Anton Zahorsky, mit einem Nachwort von Bettina L. Haase, München 2006.

Columella, Res rustica, hrsg. Robert H. Rotgers, Oxford 2010.

Corney, Bolton Glanvill: The Quest and Occupation of Tahiti by

Emissaries of Spain during the Years 1772-1776, Bd. 1, London 1913.

Cortez, Hernan: Segunda Relación vom 30. Oktober 1520, in: Felix Hinz/ Xavier López Medellín (Hg.): Berichte über Hernan Cortez, http://www.motecuhzoma.de/segunda%20relacion.htm (7. Juli 2012).

Cunnigham, Peter Miller: Two Years in New South Wales: A Series of Letters, Bd. 1, London 1827.

Dampier, William: A Collection of Voyages, Bd. 2, London 1729.

Dapper, Olfert: Umbständliche und eigentliche Beschreibung von Afrika anno 1668, hrsg. von Rolf Italiander, Stuttgart 1964.

Dudley, Paul: An Account of a Method Lately Found out in New-England, for Discovering Where the Bees Hive in the Woods, in Order to Get Their Honey, in: Philosophical Transactions of the Royal Society, 1720/21.

Dutt, Manmatha Nath (Hg.): A Prose English Translation of Vishnupuranam, Calcutta 1898.

Egede, Hans: Die Erforschung von Grönland, hrsg. von M. Hendrich, Leipzig 1926.

Ellis, William: History of Madagascar, Vol.I, London 1838.

Engl, Liselotte/Engl, Theodor (Hg.): Die Eroberung Perus in Augenzeugenberichten, München 1975.

Fischer, Gottfried: Familie Beethoven im kurfürstlichen Bonn, übertragen, kommentiert, illustriert und herausgegeben von Margot Wetzstein, Bonn 2006.

Flinders, Matthew: A Voyage to Terra Australis, with an accompanying Atlas, 2 Bd., London 1814.

Flinders, Matthew: Trim. hrsg. von Stephen Murray-Smith, mit Bildern von Annette Macarthur-Onslow, Lonond/Sydney 1978.

Forster, Georg: Ansichten vom Niederrhein, von Brabant, Flandern, Holland, England und Frankreich im April, Mai und Juni 1790, 3. Bände, Berlin 1791 - 1794.

ders.: Neuholland und die Brittische Colonie in Botany-Bay, in: ders.: Über Leckereyen und andere Essays, hrsg. von Tanja van Horrn, Hannover-Laatzen 2004.

ders.: Reise um die Welt, hrsg. von Georg Steiner, Frankfurt/Main 1983.

ders.: Vom Brodbaum, o.O. 1784.

Forster, Johann Reinhold: The Resolution Journal. 1772 – 1775, Vol. II, ed. by Michael E. Hoare, London 1982.

Gagnon, Francis-Marc (Hg.): The Codex Canadensis and the Writings of Louis Nicolas. The Natural history of the World. Histoire Naturelle des Indes Occidentales, übersetzt von Nancy Senior, Montreal et al. 2011.

Gesner, Conrad: Allgemeines Thier-Buch, Frankfurt/Main 1669 (Reprint 1983).

Giertz, Gernot (Hg.): Vasco da Gama. Die Entdeckung des Seewegs nach Indien. Ein Augenzeugenbericht 1497-1499, Tübingen/Basel 1980.

Gmelin, Johann Georg: Expedition ins unbekannte Sibirien, hrsg. von Dittmar Dahlmann, Sigmaringen 1999.

Gookin, Daniel: Historical Collections of the Indians in New England, o.O. 1792.

Grimm, Jakob/Grimm, Wilhelm: Kinder- und Hausmärchen, 2 Bde., hrsg. von Margot Fiedler, Augsburg 2002.

Hakluyt, Richard (Hg.): Virginia, richly valued, London 1609.

Hamm, Peter: Poetische Arche Noah. Das Tier in der Dichtung der Welt, Gütersloh o. J.

Hartman von Aue: Erec, übers. von Thomas Cramer, Frankfurt/Main 2005.

Hawkesworth, John: An Account of the Voyages Undertaken by the Order of His Present Majesty for Making Discoveries in the Southern Hemisphere, 3. Bände, in: http://southseas.nla.gov.au/index_voyaging.html (26.9. 2012).

Hemmersam, Michael: Reise nach Guinea und Brasilien 1639 - 1645, in: Reisebeschreibungen von deutschen Beamten und Kriegsleuten im Dienste der niederländischen West- und Ost-Indischen Kompagnien, hrsg. von Samuel Pierre L'Honore Naber, Den Haag 1930.

Hofmann, Corinne: Die weiße Massai. A1 Verlag 1998.

Homer: Odyssee. Ilias, übers. von Johann Heinrich Voß, Düsseldorf 2003.

Humboldt, Alexander von: Mexicanische Altertümer, in: Annalen der Erd-, Völker- und Staatenkunde, 11/4, 1835, 321 – 325.

ders.: Von Mexiko-Stadt nach Veracruz: Tagebuch, hrsg. von Ulrike Leitner, Berlin 2005.

Ibn al-Marzuban: The Superiority of Dogs over many of Those who wear Clothes, hrsg. und übers. von G.R. Smith ans M.A.S. Abdel Haleem, Warminster 1978.

Ibn Battuta, Abu Abdullah Muhammad: Die Wunder des Morgenlandes: Reisen durch Afrika und Asien, hrsg. und übers. von Ralf Elger, München 2010.

Kaempfer, Engelbert: Geschichte und Beschreibung von Japan, Bd. 1, hrsg. von Christian Wilhelm Dohm, Lemgo 1777.

Lafitau, Joseph Francois: Die Sitten der amerikanischen Wilden im Vergleich zu den Sitten der Frühzeit, hrsg. von Helmut Reim, Weinheim 1987 (= Reprint der Ausgabe von 1752 aus Halle).

Landa, Diego de: Bericht aus Yucatán, hrsg. von Carlos Rincõn, übers. von Ulrich Kuntzmann, Stuttgart 2007.

Lapérouse: Jean-Francois de: Zu den Klippen von Vanikoro. Weltreise im Auftrag Ludwigs XVI. 1785-1788, hrsg. und übers. von Klaus Fischer, Berlin 1987.

Las Casas, Bartolomäus de: Kurzgefaßter Bericht von der Verwüstung der Westindischen Länder, über das Königreich Yucatan, hrsg. von Michael Sievernich, übers. von Ulrich Kunzmann, mit einem Nachwort von Hans Magnus Enzensberger, Frankfurt/Main 2006.

Latham, John: Index Ornithologicus, Sive Systema Ornithologiae: Complectens Avium Divisionem In Classes, Ordines, Genera, Species, Ipsarumque Varietates: Adjectis Synonymis, Locis, Dexdriptionibus, &c, Vol. 1, London 1790.

Lery, Jean: Unter Menschenfressern am Amazonas. Brasilianisches Tagebuch 1556 – 1558, Düsseldorf 2001.

ders.: Histoire d'un Voyage Faict en la Terre du Brésil, [2]Genf 1580, in: http://www.mafua.ufsc.br/BT1730002.html (17. Mai 2013).

Lichtenberg, Georg Christoph: Aphorismen, Erstes Heft 1764 – 1771, hrsg. von Albert Leitzmann, Berlin 1902.

Lichtenberg, Georg Christoph: Aphorismen, Zweites Heft. 1771 – 1775, hrsg. von Albert Leitzmann, Berlin 1904.

Lichtenstein, Heinrich: Reisen im südlichen Africa in den Jahren

1803,1804,1805 und 1806, 2. Bde., Berlin 1811-1812.

Magalhães de Gandavo, Pero: Histoire de la Province de Sancta-Cruz, Paris 1837.

Mandeville, John de: The Travels of Sir John 'Mandeville. The version of the Cotton Manuscript in modern spelling. With three narratives, in illustration of it, from Hakluyts "Navigations, Voyages & Discoveries, ed. by A. W. Pollard, London 1915.

Marcus Terentius Varro: Über die Landwirtschaft, hrsg. und übers. von Dieter Flach, Darmstadt 2006.

Mateos, Francisco (Hg.): Obras del P. Bernabé Cobo, Bd. 1, Madrid 1964.

McDougall, John: Saddle, Sled and Snowshoe: Pioneering on the Saskatchewan in the Sixties, Montreal 1896.

Merck, Carl Heinrich: Das sibirisch-amerikanische Tagebuch aus den Jahren 1788 – 1791, hrsg. von Dittmar Dahlmann, Diana Ordubadi und Anna Friesen, Göttingen 2009.

Mittelberger, Gottlieb: Reise nach Pennsylvanien im Jahr 1750, hrsg. von Jürgen Charnitzky, Siegmaringen 1997.

Montaigne, Michel de: Journal de Voyage, hrsg. von Francois Rigolot, Paris 1992.

Moritz, Eduard (Hg.). Die ältesten Reiseberichte über Namibia, Teil 1. Die 25 frühesten Landreisen 1760 – 1842, neu herausgegeben von Maria Fisch, Windhoek 1999.

Nijhoff, Martinus (Hg.): De Reizen van Abel Janszoon Tasman en Franchoys Jacobszoon Visscher. Ter Nadere ontdekking van Het Zuidland in 1642/4 en 1644, 's-Gravenhage 1919.

Olafsson, Jon: A Voyage to India 1622 – 1625, hrsg. und übers. von Inger Barnes, Cambridge 1998.

P. Ovidius Naso: Metamorphosen, übers. und hrgs. von Gerhard Fink, Düsseldorf 2005.

Pallas, Peter Simon: Reise durch verschiedene Provinzen des Rußischen Reichs, Zweyter Theil, Bd. 1, St. Petersburg 1773.

ders.: Zoographia rosso-asiatica, Bd. 1., St. Petersburg 1831.

Parkinson, Sydney. Journal of a Voyage to the South Seas: In his Majesty's Ship the Endeavour, London 1784, in: http://southseas.nla.gov.au/index_voyaging.html (26. September

2012).

Phillip, Arthur et al.: The Voyage of Governor Phillip to Botany Bay with an Account of the Establishment of the Colonies of Port Jackson & Norfolk Island compiles from Authentic Papers, anonym hrsg., London 1789.

Pike, Zebulon Montgomery: The Expeditions of Zebulon Montgomery Pike, Bd. 1., hrsg. von Elloitt Coues, New York 1895.

Pinto, Fernão Mendes: Merkwürdige Reisen im fernsten Asien. 1537 – 1558, hrsg. von Rudolf Kroboth, Stuttgart 2001.

Platon: Phaidon, in: ders. Sämtliche Werke, Bd. 2, hrsg. von Ursula Wolf, übers. von Friedrich Schleiermacher, Reinbek [30]2004.

C. Plinius Sekundus: Naturkunde, lateinisch-deutsch, Bd. 8 – 10, hrsg. und übers. von Roderich König u.a., Düsseldorf [2]2004.

Polo, Marco: Il Milione. Die Wunder der Welt, hrsg. und übers. von Elise Guignard, Zürich 2008.

Pope, R. Martin (Hg.): The Hymns of Prudentius Translated, London 1905, in: http://www.gutenberg.org/files/14959/14959-h/14959-h.htm#p01o (10. September 2012).

Ricci, Matthäus: De Christiana expeditione apud Sinas suscepta ab Societate Jesu, Köln 1617.

Richshoffer, Ambrosius: Reise nach Brasilien 1629 – 1632, in: Reisebeschreibungen von deutschen Beamten und Kriegsleuten im Dienste der niederländischen West- und Ost-Indischen Kompagnien, hrsg. von Samuel Pierre L'Honore Naber, Den Haag 1930.

Riebeeck, Jan van: Die Gründung der Kapkolonie (1652), in: Meyn, Matthias/ Mimler, Manfred/ Partenheimer-Bein, Anneli/ Petersen-Gotthardt, Susanne/ Pietschmann, Horst/Schleich, Thomas/ Schmitt Eberhard (Hg.): Der Aufbau der Kolonialreiche (= Dokumente zur Geschichte der europäischen Expansion, Bd. 3), München 1987.

Roe,Thomas: The Embassy to the Court of the Great Mogul 1615-1619, Vol. II ed. by William Forster, London 1884.

Rotermund, Hartmut O. (Hrsg.): Säcke der Weisheit und Meere des Wissens. Alte japanische Hausbücher – Ein kulturgeschichtliches Lesebuch, München 2010.

C. Sallustius Crispus: De coniuatione Catalinae, Die Verschwörung des Katalina,hrsg. und übers. von Karl Büchenr, Stuttgart 2001.

Schmalkalden, Caspar: Mit Kompass und Kanonen. Abenteuerliche Reisen nach Brasilien und Fernost. 1642 – 1652, hrsg. von Wolfgang Joost, Stuttgart-Wien 2002.

Smith, John: The Generall Historie of Virginia, New England and the Summer Isles, London 1624, in: http://docsouth.unc.edu/southlit/smith/smith.html (11. Mai 2013).

Spoerl, Heinrich: Die Feuerzangenbowle. Eine Lausbüberei in der Kleinstadt, München 2008.

Stanley, Henry Morton: How I found Livingstone. Travels, adventures and discoveries in Central Africa including four months residence with Dr Livingstone, Charlston 2006.

Swift, Jonathan, Gullivers Reisen, München 1999.

Tacitus: Germania, in: ders.: Sämtliche Werke, hrsg. von Andreas Schäfer, Essen 2004.

Terry, Edward: A Voyage to East-India, London 1777 (= Reprint der Ausgabe von 1655).

University of Nebraska Press / University of Nebraska-Lincoln Libraries-Electronic Text Center: The Journals of the Lewis and Clark Expedition, Lincoln 2005, from http://lewisandclarkjournals.unl.edu/ (30. September 2012).

Valasco, Juan de: Histoire de Royaume de Quito, Bd. 2 Paris 1840.

Valentijn, François: Oud en Nieuw Oost-Indiën, Bd. 5, 10. Buch, Dordrecht/Amsterdam 1726.

Valle, Pietro della: Il Pellegrino, 2 Bde., hrsg. von G. Gancia, Brighton 1843.

Varenius, Bernhardus: Descriptio Regni Japoniae et Siam, Cambridge 1673.

Vázquez de Tapia, Bernardino: Ein Augenzeugenbericht der Conquista Mexikos, unter: http://www.motecuhzoma.de/vazquez-de-tapia.html, übers. von Felix Hinz (21. April 2012).

Velde, Paul van der/Bachofer, Rudolf (Hg.): The Deshima Diaries. Marginalia 1700 – 1740, Tokyo 1992.

Voltaire: Dictionnaire philosophique, Bd. I., hrsg. von M. Beuchot, Paris 1829.

Weidlitz, Christoph: Authentic everyday dress of the Reenaissance:

all 154 plates from the „Trachtenbuch“, Mineloa (NY) 1994.
White, Gilbert: The Natural History of Selborne, Boston 1866.
Winship, George Parker (Hg.): The Journey of Coronado, New York 1904.
Xenophon: Über die Jagd, hrsg. und übers. von W. Lenz, Leipzig 1828.
Zoraster: Zend-Avesta, hrsg. von J. F. Kleuser, Bd. 3, Riga 1777.

b. Aufsätze und Artikel

Armitage, Philip L.: Developments in British cattle husbandry, in: The Ark 2/9, 1982, 50-54.
Badke, David: The Beastiary of Anne Walshe, in: http://bestiary.ca/articles/anne_walshe/index.html 14. 04. 2013).
Baberowski, Jörg: Wie erzählt man eine Geschichte, und braucht man dafür eine Theorie?, in: Herrmann, Bernd (Hg.): Beiträge zum Göttinger Umwelthistorischen Kolloquium 2010 – 2011, Göttingen 2011, 235 – 251.
Benecke, Norbert: Studies on Early Dog Remains from Northern Europe, in: Journal of Archaeological Science 14, 1987, 31-49.
Benson, Elisabeth P.: The Lord, the Ruler. Jaguar symbolism in the Americas, in: Saunders, Nicholas J.(Hg.): Icons of Power. Feline Symbolism in the Americas, London 1998, 53-76.
Blench, Roger/MacDonald, Kevin: II.G.6. Chickens, in: Kiple, Kenneth F./Ornelas, Kriemhild Coneè (Hg.): The Cambridge World history of Food, Bd. 1, Cambridge 1999, 496-498.
Blench, Roger M.:A History of Pigs in Africa, in: ders./MacDonald, Kevin: The Origins and Development of African Livestock. Archaeolgy, genetics, linguistics and ethnography, London 2000, 355 – 367.
Born, Klaus: Nordkongo – Der Westen, in: Baumann, Hermann (Hg.): Die Völker Afrikas und ihre traditionellen Kulturen. Teil 1. Allgemeiner Teil und südliches Afrika, Wiesbaden 1975, 685 – 721.
Burgharz, Susanna: „Translating Seen into Scene“. Wahrnehmung und Repräsentation in der frühen Kolonialgeschichte Europas, in: dies./Christadler, Maike/Nolde, Dorothea: Berichten, Erzählen, Beherrschen. Wahrnehmung und Repräsentation in der frühen Kolonial-

geschichte Europas (=Zeitsprünge. Forschungen zur Frühen Neuzeit 7, 2/3), Frankfurt/Main 2003, 161- 169.

Caramelli, David: The Origins of Domesticated Cattle, in: Human Evolution 2/21, 2006 107 - 122.

Chauhan, Mamta/Gupta, Ashok Kumar/Dhillon, Santosh: Genetic diversity and populatzion structure of three Indian horse breeds, in: Molecular Biology Reports 5/38, 2011, 3505-3511.

Crutzen, Paul J.:Geology of Mankind, in: Nature 415, 3. Jan. 2002, 23.

Dahlmann, Dittmar: Einleitung, in: Gmelin, Johann Georg: Expedition ins unbekannte Sibirien, hrsg. von Dittmar Dahlmann, Sigmaringen 1999, 7-83.

Davis, John Merle: Missionary Strategy and the Rural Church, in: International Review of Missions 152/38, 1949, 401–411.

Deshler, Walter: Cattle in Africa. Distribution, Types, and Problems, in: Geographical Review 1/53, 1963, 52-58.

Dierks, Klaus: ||Khauxa!nas und der zehnjährige Krieg mit den Nama, in: Hess, Klaus A./Becker, Klaus J.: Vom Schutzgebiet bis Namibia 2000, Göttingen/Windhoek 2002, 180 – 186.

Eberspächer, Cord: Johan Georg Keyserling (1696 – 1736). A German Horseman at Nagasaki and Edo, in: Crossroads: A Journal of Nagasaki History and Culture 2, 1994, 9-26.

Egri, Ádám/Blaho, Miklós/Kriska, György/Farkas, Róbert/Gyurkovszky, Mónika/ Åkesson, Susanne, Horváth, Gábor: Polarotactic tabanids find striped patterns with brightness and/or polarization modulation least attractive: an advantage of zebra stripes, in: The Journal of Experimental Biology 215, 2012, 736-745.

Elbl, Ivana: The Horse in Fifteenth-Century Senegambia, in: The International Journal of African Historical Studies 1/24, 1991, 85 – 110.

Feest, Christian F.: Materielle Kultur, in: Fischer, Hans/Beer, Bettina (Hg.): Ethnologie. Einführung und Überblick, Berlin 2003, 239-254.

FD (Sigle nicht auflösbar): Reisebericht, in: Schweikle, Günther/Schweikle, Irmgard (Hgg.): Metzler Literaturlexikon. Begriffe und Definitionen, ²1990, 384.

FD (Sigle nicht auflösbar): Reiseroman, in: Schweikle, Günther/Schweikle, Irmgard (Hgg.): Metzler Literaturlexikon. Begriffe und Definitionen, [2]1990, 384-385.

Frey, Winfried: Wölt Gott man hing sie wie die Hund. Vergleiche von Juden mit Hunden in d eutschen Texten des Mittelalters und der frühen Neuzeit, in: Das Mittelalter 12: Tier und Religion, 2007, 119 – 134.

Fumihito, Akishinonomiya/Miyake, Tetsuo/Takada, Masaru/Shingu, Ryosuke/Endo, Toshinori/Gojobori, Takashi/Kondo, Norio/Ohno, Susumu: Monophyletic origin and unique dispersal patterns of domestic fowls, in: PNAS 13/93, 1996, 6792-9795.

Gade, Daniel W.: II.G.5. Cattle, in: Kiple, Kenneth F./Ornelas, Kriemhild Conee (Hg.): The Cambridge World History of Food, Bd. 1, Cambridge 2000, 489 – 496.

ders.: II.G.13 Hogs (Pigs), in: Kiple, Kenneth F./Conee Ornelas, Kriemhild (Hg.): the Cambridge World History of Food, Bd. 1, Cambridge 2000, 536 – 542.

ders.: The Iberian Pig in the Central Andes, in: Journal of Cultural Geography 2/7, 1987, 35 – 49.

Galbreath, Ross/Brown, Derek: The tale of the lighthouse-keeper's cat: Discovery and extinction of the Stephans Islands wren (Traversia lyalli), in: Notornis 51, 2004, 193 – 200.

Garber, Jörn: Von der naturalistischen Menschheitsgeschichte (Georg Forster) zum gesellschaftswissenschaftlichen Positivismus (Friedrich Buchholz), in: Garber, Jörn/Horrn, Tanja van (Hgg.): Natur – Mensch – Kultur. Georg Forster im Wissenschaftsfeld seiner Zeit, Hannover 2006, 53 – 78.

Geist, Valerius: On the Evolution of Caprinae, in: Soma, Hiraki (Hg.): The Biology and Management of Capricornis and Related Mountain Antelopes, London 1986, 3 – 40.

Gill, Nicholas/Anderson, Kay: Improvement in the Inland: Culture and Nature in the Australian Rengelands, in: Australian Humanities Review 34, 2005, in: http://www.australianhumanitiesreview.org/archive/Issue-Jan-2005/gill.html (11. August 2012).

Glaser, Barney G./Holton, Judith: Remodeling Grounded Theory.

Forum Qualitative Sozialforschung/Forum: Qualitative Social Research, 2/5, 2004, in: http://nbn-resolving.de/urn:nbn:de:0114-fqs040245 (1. 1. 2012).

Goodall, Jane: Why is it Time for a Theological Zoology!, in: Hagencord, Rainer (Hg.): Wenn sich Tiere in der Theologie tummeln. Aufsätze einer theologischen Zoologie, Regensburg 2010, 10-20.

Guiffra, E./Kijas, J.M.H./Amarger, V./ Carlborg, Ö./ Jeon, J.-T./Andersson, L.: The Origin of the Domestic Pig: Independent Domestication and Subsequent Introgression, in: Genetics 154, 2000, 1785 – 1791.

Güntert, Hermann: Hahn, in: Bächthold-Stäubli (Hrsg.): Handwörterbuch des deutschen Aberglaubens, Bd. 3, Berlin u. a. 1931, 1325 – 1336.

Grzimek, Bernhard: Ohne Rasse, ohne Art. Von Pferdehengst und Eselstute, in: Die Zeit, 5. März 1976, http://www.zeit.de/1976/11/ohne-rasse-ohne-art/komplettansicht (11. August 2016).

Haines, Francis: Where did the Plains Indians get their Horses, in: American Anthropogist, 1/40, 1938, 112 – 117.

Hämäläinen, Pekka: The Rise and Fall of Plains Indian Horse Cultures, in: The Journal of American History 3/90, 2003, 833 – 862.

Heidrich, Hermann: Facetten zu einer Theorie der Dinge, in ders. (Hg.): SachKulturForschung. Gesammelte Beiträge der Tagung der Arbeitsgruppe Sachkulturforschung und Museum in der Deutschen Gesellschaft für Volkskunde vom 15. bis 19. September in Bad Windsheim, Bad Windsheim 2000, 8 – 18.

Helming, Jan: Geopolitik - Annäherung an ein schwieriges Konzept, in: Aus Politik und Zeitgeschichte 20-21, 2007, 31 – 37.

Hengerer, Mark: Die Katze in der Führen Neuzeit. Stationen auf dem Weg zur Seelenverwandten des Menschen, in: Wischermann, Clemens (Hg.): Von Katzen und Menschen. Sozialgeschichte auf leisen Sohlen, Konstanz 2007, 53 – 88.

Henry, Mickaël/Beguin, Maxime/Requier, Fabrice/Rollin Orianne/ Odoux, Jean-François/Aupinel, Pierrick/ Aptel, Jean/Tchamitchian, Sylvie/ Decourtye, Axel: A Common Pesticide Decreases Foraging Success and Survival in Honey Bees, in: Science 6079/336, 2012,

348-350.

Herborn, Wolfgang: Hund und Katze im städtischen und ländlichen Leben im Raum um Köln während des ausgehenden Mittelalters und der frühen Neuzeit, in: Hirschfelder, G., Schell, D., Schrutka-Rechtenstamm, A. (Hrsg.): Kulturen - Sprachen - Übergänge. Festschrift für H.L. Cox zum 65. Geburtstag, Köln/Weimar/Wien 2000, 397 – 413.

Herskovits, Melville J.: The Cattle Complex in East Africa, in: American Anthropologist 1/28, 1926, 230 – 272.

Heusinger, Sabine von: Die Katze im Kochtopf. Zu Ernährung und Kultur des Mittelalters, in: Wischermann, Clemens (Hg.): Von Katzen und Menschen. Sozialgeschichte auf leisen Sohlen, Konstanz 2007, 33 – 52.

Hoffmann-Kreyer, Eduard: Biene, in: Bächtold-Stäubli, Hanns (Hg.): Handwörterbuch des deutschen Aberglaubens, Bd. 1, Berlin 1927, 1226 – 1255.

HSt. (Sigle nicht auflösbar): Bericht, in: Schweikle, Günther/Schweikle, Irmgard (Hgg.): Metzler Literaturlexikon. Begriffe und Definitionen, ²1990, 46.

Jaeggi, Peter: Die heilige Kuh. Eine kleine indische Kulturgeschichte, Freiburg (CH) 2009.

Jolly, Justus: Food (Hindu), in: Hastings, James (Hg.):Encyclopaedia of Religion and Ethics, Bd. 6, Edinburgh 1981, 63 – 65.

Katsuyama, Osamu: An Attempt to find an Old Book on Equine Medicine, in: Deutsche Tierärtzliche Wochenschrift 10/95, 1988, 432 - 433.

ders: The Result of an Attempt to find the Source of an Old Japanese Book on Equine Medicine, in: Argos 8 ,1993, 253 – 255.

ders.: Veterinary folk remedies in Japan, in: Revue Scientifique et Technique de l'OIE 2/13, 1994, 453 – 463.

Kirkness, Alan: 26. Das Phänomen des Purismus in der Geschichte des Deutschen, in: Werner Besch, Anne Betten, Oskar Reichmann, Stefan Sonderegger (Hrsg.): Sprachgeschichte. Ein Handbuch zur Geschichte der deutschen Sprache und ihrer Erforschung, Bd. 1, Berlin ²1998, 407 – 416.

Krech III, Shepard. "Paleoindians and the Great Pleistocene Die-Off." Nature Transformed, in: http://nationalhumanitiescenter.org/tserve/nattrans/ntecoindian/essays/pleistocene.htm (6. Juli 2013).

Krischke, Wolfgang: Stimmen der Kreatur. Tierhistoriker kämpfen um Anerkennung, in: Frankfurter Allgemeine Zeitung, 11. Januar 2011, N4.

Krüger, Gundolf: Dem „echten" Objekt auf der Spur. Die *taunga* der Göttinger Cook/Forster-Sammlung (18. Jahrhundert), in: Georg-August-Universität (Hg.): Dinge des Wissens. Die Sammlungen, Museen und Gärten der Universität Göttingen, Göttingen 2012, 128-130.

Ladwig, Bernd: Menschenrechte und Tierrechte, in: Zeitschrift für Menschenrechte 1, 2010, 130 – 156.

Larson, Greger et al.: Phylogeny and ancient DNA of Sus provides insights into neolithic expansion in Island Southeast Asia and Oceania, in: PNAS 12/104, 2007, 4834 – 4839.

ders. et al.: Ancient DNA, pig domestication, and the spread of the Neolithic into Europe, in: PNAS 39/104, 2007, 15276 – 15281.

ders./Liu, Ranran/Zhao, Xingbo/Fuller, Dorian/Barton, Loukas/Dobney, Keith/Fan, Qipeng/Gu, Zhiliang/Luo,Yunbing/Lv, Peng/Andersson, Leif/ Li, Ning: Patterns of East Asian pig domestication, migratio and turnover revealed by modern and ancient DNA, in: PNAS 17/107, 2010, 7686 – 7691.

Lavalle, Danièle: La Domestication animale en Amerique du Sud. Le Point des Connaissances, in: Bulletin de l'Institut Français d'Études Andines 1/19, 1990, 25 – 44.

Law, Robin: A West African cavalry state: the kingdom of Oyo, in: The Journal of African History 1/16, 1975, 1 – 15.

Lee, Thomas H.C.: Muß die Geschichte einem rationalen Deutungsmuster folgen. Eine kritische Anfrage aus chinesischer Perspektive, in: Rüsen, Jorn (Hg.): Westliches Geschichtsdenken. Eine interkulturelle Debatte, Göttingen 1999, 269 – 275.

Leinfelder, Reinhold/ Schwägerl, Christian: Sind die Geowissenschaften im Anthropozän angekommen?, in: Geowissenschaftliche Mitteilungen 50, Dez. 2012, 6 – 15.

Leutwein, Paul: Deutsch-Südwestafrika. Die Wirtschaft, in: Schwabe, Kurd/Leutwein, Paul: Die deutschen Kolonien, Berlin 1924 (Nachdruck von 2009), 152 – 168.

MacHugh, David E./Shriver, Mark D./Loftus, Ronan T./Cunningham, Patrick/ Bradley, Daniel G. Bradly: Microsatellite DNA Variation and the Evolution, Domestication and Phylogeography of Taurine and Zebu Cattle (Bos taurus and Bos indicus), in: Genetics 146, 1997, 1071 – 1086.

Mackinder, Halford J.: The Geographical Pivot of History, in: The Geographical Journal 4/23, 1904, 421 – 437.

Mann, Golo: Plädoyer für die historische Erzählung, in: Kocka, Jürgen/Nipperdey, Thomas (Hg.): Theorie und Erzählung in der Geschichte, München 1979, 40 – 56.

Mannen, H./Tsuji, S/Loftus, R.T./ Bradley, D. G.: Mitochondrial DNA Variation and Evolution of Japanese Black Cattle (Bos taurus), in: Genetics 150, 1998, 1169 – 1175.

Martin, Paul S.: Prehistoric Overkill, in: ders./Wright, Herbert E.: Pleistocene Extinctions: The Search for a Cause, New Haven 1967, 75-120.

Matthee, Conrad A./Jansen van Vuuren, Bettine/Bell, Diana/ Robinson, Terence J.: A Molecular Supermatrix of the Rabbits and Hares (Leporidae) Allows for the Identification of Five Intercontinental Exchanges During the Miocene, in: Systematic Biology 3/53, 2004, 433 – 447.

McTaggert Cowan, Ian: Distribution and Variation in the Native Sheep of North America, in: The American Midland Naturalist 3/24, 1940, 505-580.

Medway, David G.: The land bird fauna of Stephans Island, New Zealand in the early 1890s, and the cause of its demise, in: Notornis 51, 2004, 229 – 230.

Meggitt, M. J.: The Association between Australian Aborigines and Dingoes, in: Anthony Leeds/ Andrew P. Vayda (Hg.): Man, Culture and Animals, Washington 1965, 7 – 26.

Meyer, Heinz: Frühe Neuzeit, in: Dinzelbacher, Peter: Mensch und Tier in der Geschichte Europas, Stuttgart 2001, 293 – 403.

Michez, Denis/ Nel, Andre/Menier, Jean-Jacques/ Rasmont, Pierre, The oldest fossil of a melittid bee (Hymenoptera: Apiformes) from the early Eocene of Oise (France), in: Zoological Journal of the Linean Society 150, 2007, 701 – 709.

Mori, Takashi: Kabine auf der Weltumsegelung und Kabinett auf der unbewohnten Insel. Forsters Einfluss auf die Robinsonade, in: Greif, Stefan/Ewert, Michael: Georg-Forster-Studien XV, Kassel 2010, 21- 41.

Mukai, S./Tsuji, S./Fukazawa K./Ohtagaki, S./Nambu, Y: History and population structure of a closed strain of Japanese Black Cattle, in: Journal of animal breeding and genetics 106, 1989, 254 – 264.

Napierala, Hannes/Uerpmann, Hans-Peter: A 'New' Palaeolithic Dog from Central Europe, in: International Journal of Osteoarchaeology, 22,2, 127 – 137.

Nozawa,Ken /Shotake, Takayoshi/ Ito, Shin'ichi /Kawamoto, Yoshi: Phylogenetic Relationships among Japanese Native and Alien Horses Estimated by Protein Polymorphisms , in: Journal of Equine Scienc, 2/9 1998, 53 – 69.

O'Brien, Stephan J./Johnson, Warren E.: Der neue Stammbaum der Katzen, in: Spektrum der Wissenschaft Juni 2008, 54 – 61.

Phillips, Ralph W./Hsu, T. Y.: Chinese Swine and their Performance. Compared With Modern and Crosses Between Chinese an Modern Breeds, in: The Journal of Heredity 12/35, 1944, 365 – 379.

Ptak, Roderich: Pferde auf See: Ein vergessener Aspekt des maritimen chinesischen Handels im frühen 15. Jahrhundert, in: Journal of Economic and Social History of the Orient 34, 1990, 199-233.

Quarm, Roger: 110. Samuel William Reynolds (1773 – 1835) nach Sir Joshua Reynolds (1723 – 1792). Omai, ein Eingeborener von der Insel Ulietea. In: Kunst- und Ausstellungshalle der Bundesrepublik Deutschland u. a. (Hrsg.): James Cook und die Entdeckung der Südsee, München 2009, 153 – 154.

Richter, Michael: Keltische Katzen, in: Wischermann, Clemens (Hg.): Von Katzen und Menschen. Sozialgeschichte auf leisen Sohlen, Konstanz 2007, 25 – 32.

Riegler, R: Hase, in: Bächtold-Stäubli, Hanns (Hrsg.): Handwörterbuch des deutschen Aberglaubens, Bd. 3, Berlin 1931, 1504 – 1526.

Ritvo, Harriet: History and Animal Studies, in: Society and Animals 4/10, 2002, 404 – 406.

Roscher, Mieke: Forschungsbericht: Human-Animal-Studies, in: Informationen zur modernen Stadtgeschichte: Tiere in der Stadt, 2, 2009, 94 – 103.

Ruppel Sophie/Steinbrecher, Aline: Einleitung, in: dies: „Die Natur ist überall bey uns". Mensch und Natur in der Frühen Neuzeit, 9 – 18.

Ryogo, Yuki: A Present of Arabian Horses, in: Crossroads: A Journal of Nagasaki History and Culture 2, 1994, 1-8

Savolainen, Peter/Luo, Jing/Lundeberg, Joakim/Leitner, Thomas: Genetic Evidence for an East Asian Origin of Domestic Dogs, in: Science 5598/298, 2002, 1610-1613.

Savolainen, Peter/Leitner, Thomas /Wilton, Alan N. /Matisoo-Smith, Elizabeth/ Lundeberg, Joakim: A detailed picture of the origin of the Australian dingo, obtained from the study of mitochondrial DNA, in: PNAS 33/101, 2004, 12387–12390.

Schuller, Wolfgang: Bastet, das Kätzchen, in: Wischermann Clemens (Hg.): Von Katzen und Menschen. Sozial Geschichte auf leisen Sohlen, Konstanz 2007, 13 – 24.

Schnickmann, Heiko: Dogs and the Sea, in Cook's Log, 3/33, 2010, 3 – 7.

ders.: Waffe, Ungeheuer und Mythos – Die Pferde der Conquistadoren, in: Frank Jacob (Hg.): Pferde in der Geschichte. Begleiter in der Schlacht, Nutztier, literarische Inspiration (= Beiträge zur Tiergeschichte Bd. 1), Darmstadt 2016, 161 – 181.

Schottenhammer, Angela: Horses in Late Imperial China and Maritime East Asia: An Introduction into Trade, Distribution, and other Aspects (Sixteenth to Eighteenth Centuries), in: Fragnar, Bert G./Kauz, Ralph./Ptak, Roderich./ Schottenhammmer, Angela: (Hgg.): Pferde in Asien: Geschichte, Handel und Kultur. Horses in Asia: History, Trade and Culture, Wien 2009, 231 – 254.

Schürmann, Felix: Herrschaftsstrategien und der Einsatz von Pferden im südwestlichen Afrika, ca. 1790 – 1890, in: Pöppinghege, Rainer (Hg.): Tiere im Krieg. Von der Antike bis zur Gegenwart, Paderborn 2009, 65 – 84.

Schwenk, Bernd: Das Hundetragen. Ein Rechtsbrauch im Mittelalter. In: Historisches Jahrbuch 110, 1990, 289 – 308.

Siedenbiedel, Christian: Die Pfeffersäcke erobern die Welt, in:

Frankfurter Allgemeine Sonntagszeitung, 30. Mai 2010, 42.
Sicard, Harald von: Das Gebiet zwischen Sambesi und Limpopo, in: Baumann, Hermann(Hg.): Die Völker Afrikas und ihre traditionellen Kulturen. Teil 1. Allgemeiner Teil und südliches Afrika, Wiesbaden 1975, 457 – 472.
Steinbrecher, Aline: „In der Geschichte ist viel zu wenig von Tieren die Rede“ (Elias Canetti) – Die Geschichtswissenschaft und ihre Auseinandersetzung mit den Tieren, in: Otterstedt, Carola/Rosenberger, Michael (Hg.): Gefährten – Konkurrenten – Verwandte. Die Mensch-Tier-Beziehungen im wissenschaftlichen Diskurs, Göttingen 2009, 264 – 286.
Storey, Alice/Ramirez, Jose Miguel/Quiroz, Daniel/Burley, David V./Addison, David J./ Walter, Richard/Anderson, Atholl J./Hunt, Terry L./Athens, J. Stephen/Huynen, Leon/ Matisoo-Smith, Elizabeth A.: Radicarbon and DNA evidence for a pre-Columbian introduction of Polynesian chickens to Chile, in: PNAS 25/104, 2007, 10335–10339.
Stukenbrock, Christiane: Wirtschaft und Handel, in: Finckh, Gerhard/Hartje-Grave, Nicole: Freiheit, Macht, Pracht. Niederländische Kunst im 17. Jahrhundert, Wuppertal 2009, 123 – 149.
Sun, W./Chang, H./ Ynag, Z.P./Geng, R.Q./Lu, S.X./Chang, G.B./Xu, W./Wang, H.Y./Ren, Z.J./ Tsunoda, K.: Studies on the Genetic Relationships of Sheep Populations from East and South of Central Asia, in: Asian-Australasian Journal of Animal Sciences 10/15, 2002, 1398 – 1402.
Teuscher, Simon: Hunde am Fürstenhof. Köter und ‚edle Wind‘ als Medien sozialer Beziehungen, in: Historische Anthropologie 6, 1998, 347 – 369.
Vansina, Jan: Südkongo, in: Baumann, Hermann(Hrsg.): Die Völker Afrikas und ihre traditionellen Kulturen. Teil 1. Allgemeiner Teil und südliches Afrika, Wiesbaden 1975, 649 – 683.
Velde, Paul van der: "Die Achse um die sich alles dreht. Imamura Gen'emon Eisei (1671-1736) Dolmetscher und ebenbürtiger "Diener" Kaempfers", in: Haberland, Detlef (Hg.): Engelbert Kaempfer - Werk und Wirkung, Stuttgart 1993, 174 – 193.
Vigne, J.-D./ Guilaine, J./ Debue, K./ Haye, L./ Gérard, P.: Early Taming of the Cat in Cyprus, in: Science 5668/304, 2004, 259.

ders./Zazzo, Antoine/Saliege, Jean-Francois/Poplin, Francois/Guilaine, Jean/ Simmons, Alan: Pre-Neolithic wild-boar management and introduction to Cyprus more than 11.400 years ago, in: PNAS 38/106, 2009, 16135 – 16138.

Wacha, Georg: Tiere und Tierhaltung in der Stadt sowie im Wohnbereich des spätmittelalterlichen Menschen und ihre Darstellung in der bildenden Kunst, in: Veröffentlichungen des Instituts für für mittelalterliche Realienkunde Österreichs 2: Das Leben in der Stadt des Spätmittelalters, 1977, 229 – 260.

Waage, Jeffrey K.: How the Zebra got its stripes - biting flies as selective agents in the evolution of Zebra coloration, in: Journal of the Entomological Society of South Africa, 2/44, 1981, 351 – 358.

Wagner, Birgit: Kulturelle Übersetzung. Erkundungen über ein wanderndes Konzept, in: Kakanien revisted, 23. 07. 2009, in: http://www.kakanien.ac.at/beitr/postcol/BWagner2.pdf (14. August 2012).

Wagner, Helmuth O.: Haustiere im vorkolumbischen Mexiko, in: Zeitschrift für Tierpsychologie, 3/17, 1960, 364 – 375.

Walther, Gerrit: Hundehaltung, in: Enzyklopädie der Neuzeit, Bd. 5, 706 – 711.

Wang, Xiaoming/Tedford, Richard H.: How Dogs Came to run the World, in: Natural History, July-August 2008, 18-23.

Wendorf, Fred/Schild, Romuald: Are the early holocene cattle in the eastern sahara domestic or wild?, in: Evolutionary Anthropology. Issues, News, and Reviews 4/3, 1994, 118 – 128.

Wissler, Clark: The Influence of the Horse in the Development of the Plains Culture, in American Anthropolgist 1/16, 1914, 1-25.

Wissmann, Hermann von: Ursprungsherde und Ausbreitungswege von Pflanzen- und Tierzucht, in: Erdkunde 2/11, 1957, 81 – 94 und fortgestezt in: Erdkunde 3/11, 1957, 175 – 193.

Wolfschmidt, Gudrun: Von Kompaß und Sextant zu Radar und GPS – Geschichte der Navigation, in: dies. (Hrsg.): Navigare necesse est. Geschichte der Navigation, Norderstett 2008, 17 – 143.

Zeuch, Ulrike: Alexander von Humboldts (1769-1859) wissenschaftliche Expedition in Lateinamerika (1799-1804) – eine Leistung kultureller Übersetzung?, in: Philippia. Abhandlungen und Berichte aus dem Naturkundemuseum im Ottoneum zu Kassel 4/13, 2008, 317-328.

c. Monographien und Sammelbände

Allsen, Thomas T.: The Royal Hunt in Eurasian History, Philadelphia 2006.

Anonym: Die Macht des Totems. Die Indianer, Augsburg 1997.

Aquilar-Moreno, Manuel: Handbook to Life in the Aztec World, Oxford 2007.

Bachmann-Medick, Doris: Cultural turns. Neuorientierung in den Kulturwissenschaften, Reinbek [3]2006.

Barth, Rudolf (Hg.): Brehms Tierleben, Berchtesgarden 1958.

Bayart, Jean-François: Les Études postcoloniales. Un carnaval académique, Paris 2010.

Bayly, Christopher A.: Die Geburt der modernen Welt. Eine Globalgeschichte 1780 – 1914, Frankfurt/New York 2006.

Bechert, Johannes/Wildgen, Wolfgang: Einführung in die Sprachkontaktforschung, Darmstadt 1991.

Benecke, Norbert: Der Mensch und seine Haustiere. Die Geschichte einer jahrtausendealten Beziehung, Stuttgart 1994.

Berenbaum, May R.: Blutsauger, Staatsgründer, Seidenfabrikanten. Die zwiespältige Beziehung von Mensch und Insekt, München 2004.

Berkenhoff, Hans Albert: Tierstrafe, Tierbannung und Rechtsrituelle Tiertötung im Mittelalter, Leipzig, Strassburg, Zürich 1937.

Bernecker, Walther L.: Spanische Geschichte. Vom 15. Jahrhundert bis zur Gegenwart, München [3]2003.

Bodart-Bailey, Beatrice M.: The Dog Shogun: the personality and politics of Tokugawa Tsunayoshi, Honolulu 2006.

Boecker, Hans-Jochen/Hermission, Hans-Jürgen/Schmidt, Johann Michael/Schmidt, Ludwig: Altes Testament, Neukirchen-Vluyn 1996.

Breuer, Franz: Reflexive Grounded Theory. Eine Einführung für die Forschungspraxis, Wiesbaden 2009.

Buhl, Frans: Gesenius. Hebräisches und aramäisches Handwörterbuch über das Alte Testament, Berlin/Göttingen/Heidelberg 1962 (= Neudruck der Ausgabe von 1917).

Clot, André: Das maurische Spanien. 800 Jahre islamische Hochkultur in Al Andalus, Düsseldorf 2004.

Connaughton, Richard Michael: Omai. The Prince Who Never Was, London 2005.

Collier, Simon/Sater, William F.: A History of Chile 1808 – 2002, Cambridge 2004.

Coren, Stanley: Hunde, die Geschichte schrieben, Stuttgart 2006.

Crane, Eva: The World History of Beekeeping and Honey Hunting, London 1991.

Crosby, Alfred W.: The Columbian Exchange. Biological and Cultural Consequences of 1492, Westport 1973.

Crosby, Alfred W.: The Columbian Exchange. Biological and Cultural Consequences of 1492, Westport 2003.

Dalley Stephanie: Mari and Karana: Two Old Babylonian Cities, Piscataway 2002.

Darwin, Charles: The variation of animals and plants under domestication, London 1868.

DeJohn Anderson, Virginia. Creatures of Empire, How Domestic Animals Transformed Early America, Oxford 2004.

Deppe, Henriette Carola: Das Rind. Verehrt – verspeist – verachtet, Bremen 1997.

Derr, Mark: A Dog's History of America. How our Best Friend Explored, Conquered, and Settled a Continent, New York 2004.

De Saussure, Ferdinad: Grundfragen der Allgemeinen Sprachwissenschaft, Berlin ²1967.

ders.: Linguistik und Semiologie. Notizen aus dem Nachlaß. Texte, Briefe und Dokumente, gesammelt, übersetzt und eingeleitet von Johannes Fehr, Frankfurt 2003.

Devendra, Canagasaby/McLeroy, George B.: Goat and Sheep Production in the Tropics, Harlow, 1982.

Dinzelbacher, Peter: Das fremde Mittelalter. Gottesurteil und Tierprozess, Essen 2006.

Dittrich, Lothar/Dittrich, Sigrid: Lexikon der Tiersymbole. Tiere als Sinnbilder in der Malerei des 14. -17. Jahrhunderts, Petersberg ²2005.

Eckardt, Andre/Huu, Nguyen Tien: Vietnam. Geschichte und Kultur, Freudenstadt 1968.

Edwards, Elwyn Hartley: Die neue BLV-Enzyklopädie der Pferde,

München et al. 2001.

Ehlers, Eckart: Das Anthropozän. Die Erde im Zeitalter des Menschen, Darmstadt 2008.

Epstein, Helmut: The Origin of the Domestic Animals of Africa, 2. Volums, New York u. a. 1971.

ders.: Domestic Animlas of China, New York 1971.

ders.: Domestic Animals of Nepal, Teaneck 1977.

Everett, Daniel: Das glücklichste Volk. Sieben Jahre bei den Pirahã-Indianern am Amazonas, München 2010.

Fitzenreiter, Martin: Tierkulte im pharaonischen Ägypten, München 2013.

Fogle, Bruce: Katzen. Entwicklungsgeschichte-Rassen-Verhalten-Gesundheit-Pflege, München 2007.

Friedrichsen, Eiken: „Landnahmen". Texte skandinavischer Kolonialreisender vom 17. bis ins 20. Jahrhundert, Frankfurt/Main 2010.

Fragnar, Bert G./Kauz, Ralph/Ptak, Roderich/ Schottenhammmer, Angela: (Hg.): Pferde in Asien: Geschichte, Handel und Kultur. Horses in Asia: History, Trade and Culture, Wien 2009.

Geertz, Clifford: Dichte Beschreibung. Beiträge zum Verstehen kultureller Systeme, Frankfurt am Main 1987.

Gehrisch, Birgit: „Lepusculus Domini, Erotic Hare, Meister Lampe". Zur Rolle des Hasen in der Kulturgeschichte, Gießen 2005.

Geist, Valerius: Buffalo Nation. History and Legend of the North American Bison, Stillwater 1996.

Germond, Philippe: Das Tier im Alten Ägypten, Darmstadt 2001.

Giebel, Marion: Tiere in der Antike. Von Fabelwesen, Opfertieren und treuen Begleitern, Darmstadt 2003.

Glaser, Barney G./Strauss, Anselm L.: The Discovery of Grounded Theory. Strategies for Quantitative Research, New Brunswick/London 1967.

Greimas, Algirdas J.: Sémantique structurale, Paris 1966.

Grossman, Lloyd: Der beste Freund des Menschen. Der Hund und seine wahre Geschichte, Mürlenbach 1995.

Grzimek, Bernhard (Hg.): Grzimeks Tierleben, Bd. 11. Säugetiere 2, Zürich 1969.

Hahn, Hans Peter: Materielle Kultur. Eine Einführung, Berlin 2005.

Hall, Sian: Dogs of Africa, Crawford 2003.

Hegewald-Kawich, Horst: Hunderassen von A bis Z, München 2003.

Heringer, Hans-Jürgen: Interkulturelle Kommunikation, Tübingen/Basel ³2010.

Höfinghoff, Hans: Haustier und Herde. Die volkssprachigen Tierbezeichnungen in den frühmittelalterlichen Leges, Diss. Münster 1987.

Howe, Kerry R.: The Quest for Origins. Who First Discovered and Settled New Zealand and the Pacific Islands?, London 2008.

Howey, M. Oldflied: The Cat in Mysteries of Religion and Magic, London 1930.

Hoyo, Joseph del/Elliott, Andrew/Sargatal, Jordi (Hg.): Handbook of the Birds of the World, Vol. 4, Sandgrouse to Cuckoos, Barcelona 1997.

Hufnagel Ernst: Libyan Mammals, Cambridge 1972.

Hünniger, Dominik: Die Viehseuche von 1744-52. Deutungen und Herrschaftspraxis in Krisenzeiten (= Studien zur Wirtschafts- und Sozialgeschichte Schleswig-Holsteins 48), Neumünster 2011.

Hupfeld, Tanja: Zur Wahrnehmung des Fremden in ausgewählten französischen Reiseberichten des 16. bis 18. Jahhrunderts. „Il les faut et visiter en leur pays“, Göttingen 2007.

Isenberg, Andrew C.: The Destruction of the Bison. An Enviromental History, 1750-1920, Cambridge 2000.

Kennedy, Paul: Aufstieg und Fall der großen Mächte. Ökonomischer Wandel und militärischer Konflikt 1500 – 2000, Frankfurt ³2003.

Kinzelbach, Ragnar: Tierbilder aus dem ersten Jahrhundert. Ein zoologischer Kommentar zum Artemidor-Papyrus, Berlin/New York 2009.

Kirch, Patrick Vinton: On the Road of the Winds: An Archaeological History of the Pacific Islands, Berkeley 2002.

Klever, Ulrich: Die dickste Freundschaft der Welt. 5000 Jahre Hund und Mensch. Die amüsante und erstaunliche Kulturgeschichte des Hundes, München 1960.

Knoche, Bianca: Auf den Hund gekommen? Natur- und Kulturgeschichte des Hundes, Münster 2001.

Kocka, Jürgen/Nipperdey, Thomas (Hg.): Theorie und Erzählung in der Geschichte, München 1979.

König, Werner/Paul, Hans-Joachim: dtv-Altlas. Deutsche Sprache, München ^{14}2004.

Kunst- und Ausstellungshalle der Bundesrepublik Deutschland et al. (Hg.): Captain Cook und die Entdeckung der Südsee, München 2009.

Kurtén, Björn: Pleistocene Mammals of Europe, New Brunswick/London ^{2}2009 (1. Auflage 1968).

Lange, Klaus M./Neulen Peter (Hg.): Duden – Das Lexikon der Allgemeinbildung. Bescheid wissen. Mitreden können, Mannheim u. a. ^{2}1998.

Latour, Bruno: Enquete sur les modes d'existence. Une anthropologie des Modernes, Paris 2012.

Law, Robin: Law, Robin: The Horse in West African History. The role of the horse in the societies of pre-colonial West Africa, Oxford 1980.

Lau Theodora/Lau Laura: The Handbook of Chinese Horoscopes, New York e. a. ^{7}2010.

Lloyd, Christopher: What on Earth evolved?... in brief. 100 Species that Changed the World, London 2010.

Lorenz, Konrad: So kam der Mensch auf den Hund, München ^{34}1996.

Longworth, John W.: Beef in Japan, Politic, Production, Marketing and Trade, St Lucia u. a. 1984.

MacFadden, Bruce J.:Fossil Horses: Systematics, Paeleobiology, and Evolution of the Family Equidae, Cambridge 1994.

Maier, Bernhard: Die Kelten. Ihre Geschichte von den Anfängen bis zur Gegenwart, München ^{2}2003.

ders.: Lexikon der keltischen Religion und Kultur, Stuttgart 1994.

Marx, Christoph: Geschichte Afrikas. Von 1800 bis zur Gegenwart, Paderborn 2004.

Meier, Frank: Mensch und Tier im Mittelalter, Ostfildern 2008.

Meijer, Fik: De hond van Odysseus, Het dier in de oudheid, Amsterdam 2009.

Meyer, Gudrun/Meyer, Helmut: 25 Hundeporträts, Berlin 1998.

Monestier, Martin: Les animaux-soldats. Histoire militaire des Animaux des Origines á nos Jours, Paris 1996.

Morus (Richard Lewinsohn): Eine Geschichte der Tiere. Ihr Einfluss auf Zivilisation und Kultur, Hamburg 1952.

Müller, Winfried: Die Aufklärung, München 2002.

Nagel, Jürgen G.: Abenteuer Fernhandel. Die Ostindienkompanien, Darmstadt 2007.

Ndukwe, Pat Ikechukwu: Fulani, New York 1996.

Neuhaus, Rolf: Der Stierkampf. Eine Kulturgeschichte, Frankfurt am Main/Leipzig 2007.

Newell, Jennifer: Trading Nature. Tahitians, Europeans, and Ecological Exchange, Honululu 2010.

Nowak, Ronald M.: Walker's Mammals of the World, 2. Bände, Baltimore 1991.

Oeser, Erhard: Hund und Mensch. Die Geschichte einer Beziehung, Darmstadt 2004;

ders.: Katze und Mensch. Die Geschichte einer Beziehung, Darmstadt 2005.

ders.: Pferd und Mensch. Die Geschichte einer Beziehung, Darmstadt 2007.

Ohler, Norbert: Reisen im Mittelalter, Düsseldorf/Zürich 2004.

Osterhammel, Jürgen: Die Entzauberung Asiens. Europa und die asiatischen Reiche im 18. Jahrhundert, München 2010.

Otto, Eberhard: Beiträge zur Geschichte der Stierkulte in Ägypten, Hildesheim 1964.

Parker, Merryl Ann: Bringing the Dingo Home. Discursive Representations of the Dingo by Aboriginal, Colonial and Contemporary Australians, Ph.D.-Thesis, in: http://eprints.utas.edu.au/1196/ (19. August 2012).

Parsonson, Ian: The Australian Ark. A history of domesticated animals in Australia, Collingwodd 1998.

Peischel, Tanja: DNA-Varianten in Zytokin codierenden Genen beim Schwein, Hannover 2006, Diss., in: http://elib.tiho-hannover.de/dissertations/peischlt_ss06.html (12. September 2012).

Perler, Dominik/Wild, Markus (Hg.): Der Geist der Tiere. Philosophische Texte zu einer aktuellen Diskussion, Frankfurt/Main 2005.

Pernau, Miriam: Transnationale Geschichte, Göttingen 2011.

Petermann, Werner: Hundsköpfe und Amazonen. Als die Welt voller Monster war, Wuppertal 2007.

Pohl, Manfred: Geschichte Japans, München ^{3}2005.

Preston Blier, Suzanne: African Vodun. Art, Psychology, and Power, 1995.

Ptak, Roderich: Exotische Vögel: Chinesische Beschreibungen und Importe, Wiesbaden 2006.

Ramaswami, N. S.: Political History of Carnatic under the Nawabs, Neu Dehli 1984.

Redak, Vanessa/Weber, Beat: Börse, Hamburg 2000.

Regnath, R. Johanna: Das Schwein im Wald: Vormoderne Schweinehaltung zwischen Herrschaftsstrukturen, ständischer Ordnung und Subsistenzökonomie, Ostfildern 2008.

Reith, Reinhold: Umweltgeschichte der Frühen Neuzeit, München 2011.

Ridley, Glynis: Clara's Grand Tour. Travels with a Rhinoceros in Eighteen-Century Europe, New York 2004.

Risi, Armin/Zürrer, Ronald: Vegetarisch leben. Vorteile einer fleischlosen Ernährung, Zürich/Jestetten 2008.

Robbins, Louise E.: Elephant Slaves & Pampered Parrots. Exotic Animals in Eighteenth-Century Paris, Baltimore 2002.

Sadava, D./Hillis, D. M./Heller, H.C./Berenbaum, M.R.: Purves Biologie, hrsg. von Jürgen Markl, München 92011.

Salmon, Anne: The Trail of the Cannibal Dog. The Remarkable Story of Captain Cook's Encounters in the South Seas, New Haven/London 2003.

Sansom, George B.: Japan. Von der Frühgeschichte bis zum Ende des Feudalsystems, Essen 1975.

Saunders, Nicholas J.(Hg.): Icons of Power. Feline Symbolism in the Americas, London 1998.

Schnickmann, Heiko: Der Hund im Hoch- und Spätmittelalter. Status – Prestige – Symbolik, München 2009.

Schoemann, Karel: J.J. Kicherer en die vroeë Sending, 1799 – 1806, Kapstadt 1996.

Schroer, Silvia: Die Tiere der Bibel. Eine kulturgeschichtliche Reise, Freiburg 2009.

Schwartz, Marion: A History of Dogs in the Early Americas, New Haven/London 1999.

Seilacher, Dolf: Fossilart, Stuttgart 2013.

Simmel, Georg: Philosophie des Geldes, Frankfurt/Main 1989.

Sladen, F.W.L.: The Humble-bee. Its Life-history and how to domestic it, hrsg. von John Free, Woonton 1989.

Spahn, Norbert: Untersuchungen an Skelettresten von Hunden und Katzen aus dem mittelalterlichen Schleswig. Ausgrabungen Schild 1971-1975 (=Ausgrabungen in Schleswig. Berichte und Studien 5), Neumünster 1986.

Stevens, Lewis: Genetica and evolution of the domestic fowl, Cambridge 1991.

Subbaraj, R.: A to Z about Dogs, Chennai 2006.

Tarbor, Roger: Katzen. Die Überlebenskünstler, Mürlenbach 1996.

Tetzner, Reiner/Wittmeyer, Uwe: Griechische Götter- und Heldensagen, Stuttgart 2003.

The Peirce Edition Project (Hg.): The Essential Peirce, Selected Philosophical Wirtings, Bd. 2 (1893 – 1913), Bloominton 1998.

Thomas, Keith: Man and Natural world. Changing Attitudes in England 1500 – 1800, London 1984.

Verlag Reise und Tourismus (Hg.): Die wiedererwachte Terrakotta-Armee der Qin-Dynastie, Shaanxi 2001.

Vogelsang, Kai: Geschichte Chinas, Stuttgart 2012.

Voigt, Johannes H.: Geschichte Australiens, Stuttgart 1988.

Vuure, Cis van: Retracing the aurochs: history, morphology, and ecology of an extinct wild ox, Sofia 2005.

Wang, Xiaoming/Tedford, Richard H.: Dogs. Their Fossil Relatives & Evolutionary History, New York 2008.

Wegner, Gerd: „… in den rauhesten nördlichen Gegegenden...“. Naturkundliche Betrachtungen zur Förderung des Seehandels und des Walfangs im 18. Jahrhundert, Bremen 2007.

Wischermann, Clemens (Hg.): Von Katzen und Menschen. Sozialgeschichte auf leisen Sohlen, Konstanz 2007.

Yousefi, Hamid Reza/Braun, Ina, Interkulturalität. Eine interdiszi-

plinäre Einführung, Darmstadt 2011.
Zeuner, Frederick: Geschichte der Haustiere, München 1967.
Zinsser, Hans: Rats, Lice, and History, London 1935.

d. Websites

http://brandonskenandore.com/2011/05/30/the-geology-and-geomorphology-of-oceania/ (7. April 2012).
http://de.wikipedia.org/wiki/Die_wei%C3%9Fe_Massai (20. Juli 2012).
http://de.wikipedia.org/wiki/Die_wei%C3%9Fe_Massai_%28Film%29 (20. Juli 2012).
http://www.portugalglobal.pt/EN/InvestInPortugal/WhyPortugal/Alentejo/Paginas/RegionsofPortugal_Alentejo_Economy.aspx (20. Juli 2012).
http://www.captcook-ne.co.uk/ccne/themes/omai.htm (17. Juni 2012).
http://www.kb.dk/permalink/2006/manus/221/eng/33+verso/?var= (14.04.2013).
http://www.kobe-beef.com/Wagyu-History/default.aspx (16. Mai 2012).
http://www.koransuren.de/koran/sure2.html (11. Mai 2013).
http://www.laekh.de/aerzte/rund-ums-recht/publikationen-und-merkblaetter/aerzte_recht_publikationen_hippokratischer_eid.html (2. April 2012).
http://www.ncbi.nlm.nih.gov/nuccore/L27718 (17. Mai 2012).
http://www.ncbi.nlm.nih.gov/nuccore/L27719 (17. Mai 2012).
http://www.ncbi.nlm.nih.gov/nuccore/U51818 (17. Mai 2012).
http://www.sarahsdogs.com/breeds/rajapalayam-dog (7. Juli 2012).
http://www.smithsonianmag.com/science-nature/underwater-finds-reveal-humans-long-presence-north-america-180959103/ (27. Mai 2016).
http://southseas.nla.gov.au/index_voyaging.html (1. Januar. 2012).
http://www.vertebrates.si.edu/msw/mswcfapp/msw/taxon_browser.cfm?msw_id=4204 (22. August 2012).
http://www.vivanatura.org/AnimalsMammals.html (17. Juni 2012).

e. Realien

Ethnologische Sammlung der Universität Göttingen, Hahn aus Bronze, Bafut/Kamerun, Giene 1930, Af970.

Niedersächsisches Landesmuseum Hannover, Fachbereich Völkerkunde, 1854, Nr. 56.

f. Filme

Rohrbach, Günter/Huntgeburth, Hermine: Die weiße Massai, Deutschland 2005.